U0287566

河套灌区土壤盐渍化成因与改良

谢先军　苏春利　闫福贵　杨亮平　等　著

科学出版社

北京

内 容 简 介

本书采用水文地质和土壤地球化学调查、多期次遥感监测和数据解译、场地试验、非饱和带-饱和带多水平监测与水盐运移数值模拟等方法，对河套灌区土壤盐渍化特征和演化规律、非饱和带水盐运移规律及影响因素、地下水咸化和土壤盐渍化形成机理等进行系统与全面的介绍。在此基础上，根据土壤盐渍化特点，研发基于碎石毛细屏障的物理改良技术和土壤藻结皮生物改良技术，并进行大田试验，为读者提供较为全面的干旱区土壤盐渍化成因和改良研究案例，同时为河套灌区盐碱地的合理开发利用与农业增产增收提供科技支撑。

本书可作为地下水科学与工程、水文地质学、水利工程、水文与水资源工程、生态地质学等专业高年级本科生和研究生的参考资料，也可供相关科研工作者、工程技术人员和决策管理人员参考阅读。

图书在版编目（CIP）数据

河套灌区土壤盐渍化成因与改良/谢先军等著.—北京：科学出版社，2022.9
ISBN 978-7-03-073221-7

Ⅰ.① 河…　Ⅱ.① 谢…　Ⅲ.① 河套-灌区-盐碱土改良-研究　Ⅳ.① S156.4

中国版本图书馆 CIP 数据核字（2022）第 173583 号

责任编辑：何　念/责任校对：高　嵘
责任印制：彭　超/封面设计：苏　波

科学出版社 出版
北京东黄城根北街 16 号
邮政编码：100717
http://www.sciencep.com
武汉精一佳印刷有限公司印刷
科学出版社发行　各地新华书店经销
*
开本：787×1092　1/16
2022 年 9 月第 一 版　　印张：14 3/4
2022 年 9 月第一次印刷　　字数：348 000
定价：**178.00 元**
（如有印装质量问题，我社负责调换）

前言

河套灌区是我国三大灌区之一，总面积约 11 900 km²，拥有丰富的耕地资源，但由于地处干旱、半干旱地区，气候干燥，降水量少，蒸发强烈，加之长期引黄灌溉，地下水埋深浅，土壤次生盐渍化广泛分布。灌区盐渍化土地面积占耕地面积的 65%，大量耕地由于盐渍化减产，严重制约了当地农业的发展，且对畜牧业、基础设施、生态环境均有不同程度的影响，成为本地区生态恶化、限制经济发展的重要因素。因此，灌区土壤次生盐渍化的防控与改良，是河套灌区灌溉农业持续发展必须面对的重大环境地质问题。在深刻认识灌区土壤盐渍化分布和演变规律的基础上，进一步识别灌区土壤盐渍化的微观机制，并研发经济、高效的盐渍化土壤改良技术，是河套灌区农业可持续发展的关键所在。此外，灌区土壤盐渍化的发生、分布、治理在西北干旱地区具有代表性，开展河套灌区盐渍化土壤修复与综合开发研究对全国同类地区具有重要的示范意义。

本书第 1 章研究区概况，系统介绍研究区的自然地理、地质概况、水文地质条件及土壤盐渍化现状；第 2 章盐渍化土壤季节性变化规律及影响因素，以 Landsat 系列多光谱数据、地物光谱信息和地表特征为基础，利用 CART 算法的决策树分类对河套灌区 1986～2019 年盐渍化土壤进行解译分析，并结合景观格局指数探讨该地区长期的土壤盐渍化分布特征和变化规律；第 3 章土壤盐渍化长时序演化规律与成因，系统分析临河区近 40 年来土壤盐渍化的分布特征和演化趋势；第 4 章盐渍化土壤含盐量三维遥感反演，通过高光谱遥感数据对研究区根区的土壤含盐量进行反演，重点论述研究区土壤含盐量的分布规律及影响因素；第 5 章土壤盐渍化分异性及成因，通过对临河区土壤系统的采样分析，查明研究区土壤盐渍化程度、成因类型及分布特征，探究影响土壤盐渍化的主控因素，构建河套地区土壤盐渍化成因模型；第 6 章河套灌区浅层地下水咸化机制，重点分析区内地下水的水化学特征、补给来源、水-岩作用过程，以及地下水咸化机制和影响因素；第 7 章非饱和带-饱和带水化学动态变化特征，通过建立田间尺度试验场进行多时间节点非饱和带-饱和带土壤孔隙水监测，深入研究盐分由饱和带向非饱和带迁移直至地表的作用过程及非饱和带孔隙水的动态变化特征；第 8 章灌溉对非饱和带-饱和带水盐运移的影响，基于研究区灌溉活动的长期多水平监测，系统研究灌溉条件下非饱和带-浅层地下水系统中的水盐运移过程及机制；第 9 章非饱和带-饱和带灌溉过程水盐运移模拟，利用 Hydrus-1D 软件进行水盐运移过程的数值模拟，探讨灌溉活动对非饱和带-饱和带水盐运移过程的影响；第 10 章碎石屏障盐渍化土壤改良技术，通过开展不同结构和埋深的土壤盐渍化改良碎石屏障野外小区试验，验证碎石屏障土壤盐渍化改良的可行性，并基于改良效果监测优化碎石屏障的厚度和粒径的选取，探究改良机理；第 11 章盐渍化土壤碎石屏障与浅井联用改良，将碎石屏障与浅井结合，提高物理改良措施对盐渍化土壤理化性质、有效养分的改良，以及对盐分的抑制作用，探索各物理修复工艺对盐渍化土壤的改良效果和改良机理；第 12 章盐渍化土壤微藻生物改良，在综合分析土壤中的小球藻 *C. miniata* 对各种非生物胁迫适应机理的基础上，通过生态改良大田试验，系统研究盐胁迫下 *C. miniata* 对土壤水分、pH、电导率、养分、酶活性等土壤理化特性的影响机制；第 13 章盐渍化土壤菌藻联用改良，引入耐盐性较强的枯草芽孢杆菌，通过接种细菌和小球藻，培植藻结皮，并进行藻结皮生物改良大田试验，研究菌藻联用（小球藻-枯草芽孢杆菌生物材料组合）对盐渍化土壤的改良效果和机理。

全书共 13 章，其中，第 1 章由苏春利、闫福贵、杨亮平执笔；第 2～4 章由谢先军、杨亮平、黄洪照执笔；第 5～9 章由苏春利、曾邶斌执笔；第 10、11 章由苏春利、陶彦臻、潘洪捷执笔；第 12、13 章由闫福贵、谢作明、李明执笔。全书最终由苏春利统稿，谢先军、谢作明、潘洪捷协助完成定稿工作。在本书的撰写过程中，有关科学研究工作得到了内蒙古自治区国土资源厅综合预算项目"内蒙古自治区河套灌区盐碱地生物修复与综合开发研究"的资助，特此致谢！内蒙古自治区地质调查研究院的敖嫩、武利文为研究工作提供了技术指导，李艳龙、苏银春、秦冬时、马占雄、李鑫、原年福承担了大量野外环境地质调查工作，为研究工作提供了基础数据；中国地质大学（武汉）环境学院硕士研究生高班、刘太坤、纪倩楠、杨楠、高爽、胡甜等参与了野外监测、插图绘制和文稿校对工作，在此一并表示感谢。

本书力求系统展现河套灌区土壤盐渍化的演化规律及改良技术，但由于作者认识的局限性及土壤盐渍化改良研究领域的不断发展，书中难免存在不足之处，还望读者批评指正。

作　者

2022 年 1 月 19 日于武汉

目录

第 1 章
研究区概况

　　河套灌区位于黄河上中游内蒙古自治区段北岸的冲积平原，是亚洲最大的一首制灌区和全国三个特大型灌区之一，也是国家和自治区重要的商品粮、油生产基地。由于地处干旱的西北高原，降水量少、蒸发量大，加之长期引黄灌溉，地下水埋深浅，土壤次生盐渍化广泛分布。本章主要介绍河套灌区及典型研究区临河区的自然地理、地质概况、水文地质条件及土壤盐渍化现状。

1.1 自然地理

1.1.1 地理交通

河套灌区位于内蒙古自治区西部，北靠阴山，南临黄河，西至乌兰布和沙漠，东至包头市（图 1-1）。东西长 270 km，南北宽 40～75 km，总面积约 11 900 km²。重点研究区临河区位于内蒙古自治区巴彦淖尔市中部，居河套平原腹地，坐落在黄河"几"字形弯曲上方，南与鄂尔多斯高原隔河相望，北靠阴山，东与乌拉特后旗交界。坐标为北纬 40°33′16″～41°16′31″，东经 107°06′13″～107°43′40″，行政区包括临河区、杭锦后旗和乌拉特后旗，总面积约 2212 km²。区内交通便利，有铁路京包线、包兰线由东向西贯穿全区，区内公路网发达，干线公路有国道主干线 G6、G7、G110、G025，省道 S312。

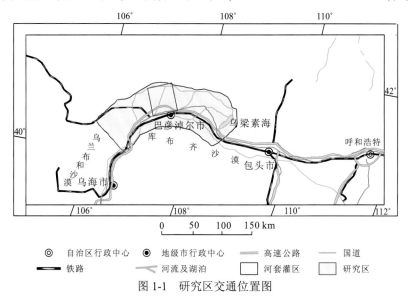

图 1-1　研究区交通位置图

1.1.2 气候与水文

研究区属大陆性干旱、半干旱气候带，降水稀少，蒸发强烈，冬季严寒，夏季炎热，春季干燥多风，昼夜温差大。多年平均降水量为 100～400 mm，并有自东向西逐渐减少的规律。年蒸发量为 2 000～3 500 mm，为降水量的 5～7 倍，并沿上述方向有逐渐增大的趋势（表 1-1）。降水量在年内和年际变化较大。以 2020 年为例，该年出现的中大型降水次数及降水量明显高于 2018 年和 2019 年，区域年降水量较不稳定，降水量丰、枯水年相差 4～6 倍。年内降水量集中在 7～9 月，占全年降水量的 70% 以上。灌区热量充足，全年日照 3 200～3 250 h，10 ℃以上活动积温 2 700～3 200 ℃，无霜期 120～160 d。干燥度、气温、日照、无霜期等从东向西逐渐增高、增长，仅湿润系数降低，反映了区内由半干旱气候向干旱气候变化的特征。

表 1-1　河套灌区气象要素一览表

站名	气象要素					
	年降水量/mm	蒸发量/mm	湿润系数	干燥度	年均气温/℃	日照/h	无霜期/d
乌拉特前旗	217.1	2 366.1	0.17	5.9	8.4	3 208.7	127
临河区	177.0	2 240.0	0.12	8.3	6.1	3 230.0	158
磴口县	143.0	2 380.6	0.10	10.0	7.6	3 209.5	139

灌区内除黄河外，无其他天然河流。黄河从巴彦淖尔市磴口县到托克托县喇嘛湾镇，流程为 600 km，横贯全区。在灌溉活动期间，黄河水通过各个排干进入灌区，最终汇至总干，并流向乌梁素海。重点研究区范围包含河套灌区二排干、三排干及部分总干地区，整体涵盖临河区周边临近黄河区域、二排干和三排干周边农耕区域，以及乌拉特后旗和总干渠周边的山前区域，具体水系和排干分布情况见图 1-2。

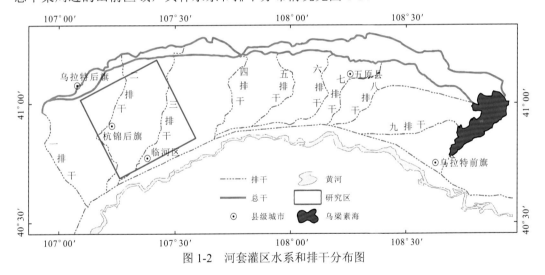

图 1-2　河套灌区水系和排干分布图

1.1.3　土壤类型与植被

河套灌区土壤可分为自然成土和灌淤土。自然成土主要由碳酸盐淋溶沉淀及有机质积累而成，在灌区占比较小。灌淤土主要来源于引黄灌溉活动，以及早年间黄河改道遗留的河道淤土，最终通过盐化、草甸等成土过程形成灌淤土。目前研究的土壤以灌淤土为主，土壤有机质含量较低，钠、钾离子含量过剩，在部分区域极易形成盐土。总体上，土壤以盐渍化浅色草甸土和盐土为主。

河套灌区作物种类多样，有向日葵、油葵、甜菜、小麦、胡麻、玉米、糜子、瓜果、蔬菜等，是内蒙古自治区最大的商品粮食基地和油料、甜菜等经济作物的种植产区。临河区内的常见植物主要有向日葵、油葵、小麦、玉米、蔬菜，其中向日葵、油葵、小麦和玉米的种植面积较大。

1.2　地质概况

1.2.1　地形地貌

河套平原在地质构造上属于断陷盆地、湖相沉积，盆地基底东南高、西北低，更新世晚期由于黄河形成及其屡次改道，又在湖相沉积层上覆盖了黄河冲积层，进而形成现今的地形条件（刘秉旺 等，2012）。

河套灌区整体地势平坦，西南高，东北低，自西南向北东微倾，局部有起伏，主要为小型丘岗和洼地。海拔 1 007～1 050 m，坡度 0.125‰～0.2‰。研究区内主要包括两类平原地貌，分别为狼山山前冲积倾斜平原和黄河冲湖积平原。

灌区内山前冲积倾斜平原分布于狼山山前地带，位于区内西北部，地面高度在1 030～1 060 m。该区域由西北向东南倾斜，西北部靠近山脉，主要为锥裙和扇裙带，坡度在 1/500～1/100，由于受山泉水补给，且地下水径流速度较快，少有土壤盐渍化情况。东南部为扇前平原，土质逐渐变细，且地势平坦低洼，潜水埋深浅且径流速度缓慢，部分区域存在盐渍化问题。

研究区的主体为黄河冲湖积平原，地面高程在 1 018～1 052 m，占区内平原总面积的 70%以上。冲湖积平原地区地形平坦，地势开阔，整体地面高程由南向北降低，西东方向上则西部略高于东部。该区域由于黄河改道，残留湖泊和湿地退缩，形成了大量微小凹陷地貌，极易形成土壤盐渍化。区内整体黄河冲湖积平原的最低处为二排干以西，地形低洼，地下水位较浅，土壤盐渍化情况严重。

1.2.2　地层岩性

河套灌区位于内蒙古自治区西部，其地表几乎全部被全新统沉积物覆盖，形成大面积的黄河冲积平原。除缺失志留系、泥盆系外，其他地层均有出露。太古宇、元古宇为一套变质岩系；下古生界为海相碳酸岩和碎屑岩沉积；上古生界为海陆交替相及陆相碎屑岩；中—新生代，河套地区大幅度沉降，形成了河套盆地及北缘一系列山间小盆地，发育一套巨厚的中—新生界陆相碎屑岩系。

工作区基底为前寒武纪花岗片麻岩，中生代下白垩统不整合于基底之上，古近系和新近系不整合于白垩系之上，第四系不整合于新近系之上，石油地震勘探和钻孔探测显示，第四系更新统主要为一套厚度巨大的河湖相沉积。河套盆地边缘由于山前断裂活动，第四系更新统湖相地层也零星出露于山前台地，一般地层下部为河湖相淤泥、粉砂，上部为冲洪积相砂砾石。

研究区是由黄河及其周围高山冲积、洪积所形成的第四系平原区，第四系是区内主要地质体。第四系地层由老至新简述如下。

1. 更新统

（1）中下更新统（Q_{p1-2}）：主要分布在狼山南麓，为厚层状砾岩、黄灰绿色含砾砂岩、粉砂岩、砾岩夹含砾砂岩、砂岩及粉砂岩透镜体、洪积砂砾石层、粉砂质泥层夹细砂层及砂砾岩。

（2）中下更新统冲洪积物（Q_{p1-2}^{al+pl}）：主要分布在大青山南麓，为冲积、洪积砂砾石层，土黄色、土红色砾岩夹含砾砂岩、砂岩及粉砂岩透镜体。在磴口县，中更新统冲积层（Q_{p2}^{al}）分布在黄河左岸 II 级阶地上，岩性为砂砾石、中细砂和黏质砂土、砂质黏土，表层为黏质砂土，厚 1～2 m，有较明显的二元结构；砂砾石层和砂层，单层厚一般为 0.5～5.0 m，总厚度 60 余 m。

2. 中下更新统湖积层（Q_{p1-2}^{l}）

在临河区一带的深部有分布，由黄灰色粉砂夹粉砂质黏土组成，底部为浅棕红色泥砾状黏土及灰黄色粉细砂，厚度 647 m。上与上更新统呈不整合接触，下与新近系上新统呈不整合接触。

3. 中更新统冲洪积层（Q_{p2}^{alp}）

在磴口县的纳林陶亥镇西 II 级阶地上，岩性如下：上部为砂质黏土、中细砂和砂砾石互层；中部为卵砾石、砾石夹黏质砂土；下部为中细砂、砂砾石夹黏质砂土；底部为卵砾石。砾石成分为石英岩、花岗岩、石英砂岩、灰岩等。分选差，磨圆呈次棱角状。砂的成分以石英、长石为主，见少量的暗色矿物，砂层结构松散，厚度大于 56.8 m。

4. 中更新统冲湖积层（Q_{p2}^{lal}）

在磴口县为湖滨三角洲相沉积，大部分被风成砂覆盖，仅在黄河 II 级阶地的陡坎上和风蚀洼地内有零星出露。岩性为灰黄色、灰褐色砂砾石、中细砂与砂质黏土、黏质砂土交互沉积。厚度为 171 m。

5. 上更新统冲积层（Q_{p3}^{al}）

分布在磴口县一带黄河 I 级阶地上，岩性为砂砾石、中细砂、砂质黏土、黏质砂土、砾石，成分为片麻岩、石英岩、花岗岩。表层为砂质黏土，厚 1～2 m，具明显的二元结构。厚度为 40.7 m。

6. 全新统

在盆地内主要为河湖相和河流相沉积物，在盆地边缘则为冲洪积相沉积物（邓金

宪 等，2007）。主要的成因类型如下。

（1）全新统风成砂（Q_h^{eol-s}）：分布在黄河南岸库布齐沙漠和河套平原西部乌兰布和沙漠东部边缘，在盆地内部黄河故道沿岸地带有零星分布。岩性为淡黄色细砂，松散，分选差，呈新月形或垅岗形，为半移动沙丘，厚度 0.5～15 m。根据岩性分析，沙源为本地白垩系岩层风化之产物；托克托县一带分布于黄河以西，构成流动沙丘；临河区一带主要分布在杭锦后旗南、临河区东北，主要由石英、长石及黑色碎屑组成，为松散砂层；磴口县一带主要分布于黄河东岸、库布齐沙漠西部和乌兰布和沙漠，为淡黄色、黄褐色、砖红色中细砂，结构分散，分选良好。

（2）全新统冲积细砂、砂砾石层（Q_h^{al}）：主要分布在黄河两岸，为冲积细砂、粉砂及砂砾石。

（3）全新统湖积层（Q_h^l）：主要分布在乌梁素海一带及五原县北，为一套湖相沉积的灰色砂质黏土层，黏土中含碱、盐等物；和林格尔县一带仅出露 4 km² 左右，由淤泥组成；磴口县北西一带面积约 30 km²，为灰色、灰黑色和灰褐色淤泥、砂质黏土及砂土，含有机质和盐量较高。

1.2.3　主要构造

河套平原在地质构造上属于华北地台鄂尔多斯台向斜的一部分，是一个形成于侏罗纪晚期的中新生代断陷盆地（张永谦 等，2013）。盆地大地构造位置处于阴山隆起、伊盟隆起及贺兰山、桌子山台褶带之间。划分为 3 隆 4 拗 7 个次级构造单元，自西向东为吉兰泰拗陷、磴口隆起、临河拗陷、乌拉山隆起、乌前拗陷、包头隆起、呼和拗陷，基底埋深 3 000～16 300 m，见图 1-3。研究区所属构造单元为河套断陷带、鄂尔多斯周缘断裂系北部，在周缘断陷带中规模最大，且构造活动较为强烈。盆地基底为前寒武纪变质岩，上覆下白垩统，缺少新生界古新统和始新统，但渐新统及其以上地层发育较为连续，并且沉积厚度较大，岩相和沉积厚度变化很大。

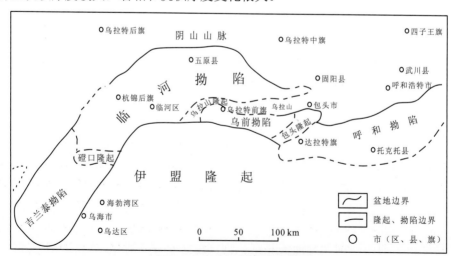

图 1-3　河套盆地构造单元划分

远在侏罗纪末期的燕山运动中，蒙古地块向华北方向挤压，由于鄂尔多斯坚硬地块的阻挡褶皱成山，侏罗系逆掩及倒转构成了阴山山脉的特色；同时，河套平原断陷为沉降盆地，接受沉积。新近纪喜马拉雅运动时期，在河套平原地区表现为垂直运动，阴山山脉再度隆起，山前产生了东西向大裂谷，河套盆地强烈地相对沉降，山岭被侵蚀、剥蚀，沟谷也在不断加深，河套盆地堆积了巨厚的古近纪和新近纪沉积物。

新近纪末至第四纪早更新世，阴山山脉和鄂尔多斯高原沿老构造线强烈上升，河套盆地继续强烈下降。后套盆地下陷幅度较大，湖水范围较广，几乎伸到狼山阴山山脉最西段脚下；包头市至西山咀镇一带，古老高地下陷缓慢。东南部和林格尔丘陵一带有基性岩流喷发，玄武岩呈层状夹于湖相地层中间。在中更新世，淤泥湖相沉积进一步发展。晚更新世，黄河河套平原段逐渐形成。在山地上升相对速度加快的情况下，黄河数次改道，随着黄河的迁徙，便有大量冲积物遗留下来，逐渐形成黄河冲积平原。

1.3 水文地质条件

1.3.1 区域地下水系统

河套灌区所处一级地下水系统为河套平原地下水系统，二级地下水系统为后套平原地下水系统，按照河套平原的宏观构造格局和地貌特征，进一步分析区域水流系统的分布特征，后套平原地下水系统可进一步划分为狼山山前冲洪积平原、黄河冲湖积平原和德岭台地三个三级地下水系统（表 1-2）。

表 1-2　研究区地下水系统划分一览表

一级系统	二级系统	三级系统	四级系统
河套平原地下水系统	后套平原地下水系统（A）	狼山山前冲洪积平原地下水系统（A01）	
		黄河冲湖积平原地下水系统（A02）	乌兰布和沙漠地下水系统（A02-1）
			乌兰布和灌域地下水系统（A02-2）
			解放闸灌域地下水系统（A02-3）
			永济灌域地下水系统（A02-4）
			义长灌域地下水系统（A02-5）
			乌拉特前旗灌域地下水系统（A02-6）
		德岭台地地下水系统（A03）	

巴彦淖尔市杭锦后旗地区的地下水系统为黄河冲湖积平原地下水系统（A02），主体为后套平原总排干以北、黄河以南的冲湖积平原，面积 10 532.76 km^2。系统北边界为总排干，为侧向排泄边界；系统南边界为黄河，在临河区马场地乡以西，黄河水位高于地下水，为侧向补给边界，在马场地乡以东，黄河水位逐渐低于浅层地下水位，为排泄边

界；系统东边界为乌梁素海，为侧向排泄边界；系统西边界为河套平原与乌兰布和沙漠的分界，为侧向流入边界。

含水层岩性主要由全新统—上更新统的冲积湖积相中细砂、细砂和粉细砂组成，局部有含砾中粗砂，含水层顶板埋深一般小于 20 m，分布有 2～4 层较连续黏性土层，层厚 3～20 m，水力特性以半承压水为主，局部地区为潜水。由于拗陷深度自东向西、由南向北加大，含水层沿此方向增厚，由东部的 60～80 m，向西增至 150～240 m，由南部隆起区的 20～60 m，向北部增至 100～200 m，总体呈由东南向西北变厚的规律（邓娅敏，2008）。

就全区来看，在西南部磴口县一带颗粒最粗，以含砾中砂为主，向东北方向递变为细中砂—中细砂—细砂—粉细砂，而以中细砂和粉细砂分布最广，南部近黄河一带颗粒较粗，在北部扇前深拗陷带和东部乌梁素海西侧一带颗粒最细，均以粉细砂为主。含水层粒径的这一变化规律，使富水性也有由西南向北东逐渐降低的趋势，在西南部，单位涌水量为 15～20 m³/（h·m），局部为 20～25 m³/（h·m），向东递变为 10～15 m³/（h·m）及 6～10 m³/（h·m），至乌梁素海西侧一带不足 6 m³/（h·m）。

地下水接受引黄灌溉入渗、大气降水入渗、西部乌兰布和沙漠的侧向径流，以及南部临河区马场地乡以西黄河的侧渗补给，北西—南西向径流，在总排干沿线形成浅层地下水的排泄带，最终向东径流排泄到乌梁素海。

1.3.2 含水层系统及结构特征

河套灌区内的主要含水系统为第四系孔隙含水层系统，根据含水层的结构差异又分为单一结构含水层系统和双层结构含水层系统，其中，双层结构含水层系统包含承压含水层。

单一结构含水层系统主要分布于狼山山前地带，含水层岩性为含卵砂砾石、含砾中粗砂。该含水层的分布自北向南有明显的水平分带性，表现为由北向南含水层颗粒变细，厚度变薄，黏土质夹层增厚，水量由大变小，水位由深变浅，水质逐渐变差。沿此方向，含水层颗粒由含卵砂砾石及砂砾石变为中细砂，厚度由 50～80 m 变为 20～40 m，涌水量由 100～150 m³/d 变为 25～100 m³/d，水位埋深由 20～40 m 变为 3～5 m。该含水岩组介质颗粒粗，含水层厚度较大，多在 30～50 m，厚者可达 50～80 m，水量丰富，涌水量多在 100～150 m³/d，渗透系数为 30～80 m/d，埋藏浅，含水层底板埋深多在 70～90 m，水位埋深多在 5～20 m，是良好的供水含水层，水文地质剖面见图 1-4。

双层结构含水层系统主要分布于后套平原，又可分为浅层潜水-半承压含水层系统和承压含水层系统。

浅层潜水-半承压含水层系统广泛分布于整个后套平原，含水层岩性为上更新统至全新统由湖积相向冲积湖积相过渡的中细砂、细砂和粉细砂，局部有含砾中粗砂。含水层顶板埋深一般小于 20 m。含水层在水平方向上有明显的分带规律。由于拗陷深度自东向西、由南向北加大，含水层厚度沿此方向增厚，由东部的 60～80 m，向西增至 150～240 m，

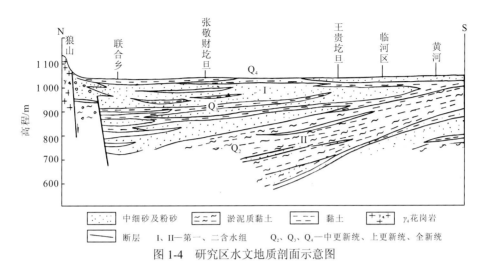

图 1-4 研究区水文地质剖面示意图

由南部隆起区的 20~60 m，向北部增至 100~200 m，总体呈由东南向西北变厚的规律。在西部陕坝镇以北区域，区域拗陷沉积中心的含水层厚度最大，目前钻孔揭露的最大含水层厚度为 238 m；在后套平原东南部西山咀镇以北一带，含水层厚度最薄，一般小于 20 m。

区内承压含水层为中更新统下段含水层。其分布主要受构造控制，一般在湖盆边缘地带和隆起区埋藏较浅。在 300 m 勘探深度内，其主要见于磴口—全盛西沟断裂带以南，扇裙前缘断裂以北地区。由于该层薄，颗粒细，径流缓慢，水量较小，与上层含水层水力联系弱，故不对其进行深入说明。

1.3.3 地下水补径排特征

河套灌区是我国最大的一首制大型自流灌区，地下水的补径排特征主要受到地形地貌、地表岩性、引水灌溉、地下水开采等因素的共同作用。

河套平原单一结构区潜水主要分布于北部山前冲洪积扇裙带和洪积平原上，主要接受山区地下水的侧向径流补给。后套平原地势南高北低，在北部山前洪积扇群带前缘自然地形成一条东西向的排水廊道。因此，单一结构区潜水径流路径短，主要的排泄方式是农业开采和径流排泄。

黄河水灌溉入渗补给是双层结构区浅层地下水的主要补给来源，其次是渠道的渗漏补给和降雨入渗补给。黄河南岸浅层地下水在杭锦旗西部呼和木独镇和巴拉贡镇有对黄河北岸由西南至东北方向的侧向径流补给，呼和木独镇东部的浅层水在黄河南岸的引黄灌区和黄河排泄，没有补给到黄河北岸的浅层水（王旭升 等，2004）。

浅层地下水在黄河冲湖积平原区主要从黄河北岸向北部山前径流，径流方向为从西南至东北。平原区地势平缓，水力坡度很小，并且含水层岩性较细，渗透系数小于 20 m/d，因此，地下水径流缓慢。

黄河冲湖积平原区的浅层水埋藏非常浅，在 1~3 m，年蒸发量高达 20 mm 以上。此外，后套平原包气带岩性主要为黏砂土和砂黏土，颗粒细小，毛细作用较强，因此，浅层水的蒸发作用强烈,蒸发排泄成为平原区浅层水的主要排泄方式。农灌期浅层水水位升高时,地下水会向排水沟排泄,并通过各级排水沟汇入北部山前的总排干沟。退水通过排干沟进入乌梁素海,经乌梁素海退水渠在三湖河口退入黄河。此外,后套平原农业用地面积大,在作物生育期,农作物的蒸散发作用对地下水的消耗也是浅层水的排泄途径之一。

平原区的承压地下水主要依靠单一结构区潜水的侧向径流补给。另外,乌梁素海东部的地下水通过深部水循环补给西部的承压水也是可能的补给方式之一。由于承压含水层埋藏深,后套平原对承压水基本没有开采。承压水径流平缓,总体上由西南向东北径流。排泄区在乌梁素海。

1.4　土壤盐渍化现状

土壤盐渍化问题是河套灌区内主要的环境地质问题。早年间,河套地区黄河河道靠近狼山山前,由于河套平原的农耕种植需求,黄河逐步改道至河套南部,原有湿地干涸,形成原生土壤盐渍化。20世纪50年代以来,由于大量土地开荒农用,需要大量灌溉用水,故开始引黄河水灌溉河套地区的农田。早期的引黄灌溉缺少科学指导,主要采用大水漫灌,且灌溉频次密集,向河套地区非饱和带土壤引入了大量盐分,且阶段性地抬高了地下水位,形成次生土壤盐渍化,且盐渍化土地面积逐年增长(李建国 等,2012)。

近30年来,随着灌溉活动的科学管控,灌溉盐渍化扩张速率较缓,但总体盐渍化土地面积较大,对河套地区农耕作业活动影响强烈。据资料统计,河套灌区土壤盐渍化的发展演化状况大体可分为4个阶段(刘羡周,2003)。

(1)1950~1957年,灌区开发初期。盐渍化面积占耕地面积的12%~14%。

(2)1963~1973年,引黄灌溉大发展阶段。由于排水不配套,土地盐渍化发展迅速,盐渍化面积占耕地面积的31%~58%。

(3)1978~1983年,盐渍化初步控制阶段。据调查,1983年盐渍化面积占耕地面积的47%,其中轻度盐渍化面积占盐渍化面积的53%。

(4)1990~2003年,盐渍化减轻期。由于排水设施逐年配套并发挥作用,地下水位下降,水质也有所淡化,中重度盐渍化土壤的面积大幅下降,在灌区上游由29%降至14.5%,灌区中游由40.4%降至26.4%,灌区下游由43.6%降至31.1%,但轻度盐渍化土壤仍占耕地面积(5.74×10^5 hm²)的49.5%,而且灌区内仍有2.09×10^5 hm²的盐荒地尚未开发利用。

巴彦淖尔市现有耕地1062.8万亩[①],其中约484万亩耕地不同程度盐渍化,占耕地总面积的45.5%。盐碱化耕地具有含盐量高、高pH、土壤板结、通气性不良、肥力水平低、保水保肥能力差的特点,不利于作物捉苗和正常生长。现有轻中度盐碱地以种植向

---

① 1亩≈666.67 m²。

日葵等耐盐碱经济作物为主，重度盐碱地仅能生长稀疏碱草，无任何经济效益。

从盐碱化耕地地理分布情况看，灌区东部盐碱化较重，西部轻，北部重，南部轻。从局部地形看，在洼地边缘和局部高起部位，水分容易散失，盐分易积聚，常形成斑状盐碱土。盐碱地块沿着引黄总干渠并在总排干两侧分布，在交接洼地积盐较重，坡地积盐较轻，呈现大处在洼、小处在高的斑状分布（王俊枝 等，2019）。

根据农业农村部办公厅农办计函〔2011〕95 号文件，巴彦淖尔市轻度盐碱化耕地257 万亩，占盐碱化耕地面积的 53.1%，中度盐碱化耕地 148 万亩，占盐碱化耕地面积的 30.6%，重度盐碱化耕地 79 万亩，占盐碱化耕地面积的 16.3%，各旗县区盐碱化耕地具体情况见表 1-3。

表 1-3　巴彦淖尔市各旗县区盐碱化耕地面积汇总表

旗县区	耕地面积/万亩	盐碱化耕地面积/万亩	占全市耕地面积的比例/%	占本旗县区耕地面积的比例/%
五原县	231	123	25.4	53.2
乌拉特前旗	244	82.8	17.1	33.9
杭锦后旗	134	79.9	16.5	59.6
临河区	217	72	14.9	33.2
乌拉特中旗	135	66.3	13.7	49.1
磴口县	84.2	54	11.2	64.1
乌拉特后旗	17.6	6	1.2	34.1
合计	1 062.8	484	45.6	—

区域盐碱土分为四大类：硫酸盐盐化土、氯化物盐化土、苏打盐化土和碱化土，四种类型复合存在。多年来，当地的自然环境条件和人为破坏是河套地区土壤盐碱化形成与恶化的主要原因。

参 考 文 献

邓金宪，刘正宏，徐仲元，等，2007. 包头地区晚更新世—全新世地层划分对比及环境变迁[J]. 地层学杂志，31(2): 133-140.

邓娅敏，2008. 河套盆地西部高砷地下水系统中的地球化学过程研究[D]. 武汉：中国地质大学(武汉).

李建国，濮励杰，朱明，等，2012. 土壤盐渍化研究现状及未来研究热点[J]. 地理学报，67: 1233-1245.

刘秉旺，张茂盛，陈龙生，等，2012. 内蒙古河套灌区土壤盐渍化成因研究[J]. 西部资源(3): 172-173.

刘羡周，2003. 关于巴盟河套灌区防治盐碱基本途径的探讨[J]. 内蒙古水利科技(2): 18-25.

王俊枝，薛志忠，张弛，等，2019. 内蒙古河套平原耕地盐碱化时空演变及其对产能的影响[J]. 地理科学，39: 827-835.

王旭升，岳卫峰，杨金忠，2004. 内蒙古河套灌区 Gspac 水分通量分析[J]. 灌溉排水学报，23(2): 30-33.

张永谦，滕吉文，王谦身，等，2013. 河套盆地及其邻近地域的地壳结构与深层动力学过程[J]. 地球物理学进展，28: 2264-2272.

第 2 章

盐渍化土壤季节性变化规律及影响因素

　　遥感和地理信息系统（geographic information system，GIS）技术的发展，为大面积、重复获取区域多波段、多时相的信息，实时动态监测盐渍土的演化状况提供了可能，弥补了传统方法费时费力、测点少而代表性差、无法大面积实时动态监测的缺陷。本章将以 Landsat 系列多光谱数据、地物光谱信息和地表特征为基础，利用基于 CART 算法的决策树分类对河套灌区 1986～2019 年的土壤盐渍化进行解译分析，并结合其景观格局指数，探讨该地区土壤盐渍化分布特征和演变规律，为了解河套灌区土壤盐渍化的时空结构变迁和景观格局变化特征，评估灌区盐碱化控制措施的有效性提供依据。

2.1 数据获取及处理

2.1.1 遥感数据预处理

遥感解译采用的遥感影像是由美国国家航空航天局（National Aeronautics and Space Administration，NASA）的陆地卫星 Landsat 提供的，影像来源为美国地质调查局，1972 年以来，陆地卫星提供了具有中等空间和光谱分辨率的长期较为连续、稳定的遥感影像（Wright and Gallant，2007）。根据目视及影像的云量参数情况，本章对河套灌区 1972～2020 年的 Landsat 影像进行初步筛选，选择了 1986～2019 年春季（3～5 月）、夏季（6～8 月）和秋季（9～11 月）36 期轨道号为 129031/129032 的 72 景 Landsat 遥感影像（表 2-1）来探究河套灌区土地盐渍化的长期变化特征。

表 2-1 遥感影像数据参数表

年份	传感器	轨道号	空间分辨率	年份	传感器	轨道号	空间分辨率
1986	TM	129031/129032	30 m	2003	TM	129031/129032	30 m
1986	TM	129031/129032	30 m	2005	TM	129031/129032	30 m
1986	TM	129031/129032	30 m	2005	TM	129031/129032	30 m
1989	TM	129031/129032	30 m	2005	TM	129031/129032	30 m
1989	TM	129031/129032	30 m	2007	ETM+	129031/129032	30 m
1989	TM	129031/129032	30 m	2007	ETM+	129031/129032	30 m
1992	TM	129031/129032	30 m	2007	ETM+	129031/129032	30 m
1992	TM	129031/129032	30 m	2010	ETM+	129031/129032	30 m
1992	TM	129031/129032	30 m	2010	ETM+	129031/129032	30 m
1992	TM	129031/129032	30 m	2010	ETM+	129031/129032	30 m
1995	TM	129031/129032	30 m	2013	OLI	129031/129032	15 m
1995	TM	129031/129032	30 m	2013	OLI	129031/129032	15 m
1995	TM	129031/129032	30 m	2013	OLI	129031/129032	15 m
1998	TM	129031/129032	30 m	2015	OLI	129031/129032	15 m
1998	TM	129031/129032	30 m	2015	OLI	129031/129032	15 m
1998	TM	129031/129032	30 m	2015	OLI	129031/129032	15 m
2000	TM	129031/129032	30 m	2019	OLI	129031/129032	15 m
2000	TM	129031/129032	30 m	2019	OLI	129031/129032	15 m
2000	TM	129031/129032	30 m	2019	OLI	129031/129032	15 m
2003	TM	129031/129032	30 m				

为了适应 Landsat 在河套灌区的覆盖情况，将研究区的右边界改为影像拍摄边界（图 2-1）。图像预处理在美国 Exelis Visual Information Solutions 公司的 ENVI 平台进行，主要包括在 ENVI 5.3 中使用 GDEMV2 30 m 分辨率的数字高程数据对所有遥感影像进行几何校正，保证其空间误差不超过 1 个像元，之后对遥感影像进行辐射定标、大气校正、拼接、裁剪，最终得到研究区多时段的多光谱遥感影像。

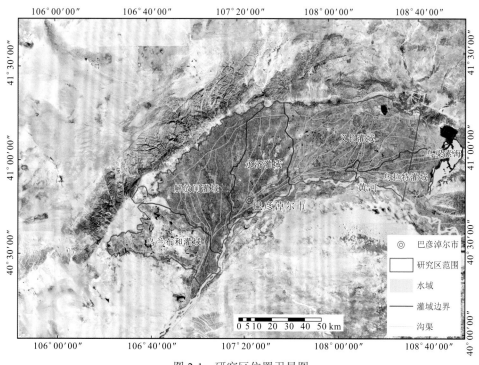

图 2-1　研究区位置卫星图

2.1.2　遥感影像解译标志

遥感影像解译是对影像中的光谱信息和空间信息进行分析解读的过程。由于遥感影像存在混合像元、同物异谱、同谱异物等特点，在开展遥感解译工作过程中解译结果会出现差错。因此，解译工作开始之前，需要对影像的信息有准确的认识，建立具有综合代表性高、表现直观的各土地类型特征的解译标志以作为影像判读的依据（谭琪铃，2016）。土地种类繁多，已有许多研究提出了各种土地分类系统以满足不同的研究目的（Zurqani et al.，2018；Shalaby and Tateishi，2007；Yuan et al.，2005）。河套灌区地势平坦，绝大部分土地都被开发为农业用地，其他多为无法开发的沙漠、岩质山体、荒地等。为了能够简明地了解河套灌区土壤盐渍化的空间分布特征和变迁，本书基于 Google 地图，结合先验知识和野外实地考察，将影像解译分为 4 种土地类型，并建立各土地类型的解译标志（表 2-2）。

表 2-2　不同土地利用类型的解译标志（标准假彩色合成）

类别	影像特征	解译标志
盐渍化土地	主要分布于农业用地，水体周边，边界形态呈不规则状，颜色为白色，夹蓝色或红色斑点，影像结构粗糙	
农业用地	分布于研究区绝大部分地区，几何特征明显，田间有道路、渠系灌溉设施，颜色较为多样，一般为褐色、粉红色和红色，纹理较影像结构粗糙，有明显耕作纹理，或者内部有红色颗粒状纹理结构	
裸地	主要分布于研究区西部和北部地区，部分散布在农业用地中间，边界比较清晰，呈土黄色、灰白色，纹理均一	
水体	主要分布于平原，几何特征明显，呈自然形态和人工塑造形态，主要呈深蓝色、蓝色和浅绿色，影像结构单一	

2.1.3　土地利用类型分类方法与变化检测

当前常用的分类方法主要有监督和非监督分类、支持向量机(support vector machine，SVM)、决策树分类等，传统的分类方法主要是根据各类地物的光谱信息特征来实现影像分类，对地物空间的相互关系和其他特征利用不足（池涛 等，2018；贺佳伟 等，2017；安永清 等，2009），对光谱信息比较复杂的地物区分能力不够。相比于传统的分类方法，决策树分类是机器挖掘的一种学习方法，它提供了各数据层之间的非参数判别统计关系来生成二叉树，通过递归将训练数据像元分割成更多的同质子集，并根据训练样本定义的类别来度量同质性，可以按照地物光谱信息、空间关系和其余特征关系处理噪声数据并自动选择特征以完成整个分类过程，适用于多源数据，具有较高的分类精度（于文婧 等，2016）。在决策树分类中，CART 算法相对稳定，已在大量研究中成功应用（Youssef et al.，2016；尚卫超 等，2014；Pantaleoni et al.，2009）。因此，本章选择了基于 CART 算法的决策树分类方法对研究区的土地类型进行分类。河套灌区土地类型分类的比较流程见图 2-2。

分类的具体步骤如下：①在 ENVI 平台利用波段运算工具进行特征指数计算，使用 Iso Data 非监督分类工具对预处理完成后的多光谱遥感影像进行非监督分类，并使用 Layer Stacking 工具将非监督分类结果、特征指数和多光谱影像进行叠加得到多源影像数据；②基于解译标志，利用 ROI 工具在多属性图像中选取分离度达到 1.8 以上的不同土

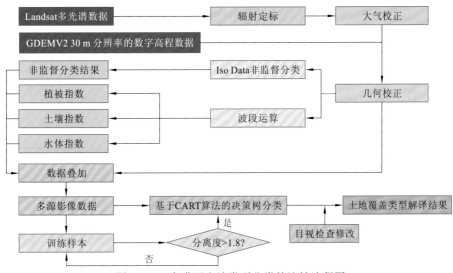

图 2-2　河套灌区土地类型分类的比较流程图

地覆盖类型的训练样本来训练基于 CART 算法的 Rule Gen 分类器，并生成土地类型分类决策树（安永清 等，2009）；③将训练好的决策树应用于多元数据，结合目视检查修改，得到河套地区各期的土地类型解译结果。

　　图像分类后，采用分类后比较法工具 TCW 对分类结果进行比较，分析不同时期遥感数据的地表变化特征。这是最常见的动态检测方法（Shalaby and Tateishi，2007）。分类后比较法工具提供了同一场景在不同时间拍摄（Zurqani et al.，2018；Yuan et al.，2005）的两个分类图像之间的信息和类型的变化情况。分别对春季、夏季和秋季的 1986～2003 年和 2003～2019 年年际变化进行动态检测，以探究土壤盐渍化的年际变化；分别对 1986 年、2003 年和 2019 年的春季与夏季和夏季与秋季季节变化进行动态检测，以探究土壤盐渍化的季节变化。

2.1.4　景观格局指数

　　景观格局指数是指能够提取景观格局信息，反映景观空间格局特征的定量指标，表征生态系统的形态学特征。景观格局特征可以在 3 个层次上进行分析：单个斑块、由所有同种单个斑块组成的斑块类型，以及包括所有单个斑块类型的整个景观镶嵌体（马文俊，2011）。相对地，景观格局指数也可分为斑块水平上的指数、斑块类型水平上的指数和景观水平上的指数（王景伟和王海泽，2006）。斑块类型水平上的指数主要表征同一类型所有斑块的统计学特点，对于描述和理解不同类型斑块的格局特征十分重要（张林艳 等，2008），本章利用以下 3 种斑块类型水平上的指数（表 2-3）来反映各个土地类型斑块在不同时期的变化特征，探究其土地类型斑块的景观格局特征。

表 2-3　景观格局指数

景观格局指数	描述	范围
斑块平均大小（MPS）	同一类型所有单个斑块的平均大小	MPS>0
斑块面积变异系数（PSCOV）	某一类型斑块面积的标准差（PSSD）与斑块平均大小（MPS）的比值。同一类型斑块在排除单位影响后的大小差异	PSCOV≥0
面积加权平均斑块形状指数（AWMSI）	表征的是某一斑块类型的形状的总体复杂程度或不规则程度。数值越接近 1，斑块形状越规则	AWMSI≥1

2.2　春季盐渍化土地总体特征

20 世纪 60 年代至今，河套灌区盐渍化土地面积占比保持在 40%～50%（张义强 等，2018），近 20 年来，整体呈现下降趋势，但在不同年份的分布特点上存在一定的差异。1986 年春季，研究区的盐渍化土地的空间分布面积大、集中程度大，走向与干沟干渠方向一致，主要分布于农业用地之间，其中在义长灌域东南部、乌拉特灌域西部和解放闸灌域西部聚集程度较高（图 2-3）。

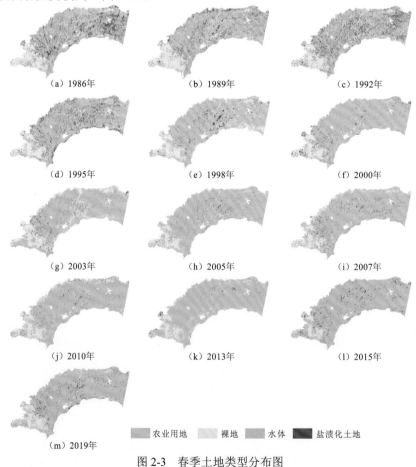

（a）1986年　　　（b）1989年　　　（c）1992年

（d）1995年　　　（e）1998年　　　（f）2000年

（g）2003年　　　（h）2005年　　　（i）2007年

（j）2010年　　　（k）2013年　　　（l）2015年

农业用地　　裸地　　水体　　盐渍化土地

（m）2019年

图 2-3　春季土地类型分布图

在 ENVI 平台中，对解译结果的土地类型面积进行统计（图 2-4），结果显示，1986～1995 年的春季盐渍化土地的面积整体上平稳在 1200 km²，占比在 12%上下变化。尽管该时期的盐渍化土地面积变化不大，但东部的义长灌域和乌拉特灌域内的盐渍化土地的集中程度降低，盐渍化土地的分布更零星、分散（图 2-3）。1995～2003 年，灌区盐渍化土地面积从 1263.91 km² 下降到 205.35 km²，占比降为 1.9%，进入一个快速下降的时期，下降速率为 105 km²/a。至 2003 年，仅解放闸灌域西部和义长灌域内盐渍化土地分布较为集中，其余灌域内盐渍化土地分布较为零散。2003 年之后，盐渍化土地面积在 300 km² 上下浮动，主要分布于研究区中部的永济灌域和西部的解放闸灌域内。郭姝姝（2018）研究认为，河套灌区 1996～2002 年是灌区盐渍化土地面积明显下降的时期，其前后为两个较稳定的时间段。1986 年以来，研究区农业用地的面积有所增加，由 1986 年的 6086.74 km² 增加到 2000 年的 7718 km²。此后，灌区农业用地的面积维持在 7000 km² 左右；裸地面积比较稳定，维持在 20%左右，多为难开发为农业用地的岩质山体和荒漠（图 2-3），主要分布于狼山及河套灌区西部的乌兰布和沙漠，少部分零散分布于农业用地之中。

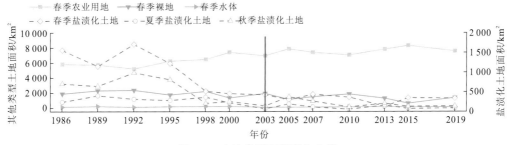

图 2-4　土地类型面积变化曲线

由春季土地类型转移分布图（图 2-5）和春季土地类型面积转移情况（表 2-4）可知，1986～2003 年，研究区原来的盐渍化土地面积减少 1427.52 km²，新增盐渍化土地面积 86.10 km²，净减 1341.42 km²。减少的盐渍化土地主要转变为农业用地，少量转变为其他土地类型，发生转变的盐渍化土地主要集中在研究区的东部、北部和西北部，中部和西部也有较为可观的盐渍化土地转变为农业用地。新增的盐渍化土地主要为原农业用地和裸地，集中分布在研究区的西部乌兰布和灌域与永济灌域内，解放闸灌域西北也有较多的其他土地类型重新转为盐渍化土地，另有较多的农业用地转为裸地。

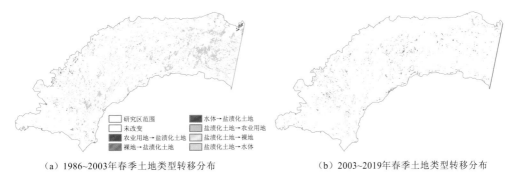

（a）1986～2003 年春季土地类型转移分布　　　　（b）2003～2019 年春季土地类型转移分布

图 2-5　春季土地类型转移分布图

表 2-4　春季土地类型面积转移情况

（a）1986～2003 年　　　　　　　　　　　　　　　　（单位：km²）

		1986 年				2003 年合计
		农业用地	裸地	水体	盐渍化土地	
2003 年	农业用地	5 511.47	785.32	116.86	1 227.92	7 641.57
	裸地	552.22	1 483.56	8.07	195.39	2 239.24
	水体	18.30	0.75	23.68	4.21	46.94
	盐渍化土地	32.09	52.76	2.03	111.16	198.04
1986 年合计		6 114.08	2 322.39	150.64	1 538.68	—

（b）2003～2019 年　　　　　　　　　　　　　　　　（单位：km²）

		2003 年				2019 年合计
		农业用地	裸地	水体	盐渍化土地	
2019 年	农业用地	6 898.26	827.28	17.88	83.25	7 826.67
	裸地	483.46	1 336.04	0.85	55.49	1 875.84
	水体	53.14	10.78	27.88	1.29	93.09
	盐渍化土地	212.44	62.70	0.47	57.04	332.65
2003 年合计		7 647.3	2 236.8	47.08	197.07	—

　　2003～2019 年研究区盐渍化土地面积减少 140.03 km²，主要去向为农业用地 83.25 km²，少量转变为其他土地类型，主要分布在西部乌兰布和沙漠中的水体周围。同期盐渍化土地面积累计新增 275.61 km²，主要是农业用地和裸地发生次生盐渍化，面积分别为 212.44 km² 和 62.70 km²。农业用地返盐，新增盐渍化土地面积主要分布在中部的永济灌域、解放闸灌域西部和黄河沿岸，其他灌域由零散的小面积农业用地转变为盐渍化土地。张银辉等（2005）认为，灌区的生态环境具有脆弱性、易变性和稳定性偏低的特点，不科学的人类灌溉活动容易使农业用地重新发生次生盐渍化。

　　从盐渍化土地景观格局指数的分布图（图 2-6）可以看出，1986～2003 年春季的斑块平均大小（MPS）、斑块面积变异系数（PSCOV）、面积加权平均斑块形状指数（AWMSI）的变化比较强烈，反映了这一时期的盐渍化土地经历了比较大的变迁。1986 年春季的盐渍化土地的 MPS、PSCOV、AWMSI 和面积都在较高的水平，体现出该年的盐渍化斑块

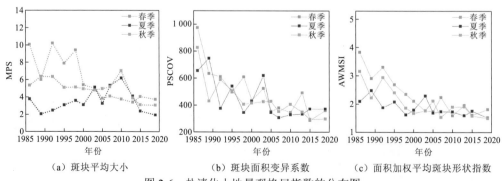

（a）斑块平均大小　　　　　（b）斑块面积变异系数　　　　（c）面积加权平均斑块形状指数

图 2-6　盐渍化土地景观格局指数的分布图

在拥有较高连续性的同时拥有数量较多的斑块。盐渍化斑块之间的大小差异性较大，离散程度较高，而且斑块形状较为复杂，说明该时期研究区广泛分布大面积连片盐渍化斑块，盐渍化斑块受到的人类活动的影响较小，斑块形状是更加复杂的自然形状。

1986～1995 年，MPS 和 PSCOV 均呈较快的下降趋势，而盐渍化土地面积变化平稳，反映出该时期研究区的盐渍化斑块在趋向于破碎。从春季盐渍化土地的分布图（图 2-3）可以看到，义长灌域东南部和乌拉特灌域内的农业用地间大面积连片的盐渍化土地变得破碎。与此同时，AWMSI 的持续下降表明盐渍化斑块的形状在该时期变得愈加规则，说明此时的人类活动对盐渍化土地的改造活动比较强烈，也说明研究区的景观格局受到的人类活动的干扰作用在增加（郭栋梁，2016）。1995～2003 年，MPS 保持较快的下降趋势，PSCOV 和 AWMSI 的下降趋势变缓，盐渍化土地面积也在持续下降，说明该时期盐渍化斑块在减少的同时趋向于破碎，大块连片的盐渍化斑块在不断萎缩、变小，人类活动对盐渍化斑块的改造活动仍在持续。2003～2019 年，MPS、PSCOV、AWMSI 和盐渍化土地面积均在较低水平维持稳定，说明这个时期的盐渍化土地趋于稳定，保持一个比较破碎、零散的特征，人类活动对盐渍化土地的开发程度也较高。

2.3　春季土壤盐渍化的迁移及影响因素

由影响因素多年变化图[图 2-7（c）]可以看到，研究区近 30 年来的降水量在 150 mm 上下波动，年均气温在 8～9℃，1998～2001 年为一个高温少雨的阶段，年均蒸发量常年在 2 000 mm 以上，整体上是波动上升的，而蒸发较强烈的月份为 5～6 月[图 2-7（a）]，常年雨热同期，且蒸发量远大于降水量，降水、高温集中在 6～8 月[图 2-7（b）]。年均地下水埋深在 1986～1995 年比较稳定，在 1995～2005 年下降速度加快，之后下降速度放缓，由于研究区每年 6 月和 11 月都会引黄灌溉，多年地下水位在这两个时期迎来高峰。1986～1995 年灌溉水量都在 5.3×10^9 m³ 以上，1998 年国家节水改造项目开始后，灌溉水量下降了较大的幅度，维持在 4.5×10^9 m³ 上下。

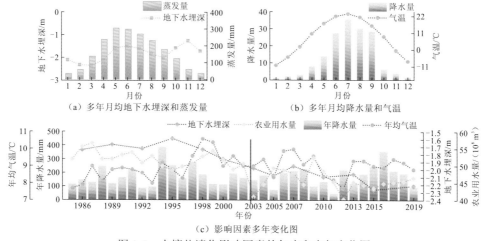

（a）多年月均地下水埋深和蒸发量　　　　（b）多年月均降水量和气温

（c）影响因素多年变化图

图 2-7　土壤盐渍化影响因素的年度和多年变化图

对地下水埋深的多年变化图[图 2-7（c）]和盐渍化土地面积变化图（图 2-4）对比发现，1986～2003 年春季盐渍化土地面积和地下水埋深的变化趋势具有一定的相似性，两者的变化曲线均在 1995 年之前保持平稳，1995～2003 年保持较快的下降速度，2003 年之后地下水埋深保持缓慢的下降趋势。将 1986～2003 年和 2005～2019 年的春季盐渍化土地面积与同年年均降水量、年均气温、年均地下水埋深和当年及上一年的灌溉水量分别做相关性分析（表 2-5），可以发现 1986～2003 年地下水埋深与盐渍化土地面积的相关性最高（$r=-0.6230$），说明 1986～2003 年春季地下水埋深是盐渍化土地产生的主导因素。

表 2-5　春季盐渍化土地面积和影响因素的相关系数

(a) 1986～2003 年

	上一年灌溉水量	当年灌溉水量	降水量	气温	地下水埋深	春季盐渍化土地面积
上一年灌溉水量	1					
当年灌溉水量	0.366 9	1				
降水量	−0.824 3	−0.118 2	1			
气温	−0.299 6	−0.095 0	0.270 2	1		
地下水埋深	0.176 6	−0.563 2	−0.428 2	0.072 2	1	
春季盐渍化土地面积	0.197 7	0.446 1	−0.131 5	−0.259 4	−0.623 0	1

(b) 2005～2019 年

	上一年灌溉水量	当年灌溉水量	降水量	气温	地下水埋深	春季盐渍化土地面积
上一年灌溉水量	1					
当年灌溉水量	0.045 8	1				
降水量	0.160 6	0.471 8	1			
气温	−0.135 8	−0.649 5	0.594 6	1		
地下水埋深	−0.221 1	0.334 9	0.062 1	−0.471 5	1	
春季盐渍化土地面积	0.778 1	0.177 9	0.436 7	0.128 5	−0.055 2	1

1986～1995 年，地下水埋深较浅，盐渍化土地面积的变化趋势与地下水位并不相同，而与上一年的灌溉水的变化趋势相同。尽管该时期乌梁素海至黄河出水口工程及总排干已经完成建设，但是田间排水工程不配套，河套灌区在地质构造上为封闭断陷盆地，地势平坦，灌区内地下水的动力较弱，水平流动不流畅，灌区中部的灌溉水难以向排干汇集，此时地下水的水位改变不大，主要排泄方式仍然是蒸发排泄（王学全 等，2005）。因此，在上一年的灌溉水无法排泄的情况下，其溶解的可溶性盐及自身所带的盐分蒸发积盐对春季的土壤盐渍化程度可产生重要影响。

1995～2005 年，盐渍化土地随着地下水埋深的持续下降而不断缩小，灌溉水量在此期间有所上升，但对盐渍化土地的影响并不大，降水量和气温等变化对其影响也不大，可见该时期地下水埋深主导着盐渍化土地的变化。1995 年，国家以田间设施为主的第三次水利建设完成，大量完善了田间排水设施，有效控制了研究区地下水位及盐渍化土壤的发展（张义强 等，2018）。马冬梅等（2012）的研究也反映河套灌区排入乌梁素海的水量在 1995 年达到高峰。2005～2019 年，地下水埋深对于盐渍化土地的影响变得微弱，尽管年均地下水位依旧缓慢下降，但是盐渍化土地面积不再持续下降，此时的地下水埋深是 2 m 左右。张义强等（2019）指出，在河套地区，地下水埋深在 1.8 m 以下即可有效控制盐渍化土地的规模。该时期盐渍化土地面积与上一年的灌溉水量高度正相关（$r=$ 0.778 1），在地下水埋深较大，且排水通畅的情况下，上一年的灌溉水量越多，输入研究区的盐分也就越多。尽管灌溉水能够将一部分表层土壤的盐分淋洗并排出，但仍有大量灌溉水挟带的盐分留存于土壤中。过量灌溉水入渗，地下水位抬升，也会使得多年灌溉滞留于深层土壤和地下水中的盐分在蒸发下不断向上运移，并在来年春季造成土壤返盐，此时则表现出春季盐渍化土地面积和灌溉水量正相关的现象。

2.4　夏季和秋季盐渍化分布特征及其影响因素

1986 年夏季，研究区的盐渍化土地分布较为零散，主要分布于乌兰布和灌域和永济灌域内，大部分盐渍化土地分布在裸地和农业用地的边界与水体周边，农业用地中间零散分布着少许的盐渍化土地（图 2-8）。近 40 年来，夏季盐渍化土地面积总体上呈下降趋势，但是下降幅度较小。1986～1998 年，研究区盐渍化土地面积在 300 km² 左右波动，1998 年开始下降，1998 年以后则在 100 km² 左右波动。

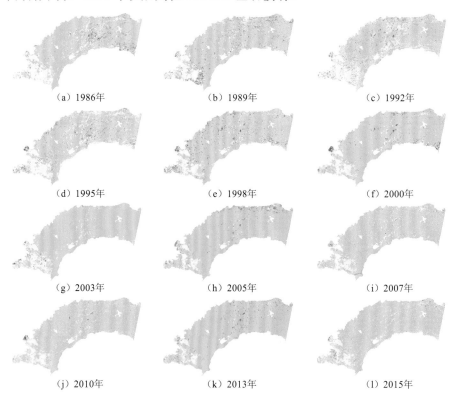

(a) 1986年　　　　　　(b) 1989年　　　　　　(c) 1992年

(d) 1995年　　　　　　(e) 1998年　　　　　　(f) 2000年

(g) 2003年　　　　　　(h) 2005年　　　　　　(i) 2007年

(j) 2010年　　　　　　(k) 2013年　　　　　　(l) 2015年

（m）2019年

图 2-8　夏季土地类型分布图

　　1986 年秋季，灌区盐渍化土地分布的连续性和聚集程度更高，主要分布于北部总排干两边、乌兰布和灌域和永济灌域，从用地类型看，主要发生在农业用地间和排干周边，走向与渠系方向一致；解放闸灌域和义长灌域内的盐渍化土地较少，零散分布于农业用地之间（图 2-9）。秋季的盐渍化土地面积变化与春季相似，1995 年之前和 2003 年之后是两个稳定期，而 1995~2003 年则是盐渍化土地面积下降比较快速的时期，1995 年之前秋季的盐渍化土地面积稳定在 700 km^2 左右，然后从 1995 年的 700.58 km^2 下降至 2003 年的 148.56 km^2。该时期北部总排干周围的盐渍化土地减少得较多，乌兰布和灌域和永济灌域的裸地之间的盐渍化程度也有所减轻，2005~2019 年，盐渍化土地面积在 300 km^2 以内波动，此阶段面积较大的盐渍化土地主要分布在永济灌域和乌兰布和灌域内的裸地周边，农业用地间的盐渍化土地较为零散。

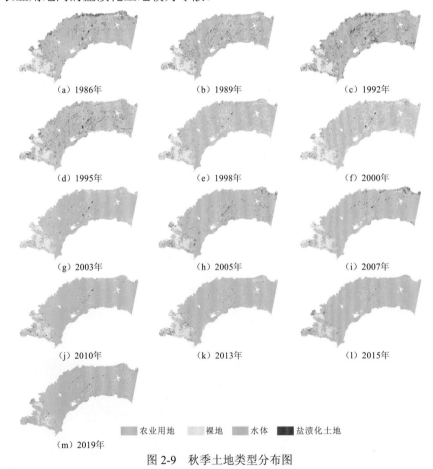

图 2-9　秋季土地类型分布图

由土地类型转移分布图[图 2-10（a）]可以发现，1986～2003 年夏季盐渍化土地减少区域主要分布于义长灌域和乌拉特灌域内。该时期减少面积为 305.61 km²，主要去向为农业用地，同时期盐渍化土地累计新增 87.62 km²，新增区域主要分布于研究区西部的乌兰布和灌域内，主要来源是裸地。

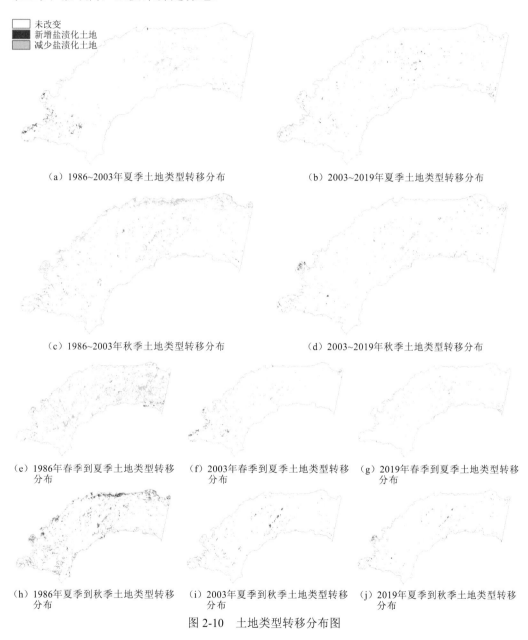

（a）1986~2003年夏季土地类型转移分布　　　　　（b）2003~2019年夏季土地类型转移分布

（c）1986~2003年秋季土地类型转移分布　　　　　（d）2003~2019年秋季土地类型转移分布

（e）1986年春季到夏季土地类型转移　　（f）2003年春季到夏季土地类型转移　　（g）2019年春季到夏季土地类型转移
　　　分布　　　　　　　　　　　　　　　　分布　　　　　　　　　　　　　　　　分布

（h）1986年夏季到秋季土地类型转移　　（i）2003年夏季到秋季土地类型转移　　（j）2019年夏季到秋季土地类型转移
　　　分布　　　　　　　　　　　　　　　　分布　　　　　　　　　　　　　　　　分布

图 2-10　土地类型转移分布图

夏季为农业种植时期，在人类活动改造的影响下，盐渍化土地分布较为零散，且形状较为规则，该季节的 MPS、PSCOV 和 AWMSI 整体上都处于较低的水平。1986～2003 年 MPS 有少许上升，PSCOV 则波动下降，说明该时期较小的盐渍化斑块变少，盐渍化大小向较大斑块趋近。此时，AWMSI 整体上呈波动下降的状态，盐渍化土地受到的人类活动改造的程度升高。2003～2019 年，盐渍化土地面积减少 103.36 km²，新增 5.10 km²，该时期减少的盐渍化区域主要分布于西部乌兰布和灌域内，而新增的盐渍化土地零散分布于研究区中部和东部的大部分区域，主要去向为裸地，主要来源变为农业用地[图 2-10（b）]。此时的 MPS 整体上是下降的，PSCOV 和 AWMSI 都稳定在较低的水平，说明该时期的盐渍化土地在保持较高人类活动改造影响的同时，大块的盐渍化斑块在萎缩、变小。

从夏季、秋季盐渍化土地面积和影响因素的相关系数表（表 2-6）可以看到，1986～2003 年夏季盐渍化土地面积与地下水埋深高度负相关（$r=-0.7992$），可见该时期的夏季地下水埋深对于盐渍化土地的变化具有主导作用。除此之外，灌溉水量与夏季盐渍化土地面积高度正相关（$r=0.6951$），从多年月均地下水埋深可以看到，夏季是地下水埋深的高峰期，而该时期正值夏灌期间，灌溉水量对地下水埋深的变化具有重要作用。因此，推断灌溉水量是通过影响地下水埋深的方式来影响盐渍化土地的变化的。邹超煜和白岗栓（2015）研究认为，河套灌区的灌溉活动伴随着地下水埋深的抬升，且短时间内无法排泄而蒸发积盐，致使大量的良田土壤盐渍化。

表 2-6 夏季、秋季盐渍化土地面积与影响因素的相关系数

（a）1986～2003 年

	灌溉水量	降水量	气温	地下水埋深	夏季盐渍化土地面积	秋季盐渍化土地面积
灌溉水量	1					
降水量	-0.118 2	1				
气温	-0.095 0	0.270 2	1			
地下水埋深	-0.563 2	-0.428 2	0.072 2	1		
夏季盐渍化土地面积	0.695 1	0.027 4	0.250 3	-0.799 2	1	
秋季盐渍化土地面积	0.369 3	-0.034 3	-0.594 6	-0.720 0	0.441 8	1

（b）2005～2019 年

	灌溉水量	降水量	气温	地下水埋深	夏季盐渍化土地面积	秋季盐渍化土地面积
灌溉水量	1					
降水量	-0.471 8	1				
气温	-0.649 5	0.594 6	1			
地下水埋深	0.334 9	0.062 1	-0.471 5	1		
夏季盐渍化土地面积	0.325 9	-0.480 6	0.021 8	-0.447 6	1	
秋季盐渍化土地面积	0.476 2	-0.345 7	0.041 3	-0.567 4	0.887 8	1

2005～2019 年，地下水埋深对盐渍化土地变化的影响下降，此时年均降水量与夏季盐渍化土地面积的相关性最高（$r=-0.4806$），可能是由于研究区夏季是降雨高峰期，且该时期的排水设施比较完善，聚集于地表的可溶性盐可以伴随着雨水入渗并较快排出，故此时的降水量是控制盐渍化土地变化的最重要的因素之一。

自 1998 年节水改造开始之后，河套灌区缩减了灌溉用水，在节水条件下一定程度的降水能够促进排盐（成萧尧 等，2020）。1986～2003 年，秋季盐渍化土地面积减少 660.63 km²，减少区域分布于研究区大部分区域，其中以北部总排干两边的盐渍化土地的聚集和连续程度最高，主要转变为农业用地和裸地，同时期盐渍化土地累计新增 70.67 km²，新增面积分布较为零散，主要来源是农业用地和裸地。此时的 MPS、PSCOV 和 AWMSI 都有所下降，体现出该时期的盐渍化斑块向破碎和形状规则转变，盐渍化土地受到的人类活动改造的影响程度升高。

2003～2019 年，盐渍化土地面积减少 132.27 km²，新增 24.25 km²，主要去向仍然是农业用地，主要来源变为裸地。此时的 MPS、PSCOV 和 AWMSI 整体上都在较低水平保持平稳，体现出该时期的盐渍化土地进入一个平稳时期，人类活动改造趋于稳定。1986～2003 年秋季盐渍化土地面积与地下水埋深高度负相关（$r=-0.7200$），与其他两季相同，该时期秋季地下水埋深对于盐渍化土地的变化起主导作用。

2005～2019 年秋季盐渍化土地面积与地下水埋深的相关系数为 -0.5674，与灌溉水量正相关（$r=0.4762$），地下水埋深对盐渍化土地的影响下降。此时的灌溉水量对盐渍化土地的影响有所上升，原因可能与春季相似，在秋灌（9 月下旬～10 月上旬，具体时间每年稍有变化）后，有些无法排出的灌溉水经过蒸发作用后返盐，出现灌水越多，盐渍化土地越多的现象。

春季和秋季是河套灌区的第二个积盐期，其中以春季返盐最为严重，相比于春季的盐渍化土地面积，夏季和秋季的盐渍化土地面积明显较少（李伟，2016；邹超煜和白岗栓，2015）。在两个积盐期，盐渍化土地的分布有所不同，春季由于受到的灌溉作用的影响较小，分布的区域更加广泛，而经过一整年的农业灌溉，秋季盐渍化土地在排干周边的聚集程度更高。尽管夏季不是积盐期，但是中部永济灌域的裸地、水体周边和西部乌兰布和灌域也分布着不少的盐渍化土地。从土地类型季节转移分布图[图 2-10（e）、（f）、（g）]可以看出，春季到夏季的土地类型变化主要是盐渍化土地转变为农业用地，1986 年转变区域分布于研究区的大部分地区，其中以解放闸灌域西部和乌拉特灌域较为连续、集中；2003 年东部的转变区域变少，转变集中的区域变为解放闸灌域和永济灌域内；2019 年的转变区域与 2003 年相似，但是转变的面积更少。

夏季到秋季的土地类型变化以农业用地转变为盐渍化土地为主，1986 年转变较为集中的区域为北部总排干，2003 年的主要转变区域为永济灌域内，2019 年的转变区域与 2003 年相似，但是转变的程度变小[图 2-10（h）、（i）、（j）]。1986 年秋季北部总排干处大量积盐的原因，可能是灌溉水挟带大量可溶性盐进入总排干，而该时期总排干渗水问题较为严重，灌溉水在总排干两侧外渗后蒸发积盐。1995 年 3 月解决总排干渗水问题后，排干两边的盐渍化问题得到较大的改善（任志远和姜瑞霞，2002）。

2.5 本章小结

（1）1986 年春季，研究区的盐渍化土地分布范围广，东部和北部聚集程度较高，MPS、PSCOV、AWMSI 都较高，反映出此时的盐渍化斑块具有高连续性、离散程度较高且形状复杂的特点；1986~1995 年春季盐渍化土地面积占比约为 12%，MPS、PSCOV 均呈较快的下降趋势，反映出该时期研究区的盐渍化斑块趋向于破碎，AWMSI 的持续下降表明人类活动对盐渍化土地的改造变得强烈（郭栋梁，2016）；1995~2003 年春季，盐渍化土地面积的占比降至 2%左右，MPS、PSCOV 和 AWMSI 保持下降，说明该时期盐渍化斑块在消亡的同时趋向于萎缩、破碎，人类活动对盐渍化斑块的改造活动仍在持续；1986~2003 年，研究区盐渍化土地面积净减少 1 341.42 km²，主要在农业用地、裸地和盐渍化土地间发生转变，盐渍化土地减少区域主要集中在义长灌域和乌拉特灌域内，新增的盐渍化土地集中分布在乌兰布和灌域与永济灌域内；2003 年之后，盐渍化土地面积稳定在 300 km² 左右，新增的盐渍化土地主要来源于农业用地，MPS、PSCOV 和 AWMSI 在较低水平维持稳定，说明这个时期的盐渍化土地趋于稳定，保持一个比较破碎、零散的特征。整体来看，1995~2005 年是春季盐渍化土地的明显下降时期，其前后为两个较稳定的时间段。

（2）1986~2003 年春季，地下水埋深与盐渍化土地面积的相关性最高（$r=-0.623\,0$），说明地下水埋深是盐渍化土地产生的主导因素，地下水埋深越深，盐渍化土地的面积越小；1986~1995 年，由于河套灌区的特殊地质构造，以及田间排水设施不配套，灌溉水无法排出，上一年的灌溉水带来的盐分对春季盐渍化土地产生重要影响；1995~2005 年，在田间排水设施完成后，地下水埋深主导着盐渍化土地的变化，当地下水埋深大于 1.8 m 后，对盐渍化土地的影响变得微弱；2005~2019 年，盐渍化土地面积与上一年的灌溉水量高度正相关（$r=0.778\,1$），地下水埋深较深且排水通畅的情况下，上一年的灌溉水量通过自身挟带的盐分及对深层土壤盐分运移的影响，对来年春季盐渍化土地产生影响。

（3）30 多年间夏季盐渍化土地的面积整体上是下降的，1986~1998 年，研究区盐渍化土地面积在 300 km² 左右波动，1998 年以后则在 100 km² 左右波动。夏季为农业种植时期，MPS、PSCOV 和 AWMSI 整体上都处于较低的水平，盐渍化土地分布较为零散，且形状较为规则。1986~2003 年，夏季盐渍化土地面积与地下水埋深、灌溉水量的相关系数分别是-0.799 2 和 0.695 1，夏季为灌溉较为频繁的阶段，灌溉水量对地下水埋深的变化具有重要作用，此时灌溉水量通过影响地下水埋深的方式来影响盐渍化土地的变化；2005~2019 年地下水埋深对盐渍化土地变化的影响下降，此时年均降水量与夏季盐渍化土地面积的相关性最高（$r=-0.480\,6$），在排水设施比较完善和节水条件下，夏季的大量降水对地表盐分的淋洗对盐渍化土地起着重要作用。

（4）秋季盐渍化土地面积的变化与春季相似，1995~2003 年是面积快速下降期，其前后为稳定期。1986~2003 年秋季盐渍化土地面积减少 660.63 km²，减少的区域主要是北部总排干周围，主要分布于北部总排干两边、乌兰布和灌域和永济灌域，MPS、PSCOV

和 AWMSI 均有所下降，表明该时期的盐渍化斑块向破碎和形状规则转变，盐渍化土地受到的人类活动改造的影响程度升高。此时，盐渍化土地面积与地下水埋深的关系与其他两季一样，呈高度负相关关系（$r=-0.7200$），地下水埋深对盐渍化土地的变化起主导作用；2005～2019 年，盐渍化土地面积在 300 km^2 以内波动，面积较大的盐渍化土地主要分布在永济灌域和乌兰布和灌域内的裸地周边。该时期的 MPS、PSCOV 和 AWMSI 都在较低水平保持平稳，盐渍化土地面积与地下水埋深的相关系数为 -0.5674，与灌溉水量正相关（$r=0.4762$），地下水埋深对盐渍化土地的影响下降。此时的灌溉水量对盐渍化土地的影响有所上升，原因可能与春季相似，在秋灌（9 月下旬～10 月上旬，具体时间每年稍有变化）后，有些无法排出的灌溉水经过蒸发作用后返盐，出现灌水越多，盐渍化土地越多的现象。

（5）春季的土地盐渍化最为严重，聚集程度最高，广泛分布于农业用地之间和排干周边。秋季盐渍化土地在排干周边的聚集程度更高；夏季盐渍化土地更多地分布于裸地、水体周边。春季到夏季的土地类型变化中盐渍化土地的去向主要为农业用地，1986 年转变区域分布于研究区的大部分地区，其中以解放闸灌域西部和乌拉特灌域较为连续、集中，2003 年和 2019 年转变集中的区域变为解放闸灌域与永济灌域内。夏季到秋季的土地类型变化中以农业用地转变为盐渍化土地为主，1986 年转变较为集中的区域为北部总排干，2003 年和 2019 年的主要转变区域为永济灌域内。

参 考 文 献

安永清，高鸿永，屈永华，等，2009. 基于多时相遥感反射光谱特征的土壤盐碱化动态变化监测研究[J]. 中国农村水利水电(11): 1-4, 8.

成萧尧，毛威，朱焱，等，2020. 基于 Saltmod 的河套灌区节水条件下地下水动态变化分析[J]. 节水灌溉(2): 73-79.

池涛，曹广溥，李丙春，等，2018. 基于高光谱数据和 SVM 方法的土壤盐渍度反演[J]. 山东农业大学学报(自然科学版), 49(4): 585-590.

郭栋梁，2016. 万盛经开区耕地质量与粮食生产能力时空耦合研究[D]. 重庆: 西南大学.

郭姝姝，2018. 基于遥感及 CLUE-S 模型的内蒙古河套灌区土壤盐渍化时空演变与调控研究[D]. 北京: 中国水利水电科学研究院.

贺佳伟，裴亮，李景爱，2017. 基于专家知识的决策树分类[J]. 测绘与空间地理信息, 40(5): 91-94.

李伟，2016. 灌区渠系引水量及气象因素变化对地下水埋深的研究[J]. 时代农机, 43(7): 172, 174.

马冬梅，马军，李兴，2012. 内蒙古乌梁素海引排水量动态分析[J]. 内蒙古水利(1): 14-15.

马文俊，2011. 西洞庭湖区森林景观斑块划分及空间格局研究[D]. 长沙: 中南林业科技大学.

任志远，姜瑞霞，2002. 总干渠侧渗情况的初步探讨[J]. 内蒙古水利, 3: 96-97.

尚卫超，于大海，翟永利，等，2014. 基于分类回归树的气候变化-植被分布模型研究[J]. 哈尔滨师范大学自然科学学报, 30(3): 163-165.

谭琪铃，2016. 基于 GIS 与 RS 的岷江上游土地利用类型演变研究[D]. 成都: 四川师范大学.

王景伟, 王海泽, 2006. 景观指数在景观格局描述中的应用: 以鞍山大麦科湿地自然保护区为例[J]. 水土保持研究, 13(2): 230-233.

王学全, 高前兆, 卢琦, 2005. 内蒙古河套灌区水资源高效利用与盐渍化调控[J]. 干旱区资源与环境(6): 120-125.

于文婧, 刘晓娜, 孙丹峰, 等, 2016. 基于 HJ-CCD 数据和决策树法的干旱半干旱灌区土地利用分类[J]. 农业工程学报, 32(2): 212-219.

张林艳, 夏既胜, 叶万辉, 2008. 景观格局分析指数刍论[J]. 云南地理环境研究, 20(5): 38-43.

张义强, 白巧燕, 王会永, 2019. 河套灌区地下水适宜埋深、节水阈值、水盐平衡探讨[J]. 灌溉排水学报, 38(S2): 83-86.

张义强, 王瑞萍, 白巧燕, 2018. 内蒙古河套灌区土壤盐碱化发展变化及治理效果研究[J]. 灌溉排水学报, 37(S1): 118-122.

张银辉, 罗毅, 刘纪远, 等, 2005. 内蒙古河套灌区土地利用变化及其景观生态效应[J]. 资源科学, 27(2): 141-146.

邹超煜, 白岗栓, 2015. 河套灌区土壤盐渍化成因及防治[J]. 人民黄河, 37(9): 143-148.

PANTALEONI E, WYNNE R H, GALBRAITH J M, et al., 2009. Mapping wetlands using ASTER data: A comparison between classification trees and logistic regression[J]. International journal of remote sensing, 30(13/14): 3423-3440.

SHALABY A, TATEISHI R, 2007. Remote sensing and GIS for mapping and monitoring land cover and land-use changes in the northwestern coastal zone of Egypt[J]. Applied geography, 27(1): 28-41.

WRIGHT C, GALLANT A, 2007. Improved wetland remote sensing in Yellowstone National Park using classification trees to combine TM imagery and ancillary environmental data[J]. Remote sensing of environment, 107(4): 582-605.

YOUSSEF A M, POURGHASEMI H R, POURTAGHI Z S, et al., 2016. Landslide susceptibility mapping using random forest, boosted regression tree, classification and regression tree, and general linear models and comparison of their performance at Wadi Tayyah Basin, Asir Region, Saudi Arabia[J]. Landslides, 13(5):839-856.

YUAN F, SAWAYA K E, LOEFFELHOLZ B C, et al., 2005. Land cover classification and change analysis of the Twin Cities (Minnesota) Metropolitan Area by multitemporal Landsat remote sensing[J]. Remote sensing of environment, 98 (2/3): 317-328.

ZURQANI H A, POST C J, MIKHAILOVA E A, et al., 2018.Geospatial analysis of land use change in the Savannah River Basin using Google Earth Engine[J]. International journal of applied earth observation and geoinformation, 69: 175-185.

第 3 章

土壤盐渍化长时序演化规律与成因

　　河套灌区土壤盐渍化极大地限制了当地经济的发展，亟须对土壤盐渍化状况进行适时监测和预报，防患于未然，降低土壤盐渍化给农业生产带来的损失（王佳丽 等，2011）。计算机技术的发展，为建立土壤水盐运移的复杂数学模型以进行数值计算，从而对土壤盐渍化进行定量预报提供了可能性（郭文聪，2013）。遥感、GIS 技术的发展克服了传统方法费时费力、测点少而代表性差、无法进行大面积实时动态监测的缺陷，能大面积、重复获取区域多波段、多时相的信息，为大面积实时动态监测盐渍土的状况提供了可能（王小军 等，2015）。本章采用遥感解译方法，以临河区为典型研究区，分析该地区近 40 年来土壤盐渍化的分布特征和演化趋势。

3.1 数据源及数据预处理

本章选用 1979 年、1992 年、2000 年、2008 年和 2017 年共五期遥感影像,时间跨度近 40 年,平均每隔 10 年有一景解译影像,可以充分反映研究区这 40 年来土壤盐渍化的演化趋势。五个时期的遥感影像接收时间皆为秋季（9～11 月），针对季节变化的影响,选取了 2018 年 4 月、8 月和 10 月共三期遥感影像,以反映研究区土壤盐渍化状况对季节的响应,2018 年遥感影像接收时间分别为春季、夏季和秋季（表 3-1）。

表 3-1　遥感影像数据参数表

日期（年-月-日）	传感器	轨道号	空间分辨率	日期（年-月-日）	传感器	轨道号	空间分辨率
1979-10-09	Landsat3 MSS	129032	60 m	2017-11-25	Landsat8 OLI	129032	15 m
1992-10-12	Landsat5 TM	129032	30 m	2018-04-02	Landsat8 OLI	129032	15 m
2000-12-04	Landsat7 ETM+	129032	30 m	2018-08-24	Landsat8 OLI	129032	15 m
2008-10-15	Landsat7 ETM+	129032	30 m	2018-10-11	Landsat8 OLI	129032	15 m

利用 GDEMV2 30 m 分辨率的数字高程数据对所有遥感影像进行几何校正,保证其空间误差不超过 1 个像元,然后进行辐射校正和融合镶嵌加工。以研究区范围为边界,对处理好的遥感影像进行边界裁剪。

3.2 遥感数据预处理及指数计算

盐渍化土地通常都具有较高的盐渍化指数,但分布在盆地与周边山区交界处的部分裸地,因植被覆盖度极低,也会表现出较高的盐渍化指数,仅靠盐渍化指数可能会将这些裸地误归为盐渍化土地,而耕作中的盐渍化土地虽然有一定的植被覆盖,地表反射率比重度盐渍化土地要低,但其出苗率和植物长势都不及非盐渍化土地,具有较低的植被指数和较高的土壤指数。因此,利用土壤调整植被指数和土壤指数,可以将仍在耕作的盐渍化土地识别出来。据野外调查,河套地区的原生盐渍化土地主要分布在潜水埋藏较浅的地下水汇集区或河、湖周边,次生盐渍化土地也主要分布在离地表水源较近或潜水埋藏较浅的耕地区域。将研究区内的水体指数与土壤盐渍化指数相结合,可将研究区中的裸地从盐渍化土地中剔除出去。另外,研究区内的许多土地虽然已发生盐碱化,但仍在耕作中,地表反射率并不是极高,若只靠盐渍化指数进行盐渍化土地的划分,可能会漏掉这些中度或轻度盐渍化的土地。鉴于上述原因,本节将选取该地区的水体指数、植被指数、土壤指数、盐渍化指数和数字高程模型五个指标综合进行盐渍化土地的遥感提取。

3.2.1　水体指数

水体指数是提取全球和大区域水体信息的最有效方法（图 3-1），最早的水体指数是 McFeeters（1996）提出的归一化水体指数（NDWI）。在对 McFeeters 提出的归一化水体指数（NDWI）进行分析的基础上，徐涵秋（2005）对构成该指数的波长组合进行了修改，提出了改进的归一化水体指数（MNDWI），并分别对该指数在含不同水体类型的遥感影像中进行了试验，大部分获得了比 NDWI 更好的效果，特别是在提取城镇范围内的水体时，更能够揭示水体的微细特征，如悬浮沉积物的分布、水质的变化。MNDWI 易于区分阴影和水体，解决了水体提取中难于消除阴影的难题（徐涵秋，2005；McFeeters，1996）。其表达式为

$$MNDWI = (DN_{Green} - DN_{MIR}) / (DN_{Green} + DN_{MIR})$$

式中：DN_{Green} 为绿光波段亮度值；DN_{MIR} 为红外波段亮度值。

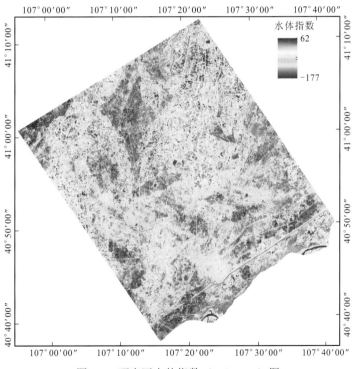

图 3-1　研究区水体指数（$Index_{water}$）图

以 2008 年 10 月 15 日 Landsat7 ETM+计算结果为例

在 Landsat TM/ETM+遥感影像中，对于 1992 年、2000 年、2008 年的遥感影像，按式（3-1）进行计算：

$$Index_{water} = (Band2 + Band3) / (Band4 + Band5) \tag{3-1}$$

对于 1979 年的 Landsat3 MSS 遥感影像，按式（3-2）进行计算：

$$\text{Index } x_{\text{water}} = (\text{Band4} + \text{Band5}) / (\text{Band6} + \text{Band7}) \tag{3-2}$$

对于 2017 年的 Landsat8 OLI 遥感影像，Index$_{\text{water}}$ 的计算公式为

$$\text{Index }_{\text{water}} = (\text{Band3} + \text{Band4}) / (\text{Band5} + \text{Band6}) \tag{3-3}$$

式中：Band2、Band3、Band4、Band5、Band6、Band7 为各遥感数据的波段。

3.2.2　植被指数

遥感图像上的植被信息，主要是通过绿色植物叶子和植被冠层的光谱特性及其差异、变化来反映的，不同光谱通道所获得的植被信息可与植被的不同要素或某种特征状态有不同的相关性，如可见光中绿光波段 0.52～0.59 μm 对植物类别敏感，红光波段 0.63～0.69 μm 对植被覆盖度、植物生长状况敏感等（贾坤 等，2013）。但是，仅用个别波段或多个单波段数据的分析对比来提取植被信息是有局限性的（Mulder et al.，2011）。因此，往往对多光谱遥感数据进行分析运算（加、减、乘、除等线性或非线性组合方式）（陈红艳 等，2015），产生某些对植被长势、覆盖度、生物量等有一定指标意义的数值——植被指数。在植被指数中，通常选用对绿色植物强吸收的可见光波段（叶绿素引起的）和对绿色植物高反射的近红外波段（叶内组织引起的）。这两个波段不仅是植物光谱中的最典型的波段，而且它们对同一生物物理现象的光谱响应截然相反，它们的多种组合可增强或揭示隐含的植被信息（周伟 等，2020）。

由于植被光谱受到植被本身、土壤背景、环境条件、大气状况、仪器定标等内外因素的影响，植被指数往往具有明显的地域性和时效性（张慧 等，2018）。20 多年来，国内外学者已研究、发展了几十种植被指数模型，大致可归纳为以下几类：比值植被指数（RVI）、归一化植被指数（NDVI）、土壤调节植被指数（SAVI）、变换型土壤调节植被指数（TSAVI）、调整型土壤调节植被指数（MSAVI）、差值植被指数（DVI）、垂直植被指数（PVI）、其他植被指数（如叶绿素吸收比值指数、高光谱植物指数）等。

为了降低土壤背景的影响，本章决定选用土壤调节植被指数。土壤调节植被指数（SAVI）是 Huete（1988）为了解释背景的光学特征变化并降低 NDVI 对土壤背景的敏感性提出的，是可适当描述土壤-植被系统的模型，其表达式为

$$\text{SAVI} = \frac{\text{DN}_{\text{NIR}} - \text{DN}_{\text{R}}}{\text{DN}_{\text{NIR}} + \text{DN}_{\text{R}} + L} \times (1 + L) \tag{3-4}$$

式中：L 为一个土壤调节系数；DN$_{\text{NIR}}$ 为近红外波段亮度值；DN$_{\text{R}}$ 为红光波段亮度值。

Huete（1988）发现 L 随植被密度的变化而变化，因此引入一个以植被量的先验知识为基础的常数作为 L 的调整值，它由实际区域条件决定，用来减小植被指数对土壤反射变化的敏感性。

大量试验证明，SAVI 降低了土壤背景的影响，改善了植被指数与叶面积指数（LAI）的线性关系。试验还表明，最佳土壤调节系数 L 随植被覆盖度的不同而变化，即它与 LAI 线性相关。对于低密度植被，土壤调节系数 L 增加，土壤的影响减小，当 $L=1$ 时，土壤的影响几乎消失；对于较高密度植被，最佳土壤调节系数 $L=0.75$。研究还证明，$L=0.5$

时，对较宽幅度的 LAI 都具有较好的降低土壤噪声的作用，特别是对植被覆盖中等或偏低的半干旱地区尤为适用（赵英时，2003）。因此，本章选用 $L=0.5$ 进行了 SAVI 的计算（图 3-2）。对于 1992 年、2000 年和 2008 年的 Landsat TM/ETM+数据，SAVI 的计算公式为

$$SAVI = 1.5 \times \frac{Band4 - Band3}{Band4 + Band3 + 0.5} \tag{3-5}$$

对于 1979 年的 Landsat3 MSS 数据，SAVI 的计算公式为

$$SAVI = 1.5 \times \frac{Band6 - Band5}{Band6 + Band5 + 0.5} \tag{3-6}$$

对于 2017 年的 Landsat8 OLI 数据，SAVI 的计算公式为

$$SAVI = 1.5 \times \frac{Band5 - Band4}{Band5 + Band4 + 0.5} \tag{3-7}$$

式中：Band3、Band4、Band5、Band6 为各遥感数据的波段。

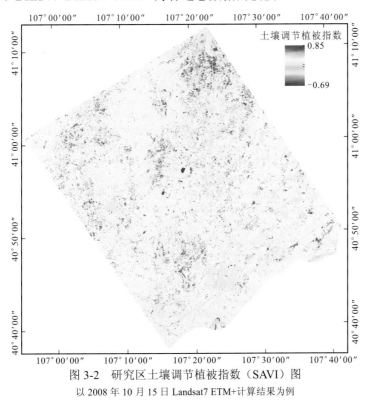

图 3-2　研究区土壤调节植被指数（SAVI）图

以 2008 年 10 月 15 日 Landsat7 ETM+计算结果为例

3.2.3　土壤指数

在本章中，土壤指数的计算采用了应用最为广泛的穗帽变换方法。穗帽变换方法是由 Kauth 和 Thomas（1976）提出的一种特殊的主成分变换方法，是对 Landsat 遥感数据的各个波段分别赋予固定的权重并进行线性变换，得到多个新轴，其中第一个新轴就是

由非植被特性决定的土壤亮度指数（TC_1），反映了土壤对光线的反射强度和裸露程度，与第二个轴的绿度指数（TC_2）互补。

在本章中，对于 1992 年、2000 年和 2008 年的 Landsat TM/ETM+数据，采用式（3-8）计算了土壤亮度指数（TC_1）（图 3-3）：

$$TC_1 = 0.290\,9 \times Band1 + 0.249\,3 \times Band2 + 0.480\,6 \times Band3 + 0.556\,8 \times Band4$$
$$+ 0.443\,8 \times Band5 + 0.170\,6 \times Band7 \tag{3-8}$$

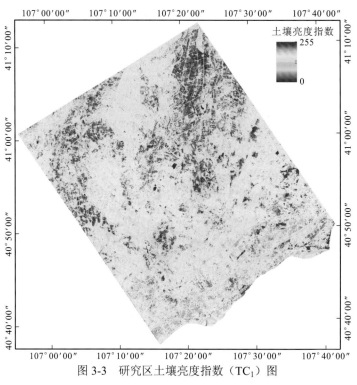

图 3-3　研究区土壤亮度指数（TC_1）图

以 2008 年 10 月 15 日 Landsat7 ETM+计算结果为例

对于 1979 年的 Landsat3 MSS 数据，土壤亮度指数（TC_1）的计算采用了式（3-9）：

$$TC_1 = 0.433 \times Band4 + 0.632 \times Band5 + 0.586 \times Band6 + 0.264 \times Band7 \tag{3-9}$$

对于 2017 年的 Landsat8 OLI 数据，土壤亮度指数（TC_1）的计算采用了式（3-10）：

$$TC_1 = 0.290\,9 \times Band2 + 0.249\,3 \times Band3 + 0.480\,6 \times Band4 + 0.556\,8 \times Band5$$
$$+ 0.443\,8 \times Band6 + 0.170\,6 \times Band7 \tag{3-10}$$

式中：Band1、Band2、Band3、Band4、Band5、Band6、Band7 为各遥感数据的波段。

3.2.4　盐渍化指数

对典型地物光谱特征的分析发现，盐渍化土地因植被覆盖度低，加上表层土壤中矿物晶体含量高，与其他典型地物相比，其在各个波段都具有最高的光谱反射率。基于此，本章提出了土地盐渍化指数的计算公式，并将其作为盐渍化土地遥感提取及盐渍化程度

划分的主要依据（图 3-4）。Landsat TM/ETM+数据的盐渍化指数的计算公式为

$$Indexsalt = Band1 + Band2 + Band3 + Band4 + Band5 + Band6 \quad （3\text{-}11）$$

Landsat3 MSS 遥感数据盐渍化指数的计算公式为

$$Indexsalt = Band4 + Band5 + Band6 + Band7 \quad （3\text{-}12）$$

Landsat8 OLI 遥感数据盐渍化指数的计算公式为

$$Indexsalt = Band2 + Band3 + Band4 + Band5 + Band6 + Band7 \quad （3\text{-}13）$$

式中：Band1、Band2、Band3、Band4、Band5、Band6、Band7 为各遥感数据的波段。

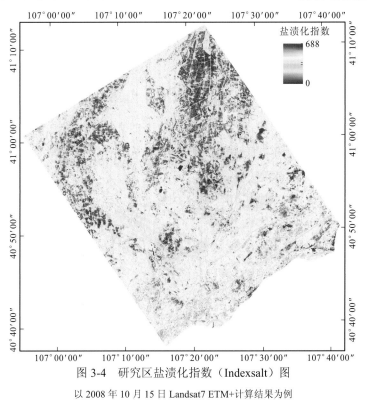

图 3-4　研究区盐渍化指数（Indexsalt）图

以 2008 年 10 月 15 日 Landsat7 ETM+计算结果为例

3.3　遥感解译方法

　　当前遥感解译方法应用较多的主要包括目视解译、监督分类、非监督分类等。目视解译对研究人员的经验、知识有较强的依赖性，分类结果会因个人经验存在差异，同时目视解译效率较低，适用于数据量较少、需精准分类的情况。监督分类是指分析者在对图像区域特征了解的基础上，选择已知的类别特征作为训练样本让分类系统学习并训练出模型，而获取已知的训练样本又需要前期进行有效调查（梅安新 等，2001）。非监督分类，也称为聚类分析，依靠计算机自己对数据进行处理，从而分出不同类别，但是不能确定分类结果的属性（王旭红，2001）。监督分类的准确性和精准度比非监督分类高，

但是并不是所有的土地的分类的结果都是监督分类比非监督分类好，应该因地制宜地选择合适的方法。针对研究区目前缺少地物野外调查数据的情况，本章将使用非监督分类结合目视解译的方法对研究区的盐渍化土地进行解译。非监督分类包括了 Iso Data 和 K-Mean 两种方法，而本章用的是 Iso Data 方法进行分类处理，Iso Data 方法的思想是首先确定初始分类个数与归类阈值，通过引入归并与分裂过程不断调整类别个数，两种类别之间的样本均值的距离小于参数值时，就触发归并机制进行归类，若大于参数值则进行分裂，分成两类，如此不断调整分类样本个数和参数值以进行分类，直到迭代结果较为满意为止（赵英时，2003）。Iso Data 方法简单，具有较好的分类精度，能够方便、快捷地对不同地物进行分类（邓书斌 等，2014）。Vimala（2020）对塞勒姆市的土地覆盖变化进行了研究，利用非监督 Iso Data 方法发现 Landsat7、Landsat8 影像数据的土地利用类型精度为 83%～86%。

将盐渍化指数图、土壤调节植被指数图、土壤亮度指数图和水体指数图叠加起来（图 3-5），然后选用 Iso Data 方法对其进行非监督分类，将其迭代 20 次，分为 15～20 类，再结合目视解译修改解译结果，最后得到研究区的土地盐渍化分布图。

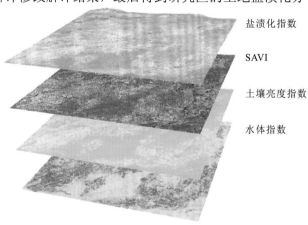

盐渍化指数

SAVI

土壤亮度指数

水体指数

图 3-5　研究区土地盐渍化数据图层叠加

3.4　土壤盐渍化变化规律

从研究区近 40 年的遥感解译成果图（图 3-6～图 3-13）可以看出，从 1979 年到 2017 年，研究区土壤盐渍化面积呈下降趋势，从分布情况来看，很多区域都存在土壤盐渍化现象，但是在分布密度上不同年份之间存在一定的差异。

1979 年盐渍化土地主要集中在研究区中部、东南部区域和黄河沿岸；1992 年研究区除了在中部、东南部和黄河沿岸分布了较多的盐渍化土地外，西南地区新增了较多盐渍化土地，大部分分布于耕地之间，比较破碎。研究区西南地形较高，地下水埋深较深，不利于盐渍化土地的生成，该区域新增的盐渍化土地可能是不合理灌溉抬升了地下水位，从而引起的次生盐渍化。

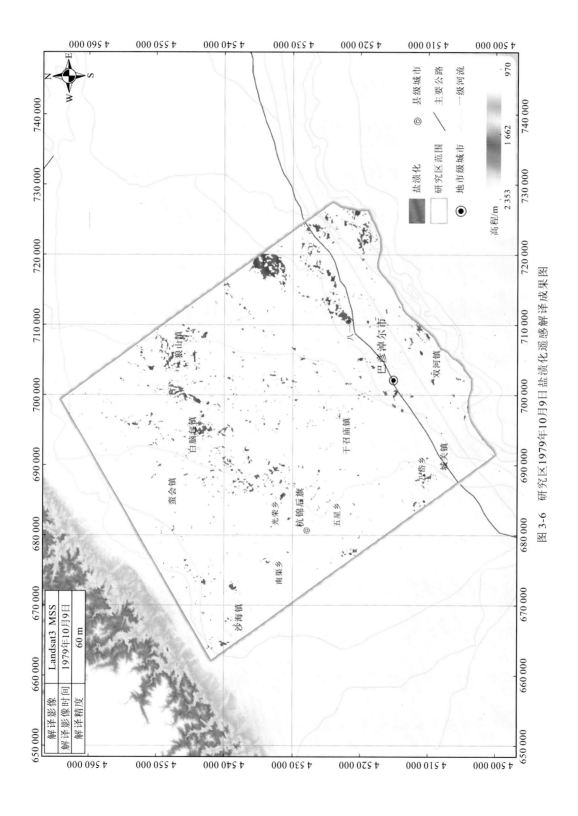

图 3-6　研究区1979年10月9日盐渍化遥感解译成果图

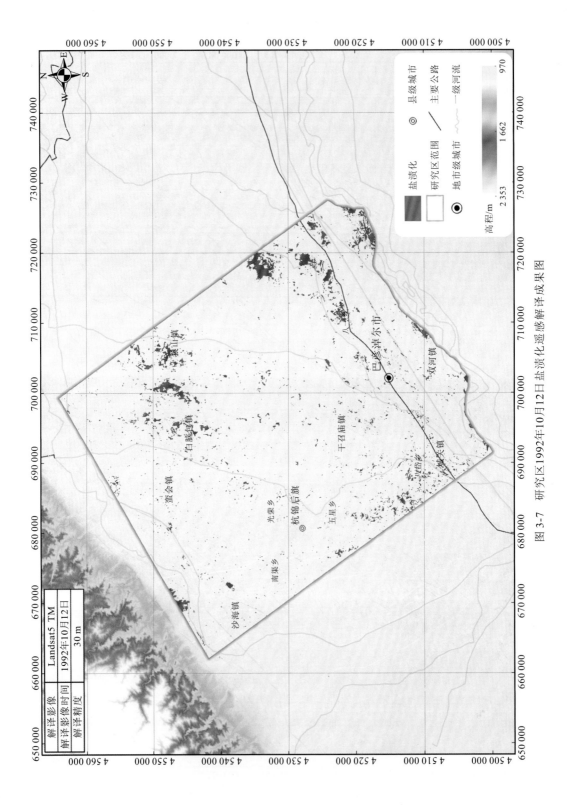

图 3-7　研究区1992年10月12日盐渍化遥感解译成果图

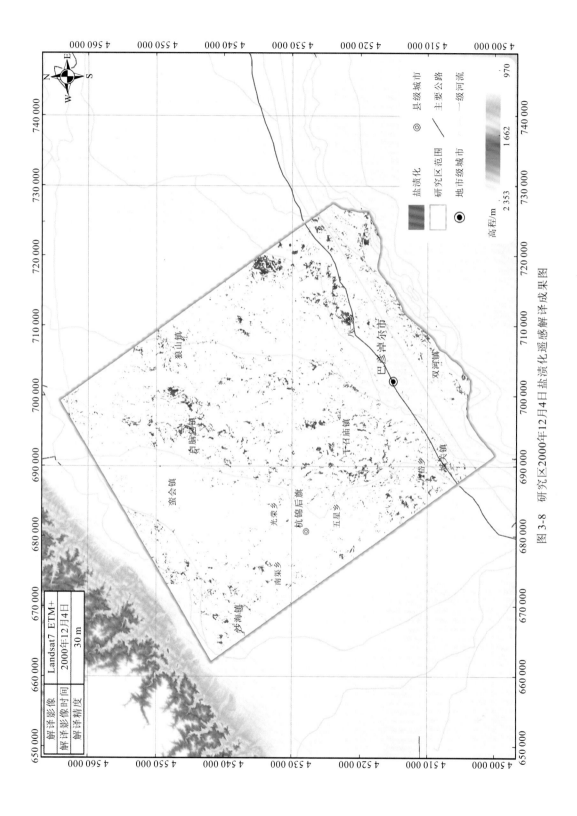

图 3-8　研究区 2000 年 12 月 4 日盐渍化遥感解译成果图

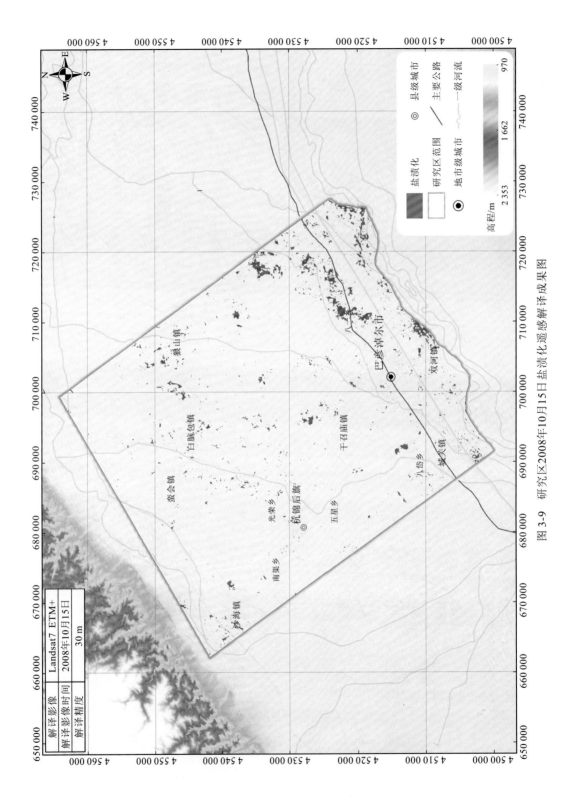

图 3-9 研究区2008年10月15日盐渍化遥感解译成果图

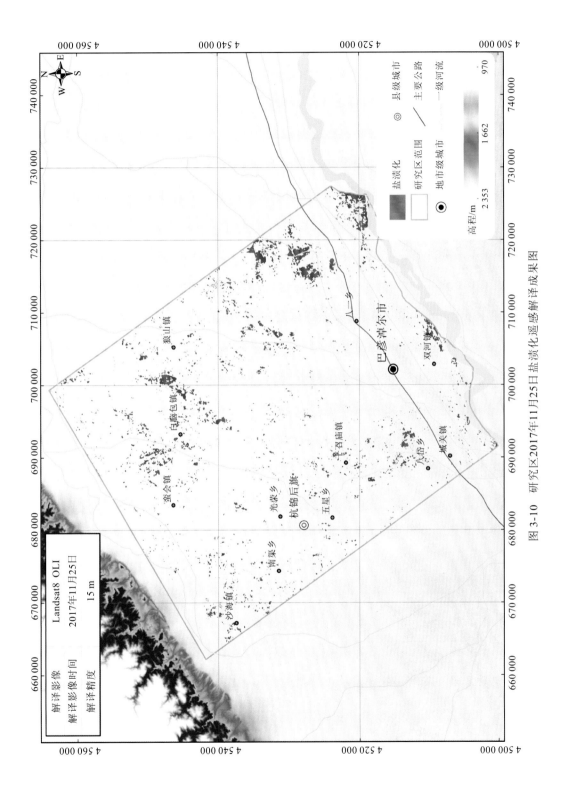

图 3-10　研究区 2017 年 11 月 25 日盐渍化遥感解译成果图

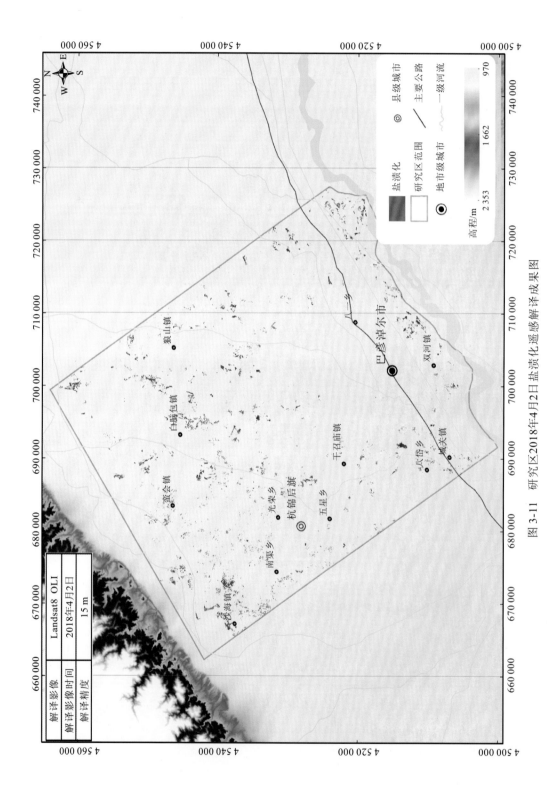

图 3-11 研究区2018年4月2日盐渍化遥感解译成果图

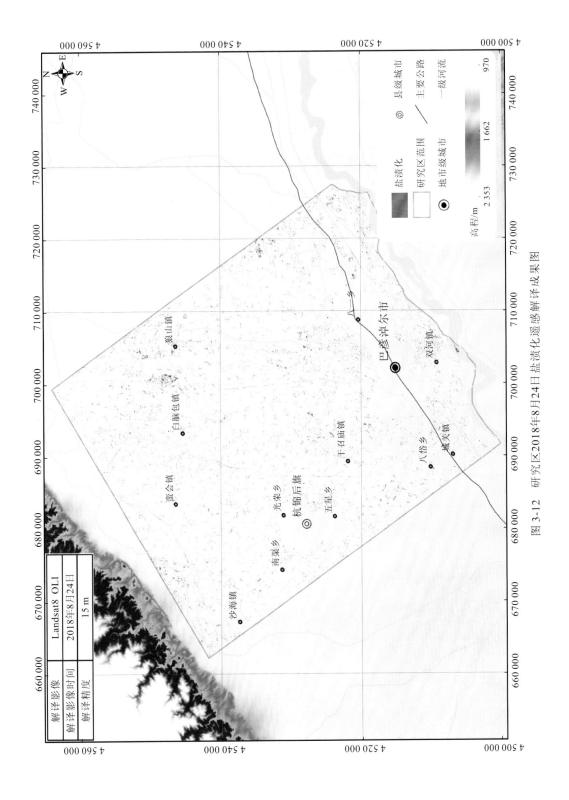

图 3-12　研究区 2018 年 8 月 24 日盐渍化遥感解译成果图

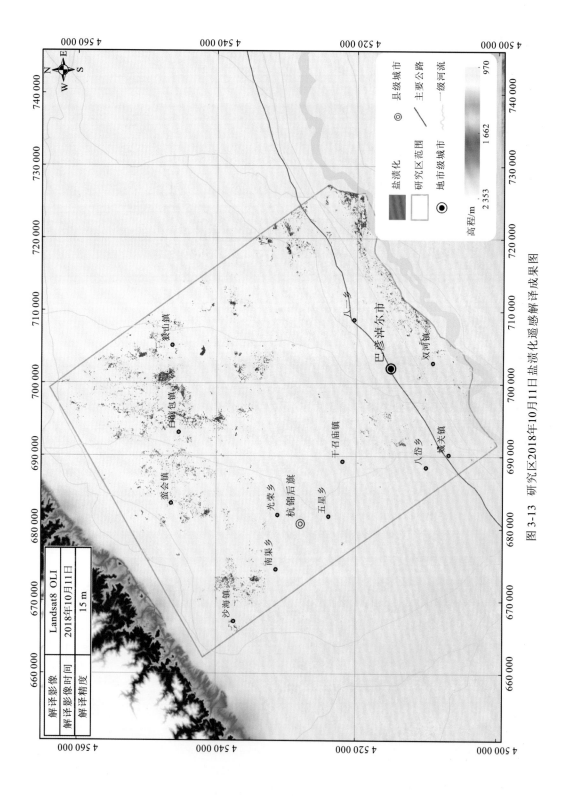

图 3-13 研究区2018年10月11日盐渍化遥感解译成果图

2000 年研究区中部盐渍化土地面积较前期有了更大的增长（图 3-14），东南部及靠近黄河的地区的盐渍化土地面积也有所增加，但是大块的盐渍化土地相对减少，更多的是一些面积小的盐渍化土地，而且分布于耕地之中，可能是由于 2000 年的解译影像在 12 月，在研究区秋浇保墒（11 月初）之后，农田的大水漫灌缓和了成片的土地发生盐渍化的现象。然而，秋浇仅在短期内将上层土壤的盐分淋洗至下层（彭振阳 等，2016），在淋洗不充分的区域，在较强的蒸发作用下很快又重新向表层积盐，但积盐时间短，故该时期的盐斑显得较为破碎。

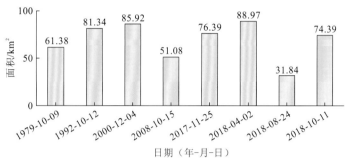

图 3-14   研究区不同时期的盐渍化土地面积

2008 年研究区整体的盐渍化土地面积相对于 2000 年下降较多，减少的区域主要集中在研究区中部的耕地中。根据第 2 章的研究，该时期河套灌区的盐渍化土地受灌溉水量的影响较大，盐渍化土地面积与灌溉水量正相关，而 2008 年的灌水较少，相比于其他年份的灌溉水量都较少。因此，2008 年盐渍化土地较少很可能是由该年灌溉水量较少导致的。

2017 年研究区的盐渍化土地面积相较于 2008 年增加，是因为 2017 年的解译时间为与 1992 年相近的 11 月底，正好处于研究区积盐高峰期，而且是秋浇之后，浅层土壤的盐分会重新积聚，但与之不同的是，2017 年相较于 1992 年盐渍化土地少了许多，处于耕地间的盐斑更加破碎，王文生等（1994）指出人类对盐渍化土地的改造也是盐渍化土地面积减少的重要原因之一，具有土地开发程度越高，盐渍化程度越低的发展趋势，可见经过多年开发以后，耕地盐渍化程度得到了较大的缓解。

从 2018 年的盐渍化解译结果（图 3-11～图 3-13）来看，春季和秋季是研究区的两个积盐期，均是蒸发强烈、降水稀少的时期，盐斑积聚、盐渍化状况较为严峻一些，而夏季则较缓和一些（邹超煜和白岗栓，2015）。从空间分布来看，春季的盐渍化土地分布更加广泛、分散，盐斑更加破碎，体现了该时期研究区表层土壤普遍在积累盐斑中，整体上是盐渍化土地的连续程度较低，但黄河沿岸的盐渍化土地的连续性较高。春季产生盐渍化土地的原因是 3 月以后气温上升，冰雪由表及里消融，由秋浇留下的水盐无法向下排出，在蒸发加剧的情况下盐分不断在表面积聚，该时期冰消融，土壤成为"潮塌"状态，使得浅层土壤的含水率增加，有助于毛细通道的形成，盐分通过毛细通道向表土积聚，在强烈的蒸发作用下去水留盐，导致该时期有大量的盐渍化土地产生。该时期的盐渍化受到的人类活动的影响较小，盐渍化土地多点积聚，并逐渐增大，因此，此时的盐渍化土地更加广泛、破碎。

夏季的盐斑在人类耕作活动的影响下表现得十分破碎，广泛散布于研究区，但大块的盐斑仍然分布于狼山镇周围及临河区东部区域。由于夏季正处于作物生长期，在作物的遮挡下盐斑积聚减少，仅盐分含量较高的区域和盐荒地等无法长出植物，仍然保持着较明显的盐斑。秋季的盐渍化斑块则更加集中，主要集中在白脑包镇、蛮会镇、沙海镇和狼山镇周围及黄河沿岸。该时期是研究区受到人类活动影响较为频繁的时期，作物收割、秋灌及秋浇保墒等人类活动都会对盐渍化土地的形成有较大的影响，此时的盐渍化波动是较大的。由于秋季经历了一段比较长时间的蒸发，加上 9 月末作物收获后土壤裸露，加剧了研究区土壤表面的积盐，盐渍化斑块较为集中，且盐渍化斑块较大，而秋灌等降低了耕地中表层盐斑的面积，故秋季的盐渍化土地面积相对于春季减少，但平均斑块面积较大。

3.5 本 章 小 结

本章针对研究区盐渍化土地近 40 年的历史变化特征，分别选取 1979 年、1992 年、2000 年、2008 年和 2017 年秋季的遥感影像进行解译研究。从解译结果来看，1979～2017 年盐渍化土地面积整体上有所下降，1992 年研究区地形较高，地下水埋深较深的西南区域的耕地中新增了较多的盐渍化土地，原因可能是不合理灌溉抬升了地下水位，引起了次生盐渍化；2008 年研究区整体的盐渍化土地面积相对于其余年份下降较多，减少的区域主要集中在研究区中部的耕地中，可能是因为该年的灌水较少，导致表面积盐较少；1992 年和 2017 年研究区盐渍化土地面积较高，可能是因为这两年的解译时间都在秋浇之后，正好处于研究区积盐高峰期，在强烈的蒸发作用下，浅层土壤内的盐分向表层积聚，形成分布广泛且较为破碎的盐斑。

针对盐渍化季节变化特征，选取了 2018 年 4 月、8 月和 10 月三幅遥感影像进行解译。解译结果显示，春秋两季盐渍化土地分布面积多于夏季，状况严峻一些，而夏季则较缓和一些。从空间分布来看，春季的盐渍化土地分布更加广泛、分散，盐斑更加破碎，春季盐渍化土地由于冰雪消融，浅层土壤的含水率增加，有助于盐分向表层积聚，从而导致大量盐渍化土地的生成。该时期的盐渍化受到的人类活动的影响较小，盐渍化土地多点积聚，并逐渐增大，故此时的盐渍化土地更加广泛、破碎。夏季的盐斑在人类耕作活动的影响下表现得十分破碎，广泛散布于研究区，作物的遮挡作用也使得盐渍化斑块的表层积聚减少。秋季的盐渍化斑块在作物收割、秋灌及秋浇保墒等人类活动的频繁影响下更加集中。

参 考 文 献

陈红艳, 赵庚星, 陈敬春, 等, 2015. 基于改进植被指数的黄河口区盐渍土盐分遥感反演[J]. 农业工程学报, 31(5): 107-114.

邓书斌, 陈秋锦, 杜会建, 等, 2014. ENVI 遥感图像处理方法[M]. 北京: 高等教育出版社.

郭文聪, 2013. 渗水地膜覆盖改良原生盐碱荒地的关键技术研究[D]. 太原: 太原理工大学.

贾坤, 姚云军, 魏香琴, 等, 2013. 植被覆盖度遥感估算研究进展[J]. 地球科学进展, 28(7): 774-782.

梅安新, 彭望琭, 秦其明, 等, 2001. 遥感导论[M]. 北京: 高等教育出版社.

彭振阳, 伍靖伟, 黄介生, 2016. 内蒙古河套灌区局部秋浇条件下农田水盐运动特征分析[J]. 水利学报, 47(1): 110-118.

王佳丽, 黄贤金, 钟太洋, 等, 2011. 盐碱地可持续利用研究综述[J]. 地理学报, 66(5): 673-684.

王文生, 肖冬, 王智, 1994. 内蒙河套灌区土地盐碱动态遥感监测[J]. 遥感信息(1): 23-25.

王小军, 陈翔舜, 刘晓荣, 等, 2015. 基于 3S 技术的河西走廊地区土地盐渍化动态监测[J]. 甘肃农业大学学报, 50(5): 114-119, 127.

王旭红, 2001. 基于卫星影像制作土地利用和土地覆盖图的方法试验: 全国 1:5 万土地利用/土地覆盖图制作试验项目[J]. 测绘通报(S1): 6-8.

徐涵秋, 2005. 利用改进的归一化差异水体指数(MNDWI)提取水体信息的研究[J]. 遥感学报, 9(5): 589-595.

张慧, 李平衡, 周国模, 等, 2018. 植被指数的地形效应研究进展[J]. 应用生态学报, 29(2): 669-677.

赵英时, 2003. 遥感应用分析原理与方法[M]. 北京: 科学出版社.

周伟, 李浩然, 石佩琪, 等, 2020. 三江源区毒杂草型退化草地植被光谱特征分析[J]. 地球信息科学学报, 22(8): 1735-1742.

邹超煜, 白岗栓, 2015. 河套灌区土壤盐渍化成因及防治[J]. 人民黄河, 37(9): 143-148.

HUETE A R, 1988. A soil-adjusted vegetation index(SAVI)[J]. Remote sensing of environment, 25(3): 295-309.

KAUTH R J, THOMAS G S, 1976. The tasseled cap-a graphic description of the spectral-temporal development of agricultural crops as seen by Landsat[C]//LARS symposia. West Lafayette: Purdue University: 159.

MCFEETERS S K, 1996. The use of the normalized difference water index(NDWI) in the delineation of open water features [J]. International journal of remote sensing, 17(7): 1425-1432.

MULDER V L, BRUIN S D, SCHAEPMAN M E, et al. , 2011. The use of remote sensing in soil and terrain mapping: A review[J]. Geoderma, 162(1/2): 1-19.

VIMALA R, 2020. Unsupervised ISODATA algorithm classification used in the Landsat image for predicting the expansion of Salem urban, Tamil Nadu[J]. Indian journal of science and technology, 13(16): 1619-1629.

第4章

盐渍化土壤含盐量
三维遥感反演

　　盐分是一种重要的土壤属性，适量的盐分能够补充植物生长所需的离子，在植物生长发育过程中具有至关重要的作用。而高浓度的盐分含量会对植物生长造成"盐害"，如生理干旱、离子毒害、代谢紊乱等，使植物细胞膜受损，细胞液渗漏，严重影响植物的生长发育，甚至会造成植物的死亡（王遵亲，1993）。近年来，高光谱技术逐渐得到专家学者的关注，其精细分辨率能够更加细致地反映地物光谱的细微特征，实现土壤含盐量的定量分析（Kahaer and Tashpolat，2019；张飞 等，2012）。因此，本章基于高光谱遥感数据对研究区根区的土壤含盐量进行反演，分析研究区土壤含盐量的分布规律及影响因素，为研究区制订合理、科学的农业生产方案提供参考。

4.1 数据获取及处理

4.1.1 地面数据采集

地物的光谱反射是多种因素共同影响的综合效应，其特征主要由矿物组成、地表形态、土壤水分、植物生长状况等因素决定（卢小平和王双亭，2012）。根据河套灌区前期的盐渍化遥感解译成果、土壤特征与植被生长特征，本章设计了 124 个采样点来开展土壤高光谱曲线及土壤样品的野外采集，根据道路、土壤类型、种植结构等因素对具体采样点的采样位置进行调整（图 4-1）。

土壤高光谱曲线采用美国 ASD 公司的 FieldSpec 4 Hi-Res 型地物光谱仪进行测定，探头视场角为 25°，光谱范围为 350～2 500 nm，光谱分辨率为 1 nm。在每个采样点采集 3 条光谱曲线取平均值作为该点实际的反射光谱曲线，测定时光谱仪探头设置在土表上方 20 cm 处。每个采样点将按表层（0～<20 cm）、中层（20～<40 cm）、底层（40～60 cm）分别重复测定 5 条光谱曲线的平均光谱曲线作为最终的土壤高光谱曲线，在每次观测前进行标准白板校正，时间为 10：00～14：00，天气状况良好，晴朗无云，风力较小时，采用全球定位系统（global positioning system，GPS）确定并记载采样点的位置状态信息等。土壤高光谱曲线采集完成以后，在每个土样采集点分别取 0～<20 cm、20～<40 cm、40～60 cm 深度的土壤样品，进行土壤盐分测试。

4.1.2 高光谱遥感影像的获取与预处理

高分五号卫星可见短波红外高光谱相机 AHSI 是国际上首台同时兼顾宽覆盖和宽谱段的高光谱相机，在 60 km 幅宽和 30 m 空间分辨率下，可以获取从可见光至短波红外（400～2 500 nm）的光谱颜色，具有 330 个光谱颜色通道，颜色范围比一般相机宽了近 9 倍，颜色通道数目比一般相机多了近百倍，其可见光、近红外谱段的光谱分辨率分别为 5 nm 和 10 nm，与本章使用的 FieldSpec 4 Hi-Res 型地物光谱仪的光谱分辨率相近。

本章河套灌区土壤盐分反演使用国产高分五号卫星可见短波红外高光谱相机的遥感影像数据。为了减少灌水和植物对分类的影响，提高预测精度，根据遥感卫星影像的质量和云量，选择成像时间为 2019 年 9 月 25 日，序列号为 81000 和 81001 的两景高光谱遥感影像。在 ENVI 5.3 中对高分五号卫星高光谱影像进行几何精校正、辐射定标、大气校正、坏线去除、条纹去除等预处理，然后将两景高分五号卫星高光谱影像对进行拼接、裁剪，得到研究区的高分五号卫星高光谱数据（图 4-2）。

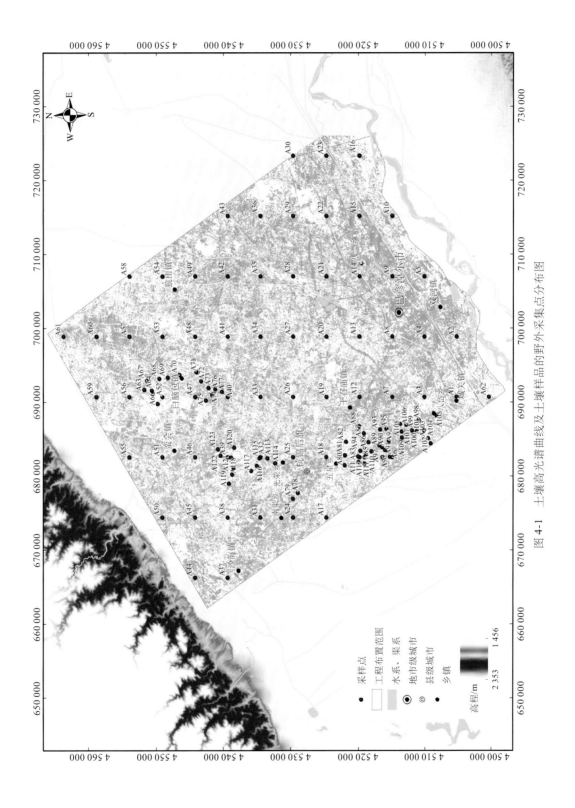

图 4-1　土壤高光谱曲线及土壤样品的野外采集点分布图

图 4-2 GF5_AHSI 影像预处理结果

4.1.3 土壤盐分含量测定

样品处理的试验方法采用浸提法,土水比为 1∶5。浸提液能使土壤中的可溶盐充分溶解,所得提取液较能反映田间的实际状况,可用于土壤盐分分布与运移的分析。具体方法如下:土样自然风干后,剔除土壤以外的杂质(如植物根茎、小石块等),磨碎,过 2 mm 筛,配制成水土比为 5∶1 的浸提液,振荡 5 min,静置 0.5 h,采用电导与残渣烘干相结合的方法进行测定(表 4-1)。从中选取 20 个采样点(共 60 件样品)的浸提液,用于测定阴阳离子。

表 4-1 土壤浸提液的描述统计量

深度/cm	项目	样本数	极小值(Min)	极大值(Max)	均值(Mean)	标准差(StdDev)	变异系数(CoV)
	电导率/(μS/m)	124	99.80	8 500	986.06	1 256.65	1.27
0~<20	全盐量/(g/kg)	124	0.34	27.77	3.60	4.26	1.18
	pH	124	7.57	10.33	8.71	0.47	0.05
	电导率/(μS/m)	124	58.00	4 290.00	598.08	665.13	1.11
20~<40	全盐量/(g/kg)	124	0.25	17.12	2.33	2.50	1.08
	pH	124	7.86	10.01	8.88	0.43	0.05
	电导率/(μS/m)	124	16.00	3450	561.39	577.34	1.03
40~60	全盐量/(g/kg)	124	0.20	12.23	2.05	1.94	0.95
	pH	124	7.91	10.29	8.92	0.38	0.04

4.1.4　土壤高光谱曲线预处理

光谱数据预处理过程在光谱分析中有着极其重要的作用（杨峰 等，2017），在土壤光谱测试过程中，外界环境、仪器状态、杂散光等引起的曲线"毛刺"现象会在一定程度上影响光谱分析的准确性。因此，对光谱数据做有效的预处理，能够最大化减小甚至消除这些因素的影响，提高波段的信噪比，为后续的光谱数据识别、分析、建模及预测等研究工作提供可靠的数据源。其过程主要包括阶跃点修正、平滑去噪、波段剔除及重采样等。

1）阶跃点修正

在使用 ASD 公司的 FieldSpec 4 Hi-Res 型地物光谱仪采集土壤原始反射率数据时，光谱仪内部的三个独立传感器（分别为 350～1 000 nm、1 001～1 800 nm 和 1 801～2 500 nm 谱区）在不同光照、温度等环境条件下的响应度变化相同。采集光谱数据所用的探头连接着复杂的光纤，而光纤是由采集可见-近红外光谱反射率光谱信息的 19 条直径为 100 μm 的玻璃纤维和采集短波红外光谱信息的 38 条直径为 200 μm 的玻璃纤维构成的。当不同的光纤采集到不同位置的土样光谱时，特别是在测距较小时，三个传感器彼此的光谱衔接处（1 000 nm 和 1 800 nm 附近）会出现连接点跳跃的现象。使用 ViewSpecPro 6.0.11 软件中的 Splice Correction 功能可修正光谱曲线在 1 000 nm 和 1 800 nm 处的阶跃。

2）平滑去噪

由于受到外界环境干扰、仪器制造工艺等多方面的影响，土壤不同波段位置处的能量波动较大，反映到相邻波段间则表现为较为剧烈的反射率变化，将此现象定义为"毛刺"噪声。这种噪声使得光谱曲线的平滑度和信噪比下降，严重时会造成光谱信息的严重失真。为提高光谱信息质量、光谱曲线的平滑度，需要对光谱数据进行平滑去噪处理，这在一定程度上可以减少后续分析的误差。常用的平滑去噪方法有多项式平滑算法滤波法、小波去噪法、移动平均法等，本章在 OriginPro 2018 软件环境下，使用多项式平滑算法滤波法（多项式阶数为 2）进行平滑处理。

3）波段剔除及重采样

在土壤光谱测试过程中，获取纯净、波动小的土壤光谱信息是后续定量分析、准确建模的前提。为了能够使 ASD 公司的 FieldSpec 4Hi-Res 型地物光谱仪测量的地物特征光谱与高光谱影像的波长匹配，本次试验利用高分五号卫星高光谱影像波段的中心波长对土壤高光谱曲线进行重复采样。在 2 401～2 500 nm 短波红外波段区间，光谱信号受噪声影响的程度大，导致曲线波动较大，信噪比较低，数据质量较差，另外，1 400 nm 和 1 900 nm 波段左右区间为水汽吸收波段，曲线受到空气中水汽变化的影响，波动较大，信噪比较低，而在 1 000 nm 波段左右区间的高分五号卫星高光谱影像的质量不佳。因此，在本章中在曲线预处理及变换之后，剔除 985～1 038 nm、1 351～1 444 nm、1 789～

1 974 nm 和 2 400～2 500 nm 四个区间的反射率数据，得到 271 个波段的建模数据集并作为后续分析的基础数据。

4.2　盐渍化土壤光谱特征分析

4.2.1　光谱曲线变换

　　考虑到野外环境比较复杂，土壤高光谱曲线容易受到影响，如果只从反射率光谱提取信息，提取的信息量有限（Ben-Dor et al.，1997）。为了提高光谱的灵敏度、精确度，有效地分析土壤光谱与土壤盐分信息之间的关系，针对土壤高光谱曲线进行了一阶微分反射（first order differential reflectance，FDR）、二阶微分反射（second order differential reflectance，SDR）、多元散射校正（multiplicative scatter correction，MSC）、标准正态变量（standard normal variate，SNV）变换和吸光度（absorbance，Abs）变换五种形式的变换（图 4-3）。

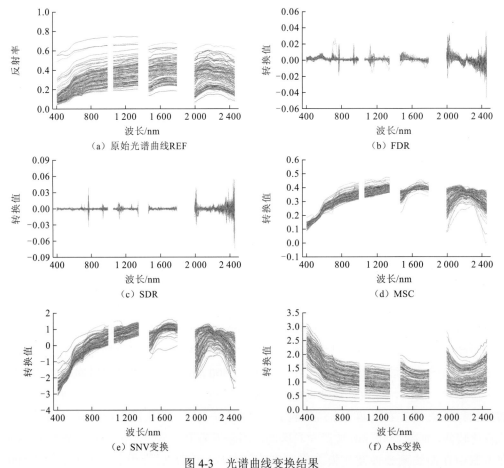

图 4-3　光谱曲线变换结果

FDR 在土壤原始光谱反射率的基础上计算其一阶微分，该处理可以消除背景噪声的干扰，改善多重共线性，提高光谱分辨率和灵敏度，易找到相关性高的波段，SDR 则可以突出高光谱曲线变化的拐点（于雷 等，2016）。

计算公式如下：

$$R'(\lambda_i) = [R(\lambda_i) - R(\lambda_{i-1})] / 2\Delta\lambda \qquad (4\text{-}1)$$

$$R''(\lambda_i) = [R'(\lambda_i) - R'(\lambda_{i-1})] / 2\Delta\lambda \qquad (4\text{-}2)$$

式中：i 为波段；$R(\lambda_i)$ 为原始光谱在 λ_i 处的反射率；$R'(\lambda_i)$ 为波长 λ_i 处的光谱一阶微分；$R''(\lambda_i)$ 为波长 λ_i 处的光谱二阶微分；$\Delta\lambda$ 为波长 i 到 $i-1$ 的间隔。

MSC 是高光谱数据预处理常用的算法之一，可以有效消除由散射水平不同带来的光谱差异，从而增强光谱与数据之间的相关性，增强与成分含量相关的光谱吸收信息。该方法首先要建立一个待测样品的"理想光谱"，即光谱的变化与样品中成分的含量满足直接的线性关系，以该光谱为标准要求对所有其他样品的近红外光谱进行修正，其中包括基线平移和偏移校正，是现阶段多波长定标建模常用的一种数据处理方法。

（1）求得所有光谱数据的平均值，并作为"理想光谱"：

$$\bar{A} = \frac{\sum_{i=1}^{n} A_i}{n} \qquad (4\text{-}3)$$

（2）将每个样本的光谱与平均光谱进行一元线性回归，求解最小二乘问题得到每个样本的基线平移量和偏移量：

$$A_i = m_i \bar{A} + b_i \qquad (4\text{-}4)$$

（3）对每个样本减去求得的基线平移量后除以偏移量，得到校正后的光谱：

$$\text{MSC}_{i,j} = \frac{A_{i,j} - b_i}{m_i} \qquad (4\text{-}5)$$

式中：n 为样本数；$\bar{A}$ 为平均光谱；A_i 为 p 维向量，表示单个样本的光谱，p 为光谱波段数；m_i、b_i 分别为各样本光谱 A_i 与平均光谱 $\bar{A}$ 进行一元线性回归后得到的相对偏移系数和平移量；$A_{i,j}$ 为各样本在各光谱波段处的反射率；$\text{MSC}_{i,j}$ 为各校正光谱曲线在各光谱波段处的数值。

SNV 变换的作用主要是消除固体颗粒大小、表面散射及光程变化对漫反射光谱的影响（Xiao et al.，2016；Barnes et al.，2016）。其计算公式如下：

$$X_{i,\text{SNV}} = \frac{x_{i,k} - x_i}{\dfrac{\sum_{k=i}^{m}(x_{i,k} - x_i)^2}{m-1}} \qquad (4\text{-}6)$$

式中：x_i 为第 i 个样品光谱的平均值，i 为校正样本数；m 为波长点数；$X_{i,\text{SNV}}$ 为变换后的光谱；$x_{i,k}$ 为第 i 个样品第 k 个波段的反射率。

Abs 变换在处理土壤原始光谱反射率的基础上，计算其倒数的对数指标，光谱经 Abs

变换增强了相似光谱之间的差异，适当减少了随机误差（吴明珠等，2014），计算公式如下：

$$Abs = \lg(1/R')\tag{4-7}$$

式中：Abs 为光谱吸光率；R' 为各波段反射率。

从图 4-3 可以看到，土壤的疏松多孔性质，对辐射有较强的折射和吸收作用，大部分土壤的光谱反射率较低，在 0.5 以内。其中，520～600 nm 的光谱反射率的斜率变化较快，该区域是各种盐分晶体振动的吸收区域，盐结晶地区的晶体结构对辐射较为敏感，光谱反射率的变化也是较为剧烈的，在 650～750 nm 部分光谱的反射率增加较快，这是因为植物细胞中的色素对红光的吸收作用导致的红边效应。绿色植物在该光谱范围的反射率增加较快，附近有一个明显的光谱吸收谷，与前人的相关研究也一致（徐驰，2016）。FDR 和 SDR 在该区域也出现了较大的波动，使得光谱轮廓的变化更明显，突出了光谱曲线的席位变化，土壤在特征波段处的光谱变化更明显了，更有利于提取特征波段。MSC 和 SNV 变换则是使反射率较接近的区域变得更相似，突出差异较大的区域，减少散射和颗粒大小带来的影响。

4.2.2　不同形式光谱曲线与土壤盐分含量的相关性

从图 4-4 可以看出，表层土壤盐分与 REF 的相关性多为正相关，在 1 000～1 400 nm 的相关性最高，达到 0.31。在 2 040～2 300 nm 区域有一段相关性变高的区域，肖捷颖等（2013）指出，2 000～2 200 nm 附近的吸收峰是土壤硅酸盐矿物中水分子羟基伸缩振动和 Al—OH 弯曲振动的合频谱带，该段光谱相关性的升高可能与盐分中离子的振动有关。而中层和底层的土壤盐含量与 REF 的相关性较低，两者在 1 900 nm 左右的相关性的绝对值均较低，1 900 nm 处存在水分吸收峰，可能是由于中层和底层土壤的盐分含量受到水分的影响较大，间接反映了土壤盐分的状态，故该区域的土壤盐分与光谱的相关性达到最高。从 FDR 的相关性变化情况来看，相关性较高的区域主要是 1 900～2 000 nm、2 300～2 400 nm，SDR 相关性较高的区域集中在 1 600 nm 左右。MSC、SNV 变换在有色光-近红外区域（400～1 400 nm）呈正相关，在 1 400～2 500 nm 呈负相关，其中经过 MSC 和 SNV 变换处理后构建的指数与土壤含盐量的相关系数得到了提高，表明 MSC 和 SNV 变换能够在一定程度上消除野外由散射、颗粒大小及漫反射带来的影响，在一定程度上提升光谱对土壤含盐量的映射精度。Abs 变换、REF 与土壤盐含量的相关性相反，两者相关性绝对值较高的区域相似，与胡婕（2019）的研究成果相同。

REF 与不同深度的土壤盐分的相关性较高的区域主要集中在 1 000～1 400 nm、1 900 nm 和 2 040～2 300 nm 几个区域中，经过 FDR、SDR、MSC、SNV 变换、Abs 变换等几种变换后，可以有效消除光谱散射、背景等的影响，突出光谱的特征，有利于敏感波段的获取。

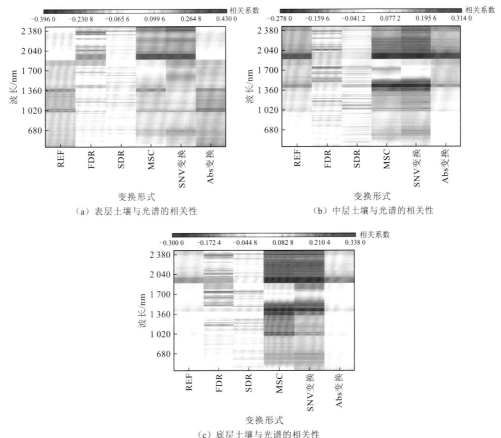

（a）表层土壤与光谱的相关性　　　（b）中层土壤与光谱的相关性

（c）底层土壤与光谱的相关性

图 4-4　各个变换形式光谱波段不同深度的土壤盐分的相关性热图

4.3　不同深度土壤含盐量反演

4.3.1　特征波段筛选

经过长时间对高光谱数据的研究，许多学者认为，由于高光谱波段数量较多、数据量较大，有一定的计算困难；另外，波段宽度较窄且彼此间有重合，信息的冗余度高，波段之间具有较高的相关性，也会占用计算机中较大的存储空间和较长的数据处理时间（乔雯钰 等，2020；李行，2006；陈桂红 等，2006；Hughes and Hughes，1968）；并且，在复杂的野外环境下，高光谱数据可能会被许多因素干扰，导致其某些波段的数据含有较多的噪声，若直接使用，将会对结果造成一定的影响。因此，选择合适的高光谱波段组合，是高效开展后续研究的基础。

在多波段遥感数据应用中，目前使用最广泛的波段组合方法是最佳指数法，其原理是：光谱数据的标准差越大，所包含的信息越多；而波段间的相关系数越小，波段间的独立性越高，信息冗余度越小，组合波段数通常为 3 个（罗代清 等，2016；赵新振，2008）。

然而，单单使用最佳指数法筛选出的波段组合不能确定其与研究对象有较大的相关性，在利用光谱波段对土壤盐分进行建模的过程中，学者发现可以通过相关性分析寻找盐分对反射光谱主要作用的波段（胡婕，2019）。但是，在高光谱数据的光谱分辨率提高的同时导致了大量信息的冗余，光谱数据波段间存在较为严重的多重共线性，仅使用相关性对高光谱波段进行筛选，会增加后期数据处理的难度，也需要消耗更多的信息空间（赵庆展 等，2016；谭玉敏和夏玮，2014；马娜 等，2010）。

协方差（Cov）是用于度量两个变量之间"协同变异"大小的总体参数，即反映两个变量相互影响的大小，协方差越接近于 0，两个变量的相互影响越小，共线性程度越低（《数学辞海》编辑委员会，2002）。因此，为了能够更好地选择波段组合，本章将 3 种方法互相融合选出的波段组合具有信息量大、共线性小的特点。

熵权法是一种客观赋值法，可以减少主观赋值带来的偏差；而优劣解距离法是 Hwang 和 Yoon 于 1981 年首次提出的，优劣解距离法根据有限个评价对象与理想化目标的接近程度进行排序，在现有的对象中进行相对优劣的评价，是一种常见的多目标决策分析方法，适用于多方案、多对象的对比研究，从中找出最佳方案或竞争力最强的对象（Hwang and Yoon，1981），在光谱敏感波段筛选时，学者常常将两者结合，能充分利用原始数据的信息，客观进行权重赋值，其结果能客观地反映各评价方案之间的差距。为了能够选出最优波段组合，首先分别对各个光谱形式的所有波段进行排列组合，每个组合有 3 个波段。然后计算每个波段组合的最佳指数因子（OIF）、各波段与盐分的相关性之和 r 及协方差之和 Covs，并通过熵权法对其赋权。最后，使用优劣解距离法计算评价值 OIFCR，筛选各个变换形式下的最佳波段组合。

从最佳波段组合表（表 4-2）可以看出，REF 和 Abs 变换在不同深度筛选的最佳波段组合是一致的，说明在信息量和与盐分的相关性方面，两者所表现的作用是相同的。FDR、SDR 筛选的最佳波段组合主要位于 400～450 nm、1 600 nm 左右和 2 400 nm 左右，在这三个区域，MSC、SNV 变换筛选的最佳波段组合主要位于 1 600～1 900nm。

表 4-2　最佳波段组合表

深度/cm	变换形式	OIF	r	Covs	OIFCR	最佳波段组合/nm
0～<20	REF	0.142 6	0.581 8	0.019 6	0.691 7	390、395、1 982
	FDR	2.094 3	0.152 6	7.4×10^{-9}	0.983 0	527、1 654、2 387
	SDR	9.532 7	0.193 3	1.1×10^{-8}	0.987 2	450、1 645、2 437
	MSC	0.146 5	0.564 2	0.000 8	0.865 1	1 704、1 982、1 991
	SNV 变换	1.910 1	0.855 7	0.006 8	0.869 6	1 747、1 982、1 991
	Abs 变换	0.639 0	0.674 6	0.551 9	0.746 4	390、395、1 982
20～<40	REF	0.163 7	0.338 7	0.016 7	0.819 1	390、1 982、1 991
	FDR	1.867 1	0.105 3	4.6×10^{-9}	0.977 9	433、904、2 437
	SDR	2.866 1	0.260 0	4.5×10^{-21}	0.959 3	946、1 528、1 595
	MSC	0.126 8	0.646 5	0.001 2	0.877 3	1 688、1 982、1 991
	SNV 变换	1.913 5	0.673 2	0.003 4	0.926 2	1 747、1 982、1 991
	Abs 变换	0.626 1	0.397 0	0.405 7	0.774 7	390、1 982、1 991

续表

深度/cm	变换形式	OIF	r	Covs	OIFCR	最佳波段组合/nm
	REF	0.125 5	0.532 0	0.047 3	0.846 7	1 982、1 991、1 999
	FDR	1.541 5	0.205 3	$1.1×10^{-8}$	0.978 3	660、882、2 336
	SDR	2.884 0	0.143 0	$4.2×10^{-8}$	0.976 4	407、2 378、2 429
40~60	MSC	0.144 8	0.680 3	0.000 8	0.976 8	1 704、1 982、1 991
	SNV 变换	1.930	0.542 3	0.007 8	0.946 3	1 629、1 982、1 991
	Abs 变换	0.476 4	0.669	0.691 1	0.749 6	1 982、1 991、1 999

高光谱相对于多光谱拥有更多的波段，在完成最佳波段筛选后可能仍有较多的有效波段未被选择。高光谱数据存在维度过大，不同波段间的数据存在共线性等问题，数据维度过大会提高模型的复杂度，在样本数据较少的情况下，会导致训练的模型的泛化性差等问题。因此，本章在选出的最佳波段的基础上使用方差膨胀系数（VIF）对剩下的波段进行筛选，选出信息量大且共线性弱的敏感光谱波段。将最佳波段组合以外的各个变换形式的所有波段按与土壤盐分的相关性从大到小逐个与最佳波段组合做方差膨胀系数计算，选出 VIF<10 的波段加入最佳波段组合中，最终挑选出与土壤含盐量相关性较高、信息量较大且共线性程度较低的敏感波段集合。

经最佳波段组合和方差膨胀系数相结合的方法筛选的敏感波段如图 4-5 所示，可以看到，不同深度的敏感波段所处的区域有一定的相似性，FDR 和 SDR 的光谱筛选波段

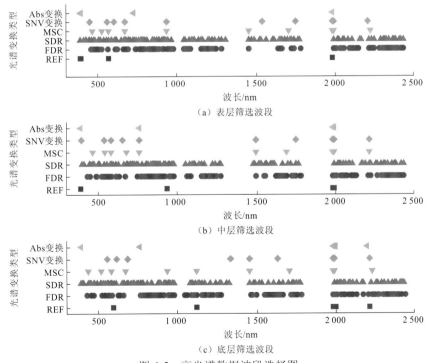

（a）表层筛选波段

（b）中层筛选波段

（c）底层筛选波段

图 4-5　高光谱数据波段选择图

不同深度 REF、FDR、SDR、MSC、SNV 变换、Abs 变换选择的波段数量分别为
4/4/6、109/105/109、113/113/113、10/10/9、10/10/11、4/4/6

较多且分散，可见 FDR 和 SDR 在改善光谱波段间的多重共线性方面具有明显的作用。Csillag 等（1993）指出，对土壤盐分反演重要的光谱范围是可见光的 550~770 nm 和近红外的 900~1 030 nm；屈永华等（2009）指出，近红外（900~1 030 nm、1 270~1 520 nm）和中红外（1 940~2 150 nm、2 150~2 310 nm）对盐碱化有很好的指示作用。本章 REF 的敏感波段位于 400 nm、530 nm、780 nm 和 2 000 nm 左右，与以上重要波段的区域相同。中层和底层除了以上波段分布较为密集外，在 1 000 nm 和 1 500 nm 附近也有较多分布，徐驰（2016）研究认为，1 000 nm 附近的波段对土壤盐分敏感的原因可能是该区域土壤内部的电子跃迁，振动过程比较剧烈，MSC 和 SNV 变换的敏感波段大部分集中分布于 400~700 nm、1 500 nm 左右及 2 000 nm 左右，不同形式的土壤光谱筛选的敏感波段有着明显的不同，当光谱的形式发生变化时，波段中涵盖的信号会发生变化。Hunt（1977）指出，影响敏感波段的本质是土壤中的水分、羟基、碳酸盐和磷酸盐等产生的晶场效应、电荷转移、电子跃迁等。

4.3.2　敏感光谱指数构建

由于单一波段与盐分的相关性较低，直接用于建模可能效果不佳。安德玉（2016）指出，通过波段组合运算的方式能够有效提升相关效果，有效提高光谱信息的利用率与模型监测的准确性，减少冗余信息，很好地消除背景因素的影响。土壤光谱信号往往受到水分、盐分和土壤质地的综合影响（Kahaer and Tashpolat，2019；Wang et al.，2016），另外，盐渍化在一定程度会造成植被状况的改变，植被的变化有助于推测盐渍化的发展趋势（丁建丽 等，2012；王遵亲，1993）。随着对光谱指数研究的不断深入，学者通过波段间的组合运算，提出了诸多与土壤盐分、植被、水分和土壤质地等相关的光谱指数，本章对现有文献中被较多应用的光谱指数进行了整理，如表 4-3 所示。

表 4-3　常用的光谱指数

指数	指数公式	计算公式	参考文献
SI1	$\sqrt{G \times R}$	$\sqrt{\lambda_1 \times \lambda_2}$	Allbed 等（2014）
SI2	$\sqrt{G^2 \times R^2 + NIR^2}$	$\sqrt{\lambda_1^2 \times \lambda_2^2 + \lambda_3^2}$	
SI3	$\sqrt{G^2 \times R^2}$	$\sqrt{\lambda_1^2 \times \lambda_2^2}$	
S1	B/R	λ_1/λ_2	
S2	$(B-R)/(B+R)$	$(\lambda_1 - \lambda_2)/(\lambda_1 + \lambda_2)$	
S3	$G \times R/B$	$\lambda_1 \times \lambda_2/\lambda_3$	
SI-T	$(R/NIR)/100$	$(\lambda_1/\lambda_2)/100$	
NDVI	$(R-NIR)/(R+NIR)$	$(\lambda_1 - \lambda_2)/(\lambda_1 + \lambda_2)$	
CRSI	$\sqrt{\dfrac{NIR \times R - G \times B}{NIR \times R + G \times B}}$	$\sqrt{\dfrac{\lambda_1 \times \lambda_2 - \lambda_3 \times \lambda_4}{\lambda_1 \times \lambda_2 + \lambda_3 \times \lambda_4}}$	Cho 等（2018）；Scudiero 等（2015）
INT1	$(G+R)/2$	$(\lambda_1 + \lambda_2)/2$	Fourati 等（2015）
INT2	$(G+R+NIR)/2$	$(\lambda_1 + \lambda_2 + \lambda_3)/2$	

指数	指数公式	计算公式	参考文献
EVI	$\dfrac{2.5\times(NIR-R)}{NIR+6\times R-7.5\times B+1}$	$\dfrac{2.5\times(\lambda_1-\lambda_2)}{\lambda_1+6\times\lambda_2-7.5\times\lambda_3+1}$	邱元霖等（2019）
MSAVI	$\dfrac{2\times R+1-\sqrt{(2\times NIR+1)^2-8\times(NIR-R)}}{2}$	$\dfrac{2\times\lambda_2+1-\sqrt{(2\times\lambda_1+1)^2-8\times(\lambda_1-\lambda_2)}}{2}$	王思楠等（2019）

注：λ_1、λ_2、λ_3、λ_4 为敏感波段数据集间的任意 4 个波段；G 为绿光波段；B 为蓝光波段；R 为红光波段；NIR 为近红外波段。

以上指数多用于揭示小区域的土壤盐分分布，一般都具有较强的地域性，常见的光谱指数均面向多光谱波段，仅对红光、蓝光、绿光、近红外四个波段组合进行计算，由于高光谱数据波段窄、数量多，为了探寻不同波段组合对土壤盐分的敏感度，尝试将土壤高光谱曲线及其各个变换形式的各个波段逐个组合，运算以上光谱指数。将所有指数与土壤含盐量做相关性分析，选出相关性最高的指数作为最佳指数，将相关性不显著的指数剔除，其余指数利用 VIF 进行筛选，最终选出与盐分显著相关的指数集，且指数间的共线性程度较低。

从图 4-6 可以看到，表层土壤盐分构建指数所使用的敏感波段的集中区域在 561 nm、604 nm、663 nm、938 nm、1 536 nm、1 747 nm、1 982 nm 和 1 991nm 左右，561 nm、604 nm 和 663 nm 可能与离子晶体场作用和有机质反射有关（肖捷颖 等，2013）。岩盐（NaCl）

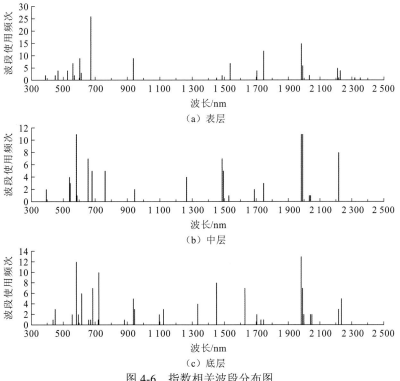

图 4-6　指数相关波段分布图

的吸收特征体现在 1 440 nm 和 1 933 nm；泻盐（$MgSO_4 \cdot 7H_2O$）的吸收特征体现在 793 nm、999 nm、1 240 nm、1 490 nm、1 631 nm、1 760 nm 和 1 946 nm。由于高光谱的多重共线性较为严重，相近波段的代表信息也较为相近，故筛选的 938 nm、1 536 nm、1 747 nm、1 982 nm 和 1 991nm 这五个波段可能对提取这两种盐分的信息十分重要（徐驰，2016）。

中层和底层构建指数所用的敏感波段主要集中在 500～600 nm、1 486 nm、1 452 nm、1 629 nm、1 982nm 和 1 991nm 附近，与表层较为相似，除此之外，中层和底层有较多的敏感波段分布在 680～760 nm 和 2 218 nm、2 235 nm，680～760 nm 体现的是植物细胞中的色素对红光的吸收作用导致的红边效应，说明植被的变化对中层和底层的土壤盐分含量也有着重要影响，可能是由于中层和底层是植被的根区，土壤盐分含量对植物根系产生作用，进一步影响植物的生长。石膏（$CaSO_4 \cdot 2H_2O$）的矿物组成结构中含有水分子，这个水分子会在 1 000 nm、1 200 nm、1 400 nm、1 700 nm、2 000 nm、2 200 nm 和 2 500nm 附近产生吸收特征，中层和底层的土壤盐分受水分含量的影响较大，构建波段所使用的 2 218 nm 和 2 235 nm 波段可能与水分变化有关（徐驰，2016）。事实上，实际的土壤样本中，不同物质的光谱信号都会互相重叠，因而提取纯净物质的光谱信号比较困难。在野外条件下，光谱的吸收特征更加难捕捉，因为野外土壤成分复杂（如矿物组成、水分含量、土壤孔隙等），各成分的光谱特征交叉重叠，所以筛选的波段可能与晶体场作用有关，也可能与离子的电荷转移有关，或者与振动过程有关，甚至与植被、土壤质地等土壤背景有关。

4.3.3 土壤含盐量反演模型建立与验证

1）数据集划分

SPXY 法是一种将 x 变量和 y 变量同时考虑在内的基于统计的样本集选择方法，具有能够有效地覆盖多维向量空间，从而改善所建模型的预测能力的优点，其距离公式如 SPXY 法的逐步选择过程和 KS 法相似，但用 $d_{xy}(p', q')$ 代替了 $d_x(p', q')$，同时为了确保样本在 x 和 y 空间具有相同的权重，$d_x(p', q')$ 和 $d_y(p', q')$ 分别除以它们在数据集中的最大值。其计算公式为

$$\begin{cases} d_{xy}(p',q') = \dfrac{d_x(p',q')}{\max\limits_{p',q' \in [1,N]} d_x(p',q')} + \dfrac{d_y(p',q')}{\max\limits_{p',q' \in [1,N]} d_y(p',q')} & d_x(p',q') = \sqrt{\sum_{j=1}^{N}[x_{p'(j)} - x_{q'(j)}]^2}, \ p',q' \in [1,N] \\ d_y(p',q') = \sqrt{(y_{p'} - y_{q'})^2}, & p',q' \in [1,N] \end{cases}$$

$$(4-8)$$

式中：p'、q' 为任意两个样本；d_{xy} 为标准化的 x、y 的距离；d_x 为样本特征 x 的距离；d_y 为样本标签 y 的距离；$x_{p'}$ 和 $x_{q'}$ 为任意两个土壤样本的反射率；N 为样本的特征数量；j 为样本数；$y_{p'}$ 和 $y_{q'}$ 为任意两个样本的土壤含盐量。

在小样本建模训练中，为了能够使训练集和测试集都能够很好地反映数据的分布，通常将样本分层后再进行采样，在本章中按照非盐渍化、轻度盐渍化、中度盐渍化、重度盐渍化和盐土对样本数据集进行分组。分组完成后，使用 SPXY 法对各组样本集按 3∶1 的比例划分训练集和测试集，最终选出 30 个测试集，其余的作为训练集。

2）模型建立及验证

当前用于土壤盐分含量高光谱预测模型构建的比较广泛的方法分别是传统的线性回归方法、神经网络和 SVM，神经网络的方法虽然考虑了多种影响因素，但易产生局部最优解，样本较少时精度较低，样本较多时易过度学习，使模型的泛化能力较低（柴华彬 等，2018）。SVM 是根据统计学习理论提出的一种新的机器学习方法。该方法是以 VC 维理论和结构风险最小化原则为基础的，具有克服特征空间中维数灾难的优点，使网络的收敛速度加快，样本被错分的界和风险泛函得到控制等（朱春雷，2011）。

支持向量回归（support vector regression，SVR）则是基于 SVM 的回归模型，能较好地实现小样本、高维度、非线性的预测（马旭霞，2019；陈喜凤 等，2014）。因此，本章使用 SVR 开展土壤盐分预测模型的建模工作。SVM 利用 MATLAB R2018b 软件的 Libsvm 工具箱编程实现，类型为 v-SVR，核函数类型为 RBF，采用网格搜索法寻找最优参数，网格搜索法选择一定范围内的网格节点作为惩罚参数 C 与 RBF 核参数 g 的输入模型，然后进行交叉验证，找出使交叉验证均方差最小的惩罚参数 C 与 RBF 核参数 g，并将它们作为模型最优参数。网格搜索范围为 $-8 < \lg(2C) < 8$，$-8 < \lg(2g) < 8$，迭代步长（网格间距）为 0.4，选择 K-折交叉验证的方法筛选最优参数，折数选择 5-折，依据均方差最小原则确定最终的惩罚参数 C 与 RBF 核参数 g（图 4-7）。

建模完成后，选择实测盐分与预测盐分间的拟合优度（R^2）和均方误差（MSE）作为模型预测性能的评价指标。针对不同深度土壤盐分构建的模型，测试集的 R^2 均在 0.6 左右，均方误差表层和中层分别为 4.01、1.89，底层为 2.04。由图 4-8 可以看到，模型对盐分较高的数据的预测整体偏低，可能是因为盐分较高的建模样本在整体样本中占比偏少，导致模型对高值样本的预测精度不够。

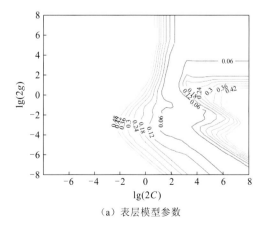
（a）表层模型参数

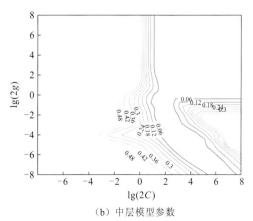
（b）中层模型参数

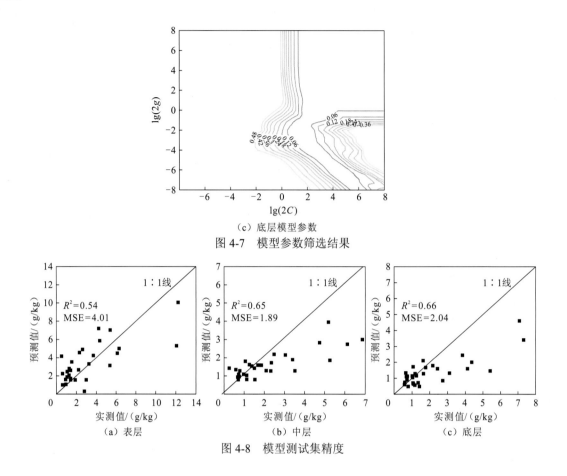

（c）底层模型参数

图 4-7　模型参数筛选结果

（a）表层　　　　　　　　（b）中层　　　　　　　　（c）底层

图 4-8　模型测试集精度

4.4　土壤含盐量空间分布特征及影响因素

4.4.1　土壤含盐量盐渍化程度及分布规律

在 MATLAB R2018b 软件中读取 GF5_AHSI 号高光谱影像数据形成光谱数据集，对数据集进行变换及指数计算后，输入训练好的 SVR 中估测各层土壤的含盐量，最后将各层含盐量数据集写入栅格图像得到不同土壤的盐分预测结果，在 ArcGIS 软件中，将计算得到的不同土壤的盐分预测结果按照盐分含量等级进行重分类，计算得到各层土壤的盐分分布图（图 4-9～图 4-11）。

从土壤含盐量的反演结果（图 4-9～图 4-11）来看，临河区大部分地区都存在着不同程度的盐渍化土壤，其盐渍化特征在水平和垂向空间上存在一定的差异。表层的非盐渍化、轻度盐渍化和中度盐渍化分布于临河区的大部分区域，重度盐渍化和盐土主要分布于蛮会镇至杭锦后旗一带、狼山镇、白脑包镇、临河区西南的双河镇和黄河沿岸。表

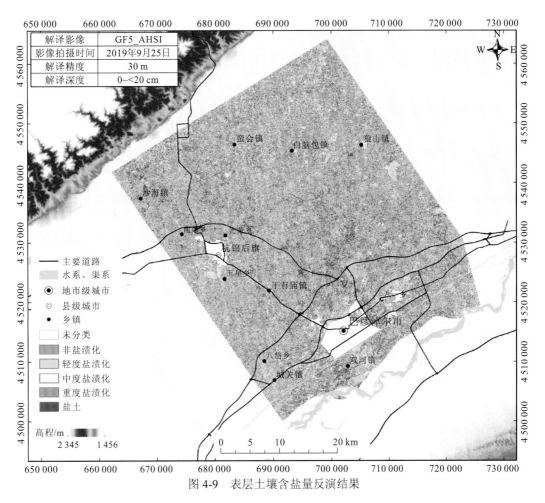

图 4-9　表层土壤含盐量反演结果

层的重度盐渍化和盐土在水平方向上的空间分布与多光谱遥感解译中的盐斑分布特征和变化趋势是一致的，可能是由于重度盐渍化和盐土的盐分浓度过高，结成的盐斑使其更容易被识别。中层和底层则以非盐渍化和轻度盐渍化为主，其次为中度盐渍化，主要在研究区北部的蛮会镇、白脑包镇和狼山镇一带聚集，黄河沿岸零散分布，延展方向主要为南西—北东，中层的重度盐渍化和盐土零散分布于中度盐渍化之间，具有一定的聚集性，底层的重度盐渍化和盐土较少。

从不同深度各类盐渍土的面积占比（图 4-12）来看，表层绝大部分土地为非盐渍化、轻度盐渍化和中度盐渍化，占到研究区总面积的 72.77%，重度盐渍化和盐土的占比为27.23%；中层和底层绝大部分区域为非盐渍化，比例分别为 64.22% 和 74.31%，轻度盐渍化占比分别为 17.97% 和 14.72%。在垂向空间上，各类盐渍土都随着土壤深度的下降而减少，非盐渍化和轻度盐渍化的占比增加，中度以上的盐渍化的降低幅度较大，土壤含盐量的均值逐渐下降，表层至中层土壤含盐量均值的变化相对于中层至底层土壤含盐量的变化更大，土壤盐分大部分积聚在表层，呈现表聚型特征，原因是该时期作物收割后土壤表面蒸发加剧、积盐加快，导致土壤盐分逐渐积聚于表层土壤。

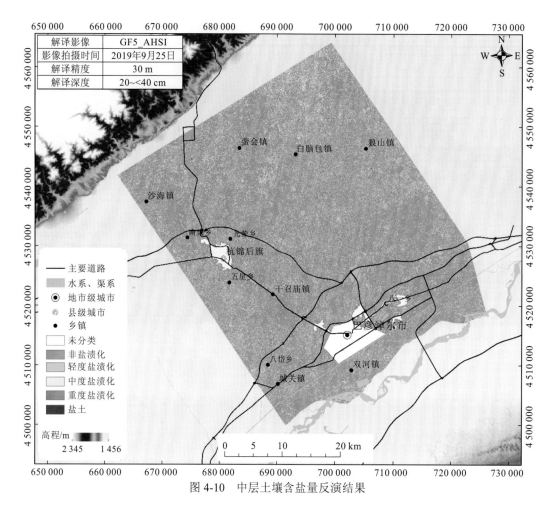

图 4-10　中层土壤含盐量反演结果

　　从不同深度土壤盐分预测结果的描述性统计表（表 4-4）可以看到，土壤盐分的变异系数随深度的增大不断下降，尽管中层和底层土壤含盐量的均值相差不多，但是中层土壤含盐量的变异系数却高于底层土壤含盐量，原因可能是随着土壤深度的增大，土壤含水率升高，更有利于土壤盐分的重新分配，以至于底层土壤的含盐量分布的变异性较小。另外，造成土壤盐分不均匀的因素主要为区域土地类型的结构性因素，相比而言，底层土壤受到的人类改造活动的影响较低，故形成连续性较高的盐分分布结构（管孝艳 等，2012）。

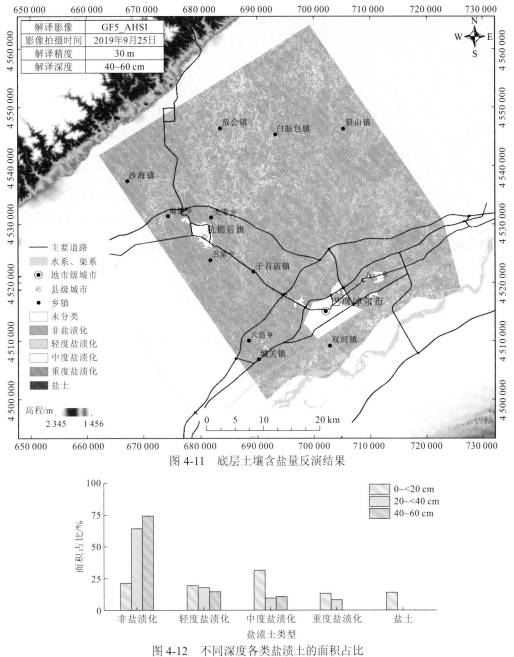

图 4-11　底层土壤含盐量反演结果

图 4-12　不同深度各类盐渍土的面积占比

表 4-4　不同深度土壤盐分预测结果的描述性统计表

深度/cm	像元数	极小值（Min）	极大值（Max）	均值（Mean）	标准差（StdDev）	变异系数（Cov）
0～<20	1 694 779	-12.86	33.33	9.96	6.93	0.70
20～<40	1 694 779	1.37	7.65	4.64	0.9	0.19
40～60	1 694 779	1.53	5.53	3.64	0.32	0.09

4.4.2　主要影响因素定量分析

土壤质地、地下水埋深、地形、人类活动等因素都对土壤盐渍化的分布起着重要的作用，为了能够更好地分析临河区土壤盐分空间分布的影响因子，采用地理探测器模型（Wang et al.，2010）对临河区土壤盐分的影响因子进一步开展定量分析。

地理探测器模型是基于空间方差分析理论探讨事物的空间异质性，解释其背后的影响因子，并且判断两因子间是否存在交互作用，以及交互作用的强弱、方向、是线性还是非线性等的一组统计学方法。其核心思想基于这样的假设：如果某个自变量对某个因变量有重要影响，那么自变量和因变量的空间分布应具有相似性（王劲峰和徐成东，2017）。本章主要利用地理探测的风险因子探测和交互探测研究风险因子对临河区的土壤含盐量的影响强度。

（1）风险因子探测。

衡量风险因子对土壤含盐量的影响强度用风险因子探测，探测的计算方法如下：

$$q = 1 - \frac{\sum_{h=1}^{L} M_h \sigma_h^2}{M \sigma^2} \tag{4-9}$$

式中：$h = 1, 2, \cdots, L$，为变量 Y 或因子 X 的分类或分区；M_h 和 M 分别为层 h 和全区的单元数；σ_h^2 和 σ^2 分别为层 h 和全区 Y 值的方差；q 的值域为[0, 1]，反映某风险因子对土壤含盐量空间分布的影响力，q 越大，说明该风险因子对土壤含盐量的影响强度越大，反之，影响越小。

（2）交互探测。

计算两个变量 X_1 和 X_2 对 Y 的风险因子探测结果，分别记为 $q(X_1)$ 和 $q(X_2)$，再计算它们共同作用后对 Y 分布的决定力，记为 $q(X_1 \cap X_2)$，通过两种因子（X_1 和 X_2）对土壤含盐量的影响力的交互比较，来判断两者对土壤含盐量的空间分布的交互作用关系，包括 5 种关系，具体见表 4-5。

表 4-5　两个自变量对因变量交互作用的类型

判据	交互作用
$q(X_1 \cap X_2) < \min\{q(X_1), q(X_2)\}$	两个因子非线性减弱
$\min\{q(X_1), q(X_2)\} < q(X_1 \cap X_2) < \max\{q(X_1), q(X_2)\}$	单个因子非线性减弱
$q(X_1 \cap X_2) > \max\{q(X_1), q(X_2)\}$	双因子增强
$q(X_1 \cap X_2) = q(X_1) + q(X_2)$	两个因子相互独立
$q(X_1 \cap X_2) > q(X_1) + q(X_2)$	两个因子非线性增强

根据临河区的土壤含盐量的分布特征,选取土壤的黏土含量来反映土壤质地的变化，土壤黏土含量使用中国科学院地理科学与资源研究所资源环境科学与数据中心的 0～30 cm 土壤黏土含量成果；地形的变化选用高程数据来反映，选取 GDEMV2 30 m 分辨

率的数字高程数据；使用与渠系的距离来反映人类活动对土地影响的变化，通过 ArcGIS 的 Distance 功能计算得到临河区各栅格点与渠系的欧氏距离；用 2019 年秋季地下水位统测数据反映该时期地下水埋深的空间变化。在 ArcGIS 软件中使用克里金插值方法对 2019 年秋季地下水位统测数据进行栅格化处理。然后利用自然断点法对黏土含量、高程、地下水埋深和与渠系的欧氏距离的栅格图进行分区[图 4-13（a）～（d）]。最后利用地理探测器模型中的风险因子探测和交互探测方法计算各影响因子对临河区土壤含盐量分布的影响力 q，以及因子之间的交互作用值。

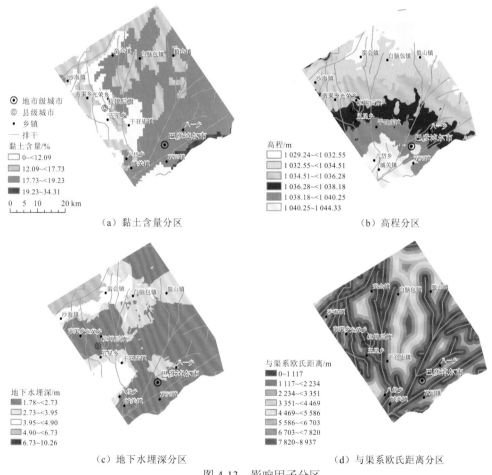

图 4-13　影响因子分区

根据地理探测器模型的计算结果（表 4-6），所有的影响因子对临河区土壤含盐量的计算结果 q 在 0.001 水平上都是显著的，其中黏土含量的 q 最高，为 0.005 965，其次为地下水埋深的 q，为 0.003 867。这说明在临河区中黏土含量和地下水埋深对该地区的土壤含盐量的空间异质性的解释力较高，土壤质地和地下水埋深对土壤盐渍化的空间异质性有较大的影响。

表 4-6　地理探测器模型计算结果

因子		黏土含量	地下水埋深	高程	与渠系欧氏距离
影响力探测结果	q	0.005 965	0.003 867	0.003 325	0.001 002
	p value	0.000	0.000	0.000	0.002 756

注：p value 为判断结果是否显著的参数。

从表层土壤含盐量反演成果、黏土含量和地下水埋深分区[图 4-9、图 4-13（a）和（c）]可以看到，重度盐渍化和盐土分布较少的杭锦后旗西南部黏土含量较低，而盐渍化土地分布较多的蛮会镇、白脑包镇、狼山镇、临河区周边和黄河沿岸的黏土含量较高，这些区域的地下水埋深都在 1.5~4 m，相对于其他区域较浅，而在地下水埋深大于 5 m的区域，重度盐渍化和盐土分布较少。

从交互因子作用类型（表 4-7）可以看出，地下水埋深和黏土含量的交互作用是非线性增强的，增强幅度是所有因子交互作用中最高的，表明该地区表层的黏土含量和地下水埋深是土壤盐渍化的两个十分重要的影响因素，两者的交互作用能够明显增强这两个因子对临河区土壤盐渍化空间异质性的解释力。地下水埋深与地表积盐关系密切，地下水埋深较浅，盐分随着地下水沿毛管上升至表土层，表层开始积盐（周欣 等，2012）。地下水埋深较浅时，在毛细作用下地下水不断向上运移进入土壤，在发生蒸发或蒸腾亏损后，将其所挟带的盐分源源不断累积于土体中，这是土壤现代盐分累积的基本过程（朱文东和杨帆，2019）。黏土含量的变化能够改变土壤孔隙度，影响毛细作用，从而对土壤盐渍化的发展产生重要影响。河套灌区地势平坦，地下水更新缓慢且矿化度高，蒸发强烈，地下水埋深和黏土含量的变化对土壤盐渍化的发展具有重要影响，两者的交互作用能够明显提升对土壤盐渍化空间分布的影响。

表 4-7　交互因子作用类型

交互因子	交互作用值	两因子之和	增强幅度	交互作用类型
高程∩黏土含量	0.021 8	0.009 3	0.012 6	非线性增强
高程∩与渠系欧氏距离	0.011 1	0.007 0	0.004 1	非线性增强
高程∩地下水埋深	0.012 5	0.009 8	0.002 7	非线性增强
黏土含量∩与渠系欧氏距离	0.011 8	0.004 3	0.007 5	非线性增强
黏土含量∩地下水埋深	0.021 2	0.007 2	0.014 0	非线性增强
与渠系欧氏距离∩地下水埋深	0.008 2	0.004 9	0.003 3	非线性增强

高程因子的 q 为 0.003 325，对土壤盐渍化的空间分布的解释力比黏土含量和地下水埋深低，其与黏土含量交互作用后解释力的增幅为 0.012 6，是所有因子交互作用中增幅第二高的。盐渍化的产生除了受到地下水埋深和土壤质地的影响外，地形和地貌也是影响土壤盐渍化形成的条件之一，地形高低起伏和物质组成的不同，直接影响到地面、地下水径流的运动和土体中盐分的运动（刘建波，2021）。蛮会镇所处的位置地下水埋深较深，但其周边也都分布了大量的重度盐渍化和盐土，从高程分区[图 4-13（b）]来看，蛮会镇处于相对封闭的低洼区域，在灌水期间河套灌区整体的地下水位抬升后，其他区

域的盐分随灌溉水向地形低洼处汇集，尽管之后地下水位下降，但该区域的黏土含量较高，灌溉水无法较快排出，此时强烈的蒸发造成了低洼区域的大量积盐，导致该地区在没有较浅的地下水埋深的情况下，也产生了较多的土壤盐渍化。

与渠系欧氏距离因子的 q 为 0.001 002，其对盐渍化异质性的解释力低于其他因子，但与其他因子交互作用后对临河区的土壤盐渍化分布的解释力均有较明显的提高，其中黏土含量和与渠系欧氏距离因子的交互作用增幅最高，为 0.0075，其次为高程的 0.004 1，交互作用增幅最低的是与渠系欧氏距离因子和地下水埋深。这说明与渠系欧氏距离因子在对研究区土壤盐渍化发展产生影响的时候，土壤质地和地形变化产生的作用相比于地下水埋深更加重要。

周利颖等（2021）指出，灌区紧邻排干沟的区域由于土壤质地、灌溉水不畅，排水的盐渍化程度极其严重，盐分常年累积。河套灌区的地势较平坦，水动力较弱，在灌溉期内灌溉水除了向地形较低处汇集外，在田间的土壤盐分被灌溉水带入排干的时候，有较多的灌溉水停留在排干附近的局部洼地，为排干附近的土壤盐渍化发展提供了条件，所以黏土含量、高程因子和与渠系欧氏距离因子产生的交互作用能够较明显地提升对土壤盐渍化空间异质性的解释力。这说明临河区的土壤盐渍化分布格局除了受到地下水位和地形等自然因素的影响之外，人类的灌溉活动及干渠等工程建设对临河区的土壤含盐量分布格局也起着重要作用。

4.4.3　盐分离子分布特征

对选取的 20 个采样点的土壤样品的阴阳离子浓度进行相关性分析（表 4-8）。结果表明，Na^+、Cl^- 的相关性较高，SO_4^{2-}、Mg^{2+} 和 Ca^{2+} 的相关系数较高，都接近 0.8。利用主成分分析方法提取解释的方差占总方差 74.59% 的两个因子，这两个因子能较全面地反映土壤中的离子信息。第一因子主要由 Mg^{2+}、SO_4^{2-} 和 Ca^{2+} 决定，因子载荷分别为 0.516、0.491、0.393，三者均为正相关，SO_4^{2-} 则与 HCO_3^- 为负相关。

表 4-8　阴阳离子相关系数

	Na^++K^+	Mg^{2+}	Ca^{2+}	Cl^-	NO_3^-	SO_4^{2-}	$HCO_3^-+CO_3^{2-}$
Na^++K^+	1						
Mg^{2+}	0.300 6	1					
Ca^{2+}	-0.049 2	0.672 4	1				
Cl^-	0.934 6	0.278 3	-0.106 7	1			
NO_3^-	0.283 7	0.570 96	0.303 89	0.360 19	1		
SO_4^{2-}	0.369 1	0.851 8	0.788 3	0.203 6	0.297 4	1	
$HCO_3^-+CO_3^{2-}$	0.084 21	-0.525 6	-0.358 3	-0.027 6	-0.152 0	-0.406 5	1

与此同时，采样点 A53、A54 的 Mg^{2+}、SO_4^{2-} 和 Ca^{2+} 的浓度都比较高，而两者的表层土壤含盐量却相差较大（图 4-14）。首先，采样点 A53 的 SO_4^{2-} 浓度较高，表明该采样点硫酸盐的用量较多，从两者所处的位置来看，A53 处于相对隆起的区域，而 A54 所处的

狼山镇东北是较为低洼的区域，灌水期更加有利于地下水和盐分的汇聚，因此 A54 盐分的积累是比较多的。在蒸发环境下，尽管采样点 A53、A54 的地下水埋深都为 4～6 m，但是在不同的地形条件和人类改造的影响下，A54 所处区域的表层含盐量相较于 A53 所处区域高，它们的土壤含盐量有着不同的特征。

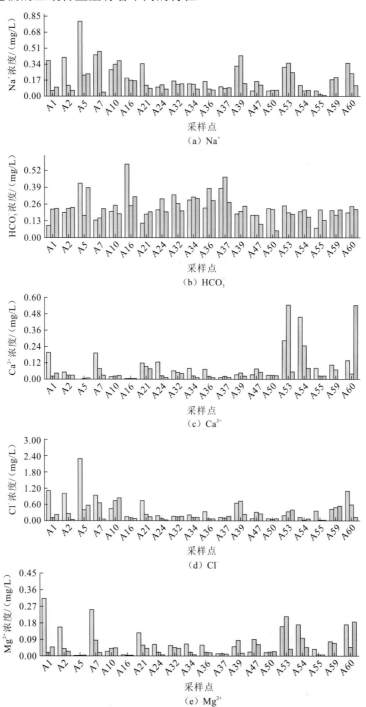

（a）Na^+

（b）HCO_3^-

（c）Ca^{2+}

（d）Cl^-

（e）Mg^{2+}

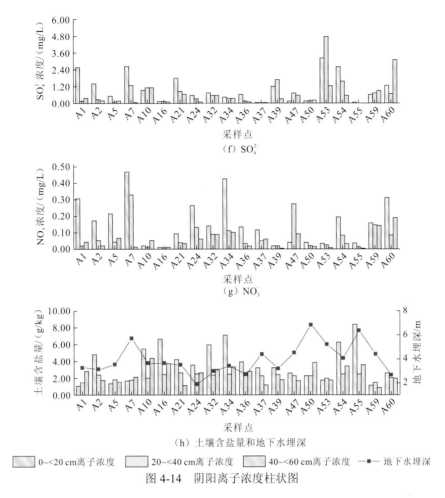

图 4-14　阴阳离子浓度柱状图

第二因子主要由变量 Cl^-、Na^+ 决定，因子载荷分别为 0.594 和 0.608。大多数表层土壤样品的这两个离子的浓度都较高，随着深度的增加而减小，与地下水埋深呈负相关关系，当地下水埋深较浅时，这两者的离子浓度较低，表明研究区在该时期大气降水稀少、盐分溶解下渗减少的蒸发环境导致了表面盐分的积累（金雄伟 等，2020）。

4.5　本 章 小 结

（1）基于近地高光谱数据建立根区不同深度的土壤含盐量估测模型，并应用于 GF5_AHSI 号高光谱卫星遥感影像，对研究区根区的土壤含盐量进行反演，结果证明，高光谱数据能够有效反演根区土壤的含盐量。三个不同深度的土壤盐分模型的测试集的拟合优度 R^2 均在 0.6 以上，说明以此方法建立的反演模型具有一定的稳定性，在一定程度上能够指示高光谱数据和不同深度土壤含盐量之间的映射关系。

（2）从土壤含盐量反演结果来看，表层土壤绝大部分为轻度盐渍化，然后依次为中度盐渍化、重度盐渍化、非盐渍化和盐土。土壤含盐量、变异系数、Cl^-和Na^+的浓度都随深度的增大不断下降，体现出该时期为蒸发较强的时期，作物收割后土壤表面蒸发加剧、积盐加快，土壤盐分呈表聚型特征。中度和重度盐渍化主要分布于临河区周边及其东北部、双河镇黄河沿岸和杭锦后旗至蛮会镇与白脑包镇之间的区域，部分分布于狼山镇北部和东南部区域，盐土主要零散分布于巴彦淖尔市周边及东北部的重度盐渍化之间。

（3）选取黏土含量、高程、地下水埋深和与渠系欧氏距离4个因子，利用地理探测器模型对表层土壤含盐量的异质性特征进行分析，结果表明，在单因素影响下，黏土含量对土壤含盐量的影响最大，说明黏土含量对临河区土壤盐渍化的发展有着至关重要的作用；地下水埋深与重度盐渍化的发展关系密切，地下水埋深为1.8～4 m时重度以上盐渍化较多。在双因素交互分析中，黏土含量、高程和地下水埋深交互作用后的非线性增加，而且增幅显著，说明在自然条件下土壤盐分的分布同时受到土壤质地、高程和地下水埋深等多种因素的影响；与渠系欧氏距离分区和黏土含量、高程交互作用后对临河区的土壤含盐量的解释力q均有较明显的提升，说明人类灌溉作用对土壤含盐量的分布也能够起到重要的作用。

（4）大部分表层土壤样品中的Cl^-和Na^+的浓度随着深度的增加而减小，与地下水埋深呈负相关关系。这表明研究区在该时期大气降水稀少、盐分溶解下渗减少的蒸发环境导致了表面盐分的积累。

参 考 文 献

安德玉, 2016. 黄河三角洲滨海盐渍土盐分含量野外高光谱估测与遥感反演[D]. 泰安: 山东农业大学.

柴华彬, 张俊鹏, 严超, 2018. 基于GA-SVR的采动覆岩导水裂隙带高度预测[J]. 采矿与安全工程学报, 35(2): 359-365.

陈桂红, 唐伶俐, 姜小光, 2006. 高光谱遥感图像特征选择和提取方法的比较: 基于试验区Barrax的HyMap数据[J]. 干旱区地理, 29(1): 143-149.

陈喜凤, 刘岭, 黄腾, 2014. 紧邻大型深基坑的地铁隧道沉降预测方法研究[J]. 现代隧道技术(6): 94-100.

丁建丽, 伍漫春, 刘海霞, 等, 2012. 基于综合高光谱指数的区域土壤盐渍化监测研究[J]. 光谱学与光谱分析, 32(7): 1918-1922.

管孝艳, 王少丽, 高占义, 等, 2012. 盐渍化灌区土壤盐分的时空变异特征及其与地下水埋深的关系[J]. 生态学报, 32(4): 198-206.

胡婕, 2019. 基于多源遥感的干旱地区土壤盐分反演研究[D]. 杭州: 浙江大学.

金雄伟, 马国桃, 张林奎, 等, 2020. 藏南扎西康矿集区土壤盐渍化空间分布及成因分析[J]. 沉积与特提斯地质, 40(4): 83-94.

李行, 2006. 植被高光谱遥感影像特征波段的选择方法研究[D]. 青岛: 山东科技大学.

刘建波, 2021. 松嫩平原苏打盐渍土区微地形下水盐运移规律及植物响应研究[D]. 长春: 中国科学院大学(中国科学院东北地理与农业生态研究所).

卢小平, 王双亭, 2012. 遥感原理与方法[M]. 北京: 测绘出版社.

罗代清, 黄勇奇, 王书珍, 等, 2016. 基于 Landsat5 TM 的麻城杜鹃花光谱分析与波段选择[J]. 湖北农业科学, 55(19): 4991-4994.

马娜, 胡云锋, 庄大方, 等, 2010. 基于最佳波段指数和 J-M 距离可分性的高光谱数据最佳波段组合选取研究: 以环境小卫星高光谱数据在东莞市的应用为例[J]. 遥感技术与应用, 25(3): 358-365.

马旭霞, 2019. 支持向量机理论及应用[J]. 科学技术创新(2): 13-14.

乔雯钰, 龙亦凡, 付杰, 2020. 基于波段组合的高光谱数据湿地分类研究[J]. 北京测绘, 34(5): 651-656.

邱元霖, 陈策, 韩佳, 等, 2019.植被覆盖条件下的解放闸灌域土壤盐分卫星遥感估算模型[J]. 节水灌溉(10): 108-112.

屈永华, 段小亮, 高鸿永, 等, 2009. 内蒙古河套灌区土壤盐分光谱定量分析研究[J]. 光谱学与光谱分析, 29(5): 1362-1366.

《数学辞海》编辑委员会, 2002. 数学辞海(第二卷)[M]. 北京: 中国科学技术出版社.

谭玉敏, 夏玮, 2014. 基于最佳波段组合的高光谱遥感影像分类[J]. 测绘与空间地理信息, 37(4): 19-22.

王劲峰, 徐成东, 2017. 地理探测器: 原理与展望[J]. 地理学报, 72(1): 116-134.

王思楠, 李瑞平, 李夏子, 2019. 基于综合干旱指数的毛乌素沙地腹部土壤水分反演及分布[J]. 农业工程学报, 35(13): 113-121.

王遵亲, 1993. 中国盐渍土[M]. 北京: 科学出版社.

吴明珠, 李小梅, 沙晋明, 2014. 亚热带土壤铬元素的高光谱响应和反演模型[J]. 光谱学与光谱分析, 34(6): 1660-1666.

肖捷颖, 王燕, 张倩, 等, 2013. 土壤重金属含量的高光谱遥感反演方法综述[J]. 湖北农业科学(6): 1248-1253, 1259.

徐驰, 2016. 基于遥感数据的盐渍农田四维水盐信息提取[D]. 武汉: 武汉大学.

杨峰, 张勇, 谌俊旭, 等, 2017. 高光谱数据预处理对大豆叶绿素密度反演的作用[J]. 遥感信息, 32(4): 64-69.

于雷, 洪永胜, 周勇, 等, 2016. 高光谱估算土壤有机质含量的波长变量筛选方法[J]. 农业工程学报, 32(13): 95-102.

张飞, 塔西甫拉提·特依拜, 丁建丽, 等, 2012. 塔里木河中游典型绿洲盐渍化土壤的反射光谱特征[J]. 地理科学进展, 31(7): 921-932.

赵庆展, 刘伟, 尹小君, 等, 2016. 基于无人机多光谱影像特征的最佳波段组合研究[J]. 农业机械学报, 47(3) : 242-248, 291.

赵新振, 2008. 基于遥感的矿区植被恢复调查方法的研究[D]. 郑州: 河南农业大学.

周利颖, 李瑞平, 苗庆丰, 等, 2021. 内蒙古河套灌区紧邻排干沟土壤盐渍化与肥力特征分析[J]. 干旱区研究, 38(1): 114-122.

周欣, 夏文俊, 赵阳, 2012. 盐渍土环境下考虑毛细作用氯离子侵蚀混凝土研究[J]. 公路交通科技(应用技术版), 8(12): 294-298.

朱春雷, 2011. 支持向量机中核函数和参数选择研究及其应用[D]. 南京: 南京农业大学.

朱文东, 杨帆, 2019. 潜水作用下土壤水盐运移过程[J]. 土壤与作物, 8(1): 11-22.

ALLBED A, KUMAR L, ALDAKHEEL Y Y, 2014. Assessing soil salinity using soil salinity and vegetation indices derived from IKONOS high-spatial resolution imageries: Applications in a date palm dominated region[J]. Geoderma, 230-231(7): 1-8.

BARNES R J, DHANOA M S, LISTER S J, et al., 2016. Standard normal variate transformation and de-trending of near-infrared diffuse reflectance spectra[J]. Applied spectroscopy, 43(5): 772-777.

BEN-DOR E, INBAR Y, CHEN Y, 1997. The reflectance spectra of organic matter in the visible near-infrared and short wave infrared region(400–2500 nm) during a controlled decomposition process[J]. Remote sensing of environment, 61(1): 1-15.

CHO K H, BEON M S, JEONG J C, 2018. Dynamics of soil salinity and vegetation in a reclaimed area in Saemangeum, Republic of Korea[J]. Geoderma, 321: 42-51.

CSILLAG F, PÁSZTOR L, BIEHL L L, 1993. Spectral band selection for the characterization of salinity status of soils[J]. Remote sensing of environment, 43(3) : 231-242.

FOURATI H T, BOUAZIZ M, BENZINA M, et al., 2015. Modeling of soil salinity within a semi-arid region using spectral analysis[J]. Arabian journal of geosciences, 8(12): 11175-11182.

HUGHES G F, HUGHES G, 1968. On the mean accuracy of statistical pattern recognizers[J]. IEEE transactions on information theory, 14(1): 55-63.

HUNT G R, 1977. Spectral signatures of particulate minerals in the visible and near infrared[J]. Geophysics, 42(3): 501-513.

HWANG C L, YOON K, 1981. Multiple attribute decision making methods and applications: A state-of-the-art survey[M]// BECKMANN M, KUNZI H P. Lecture notes in economics and mathematical systems, No. 186. Berlin: Springer-Verlag.

KAHAER Y, TASHPOLAT N, 2019. Estimating salt concentrations based on optimized spectral indices in soils with regional heterogeneity[J]. Journal of spectroscopy, 2019: 1-15.

SCUDIERO E, SKAGGS T H, CORWIN D L, 2015. Regional-scale soil salinity assessment using Landsat ETM+ canopy reflectance[J]. Remote sensing of environment, 169: 335-343.

WANG D C, ZHANG G L, ROSSITER D G, et al., 2016. The prediction of soil texture from visible-near-infrared spectra under varying moisture conditions[J]. Soil science society of America journal, 80(2): 420-427.

WANG J F, LI X H, CHRISTAKOS G, et al., 2010. Geographical detectors-based health risk assessment and its application in the neural tube defects study of the Heshun Region, China[J]. International journal of geographical information science, 24(1/2): 107-127.

XIAO Z Z, YI L, HAO F, 2016. Hyperspectral models and forcasting of physico-chemical properties for salinized soils in northwest China[J]. Spectroscopy and spectral analysis, 36(5): 1615-1622.

第 5 章
土壤盐渍化分异性及成因

　　由于长期引黄灌溉，河套灌区的土壤广泛次生盐渍化，严重影响了区域经济和生态的良性发展。本章通过对河套灌区西部土壤盐渍化现状进行调查，查明研究区内土壤盐渍化的程度、成因类型及其分布特征，并讨论影响土壤盐渍化的主要控制因素，构建河套地区土壤盐渍化成因模型，为干旱、半干旱地区土壤盐渍化的防治提供参考。

5.1 土壤盐渍化程度和分布特征

5.1.1 样品采集和测试

为了精确调查研究区内土壤盐渍化的程度和类型，以及地下水中的总溶解固体（total dissolved solids，TDS）含量对土壤盐渍化的影响，于 2018 年 9 月中旬采用网格均匀布点的方法在研究区内采集表层土壤样品 130 个和地下水样品 105 个，采样点位置如图 5-1 所示。

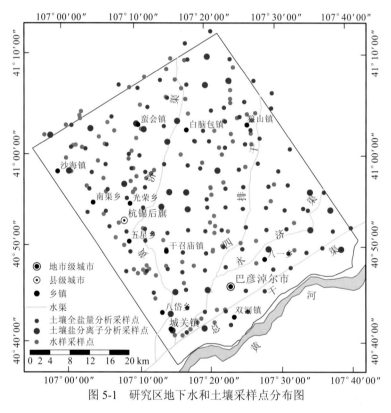

图 5-1　研究区地下水和土壤采样点分布图

所有采集的土样送回实验室风干，研磨，过 2 mm 筛后备用，然后以 1∶5 的土水比抽滤浸提后进行土壤 pH 和全盐量的分析。其中，土壤 pH 采用 HACH HQ40d 便携式多功能参数仪进行测定，全盐量采用电导法和重量法相结合的方法进行测定。为了进一步确定研究区盐渍化土壤的成因类型，选取了 26 个代表性土壤样品进行主要盐分离子浓度的测试。

土壤盐分采样点包括荒地和耕地，同时考虑覆盖不同程度盐渍化的土壤。采集土壤样品时，需刮去地表杂草植被层，使用取土钻自地表向下 20 cm 采集土壤样品。为了提高样品的代表性，土壤样品采集采用 5 点取样混合法，并用四分法留取样品。采样时记录土样状态、岩性、采样点坐标、天气状况、周边环境条件，样品保存应防止交叉污染（窦旭 等，2019；王佳丽 等，2011）。

对采集的地下水现场测定水温、pH、电导率 EC 及碱度。水温、pH、EC 利用校正好的 HACH HQ40d 便携式多功能参数仪测定，碱度用滴定法测定。用 0.45 μm 混合纤维脂微孔水系滤膜过滤水样，用于常规阴、阳离子的分析。其中，用于常规阳离子分析的水样用优级纯浓硝酸酸化至 pH<2。Cl^-、SO_4^{2-}、NO_3^- 等阴离子采用瑞士万通卓越系列 761 型号离子色谱仪进行测定，Ca^{2+}、Mg^{2+}、Na^+、K^+ 等阳离子采用 ICP-OES 进行测定。

5.1.2　盐渍化程度

研究区土壤浸提液的 pH、EC 和全盐量的分析结果见表 5-1 和表 5-2。由表 5-1 可知，土壤 pH、EC 和全盐量的变异系数均较大，表明研究区表层土壤盐渍化的分异性强，受不同自然条件及人为影响大。土壤 pH 的变化范围为 6.61～10.67，90%以上的土样的 pH 大于 8.0，50%以上的土样的 pH 大于 9.0（图 5-2），表明研究区表层土壤样品的碱性较大。土壤全盐量的变化范围为 0.02%～4.27%，盐渍化程度变化较大。

表 5-1　研究区土壤浸提液的 pH、EC 和全盐量统计

项目	极小值	极大值	均值	标准差	变异系数
pH	6.61	10.67	8.82	0.68	0.077
EC/（mS/cm）	0.04	9.88	1.19	1.93	1.622
全盐量/%	0.02	4.27	0.51	0.84	1.623

表 5-2　研究区表层土壤 pH、EC 和全盐量一览表

样品编号	pH	EC/（mS/cm）	全盐量/%	样品编号	pH	EC/（mS/cm）	全盐量/%
Y001	8.34	0.11	0.05	Y013	10.03	0.52	0.22
Y002	8.40	0.19	0.08	Y014	9.26	7.50	3.24
Y003	9.23	0.48	0.21	Y015	8.77	9.88	4.27
Y004	8.05	0.19	0.09	Y016	8.73	0.96	0.42
Y005	8.88	0.28	0.12	Y017	8.60	0.16	0.07
Y006	8.06	0.25	0.11	Y018	8.60	0.24	0.10
Y007	9.40	1.30	0.56	Y019	8.77	2.42	0.98
Y008	7.95	0.65	0.28	Y020	8.58	0.35	0.21
Y009	8.91	0.41	0.24	Y021	9.56	2.26	0.95
Y010	9.26	2.20	0.93	Y022	8.46	0.47	0.27
Y011	9.08	0.11	0.05	Y023	9.09	0.44	0.25
Y012	8.18	3.74	1.61	Y024	8.15	0.84	0.36

样品编号	pH	EC/（mS/cm）	全盐量/%	样品编号	pH	EC/（mS/cm）	全盐量/%
Y025	10.67	7.32	3.16	Y057	8.84	0.22	0.10
Y026	10.30	3.66	1.58	Y058	7.84	0.41	0.24
Y027	9.97	0.44	0.25	Y059	8.30	1.22	0.53
Y028	9.59	3.47	1.50	Y060	8.95	1.63	0.70
Y029	9.33	0.47	0.27	Y061	7.23	0.16	0.07
Y030	9.61	1.87	0.81	Y062	8.22	0.09	0.04
Y031	7.48	0.26	0.11	Y063	8.95	0.11	0.05
Y032	9.94	0.71	0.31	Y064	8.03	0.11	0.05
Y033	8.89	0.05	0.02	Y065	8.79	0.09	0.04
Y034	8.89	1.02	0.44	Y066	8.88	1.40	0.60
Y035	8.08	0.12	0.05	Y067	8.81	1.37	0.59
Y036	9.07	0.26	0.11	Y068	7.54	0.67	0.29
Y037	9.38	0.14	0.06	Y069	10.45	5.61	2.43
Y038	8.59	0.13	0.05	Y070	8.49	0.19	0.08
Y039	9.10	1.63	0.71	Y071	8.09	0.15	0.07
Y040	10.44	7.95	3.43	Y072	8.55	0.14	0.06
Y041	9.27	1.09	0.47	Y073	10.52	1.00	0.43
Y042	9.41	1.92	0.83	Y074	8.76	0.44	0.25
Y043	8.86	0.34	0.21	Y075	8.34	0.11	0.05
Y044	8.94	0.15	0.06	Y076	8.95	0.04	0.02
Y045	8.25	0.43	0.24	Y077	8.53	0.10	0.04
Y046	8.99	0.35	0.21	Y078	9.06	1.45	0.63
Y047	9.14	0.36	0.22	Y079	8.20	0.22	0.10
Y048	7.75	0.14	0.06	Y080	9.17	6.25	2.70
Y049	9.86	0.32	0.20	Y081	8.90	3.47	1.50
Y050	8.90	0.14	0.06	Y082	8.64	3.02	1.30
Y051	8.57	0.45	0.20	Y083	8.77	0.83	0.36
Y052	8.45	0.14	0.06	Y084	8.72	0.61	0.26
Y053	9.20	0.05	0.02	Y085	7.75	0.12	0.05
Y054	8.58	0.10	0.04	Y086	10.03	1.51	0.65
Y055	8.25	0.21	0.09	Y087	8.79	0.17	0.07
Y056	8.40	0.20	0.09	Y088	8.71	0.21	0.09

续表

样品编号	pH	EC/（mS/cm）	全盐量/%	样品编号	pH	EC/（mS/cm）	全盐量/%
Y089	10.20	0.36	0.22	LS12	8.56	0.16	0.07
Y090	8.69	0.17	0.07	LS13	8.05	9.01	3.89
Y091	8.81	1.03	0.44	LS14	8.94	5.65	2.44
Y092	9.41	0.38	0.22	LS15	8.80	0.26	0.11
Y093	8.94	0.11	0.05	LS16	8.33	0.09	0.04
Y094	9.24	6.40	2.77	LS17	9.09	1.63	0.71
Y095	8.96	0.40	0.23	LS18	10.06	2.37	0.97
Y096	9.50	2.87	1.24	LS19	9.06	0.14	0.06
Y097	8.21	0.16	0.07	LS20	8.46	0.19	0.08
Y098	8.36	0.21	0.09	LS21	9.97	2.23	0.96
Y099	6.61	0.15	0.07	LS22	8.59	0.22	0.09
Y100	8.95	0.26	0.11	LS23	8.19	0.71	0.31
LS01	9.38	0.92	0.40	LS24	8.73	0.43	0.25
LS02	9.00	1.06	0.43	LS25	8.04	0.19	0.08
LS03	9.02	1.14	0.49	LS26	8.29	0.28	0.12
LS04	8.07	0.39	0.23	LS27	9.19	0.47	0.20
LS05	8.65	1.15	0.50	LS28	8.30	0.47	0.20
LS06	8.36	0.17	0.07	LS29	9.40	1.65	0.71
LS07	8.03	0.56	0.24	LS30	8.06	0.47	0.20
LS08	9.59	0.45	0.25				
LS09	9.42	5.67	2.45				
LS10	8.25	0.22	0.10				
LS11	8.32	0.17	0.07				

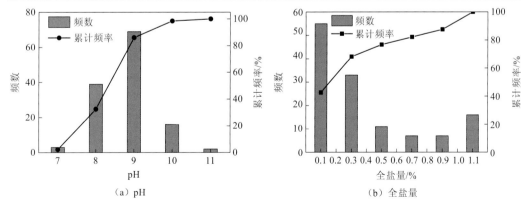

图 5-2 研究区土壤 pH 和全盐量的频率分布直方图

根据土壤盐碱化状况划分等级（周利颖 等，2021）（表 5-3），50%以上的土壤都已发生了盐渍化。其中，轻度盐渍化占 21.7%，中度盐渍化占 8.53%，重度盐渍化占 10.08%，盐土或碱土占 12.4%（图 5-2）。

表 5-3　土壤盐碱化状况划分等级

等级	划分指标
轻度盐渍化	耕层土含盐量在 0.2%～0.4%，一般作物缺苗 10%
中度盐渍化	耕层土含盐量在 0.4%～0.6%，一般作物缺苗 30%～50%
重度盐渍化	耕层土含盐量在 0.6%～1.0%，一般作物缺苗 50%～70%
盐土或碱土	耕层土含盐量在 1.0%以上，一般作物缺苗 70%以上，有的寸草不生

5.1.3　盐渍化空间分布特征

为了探究土壤面上样品的 EC 与全盐量的关系，分别采用重量法和电导法进行了土壤浸出液全盐量的分析。分析结果表明，灌区土壤的 EC 与全盐量的函数关系满足线性方程 $y = 0.432\,1x$，且相关系数 R^2 达到 0.963 9（图 5-3），说明土壤浸提液的 EC 可以用来有效反映土壤的盐碱化程度。

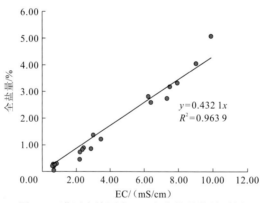

图 5-3　灌区土壤面上 EC 和全盐量的关系图

借助 ArcGIS 软件中的空间分析模块对研究区表层土壤数据进行插值，绘制了研究区土壤 pH 和全盐量的空间分布图（图 5-4 和图 5-5）。由图 5-4 可知，2018 年 9 月研究区大部分地区的土壤 pH 高于 8，变化范围为 8～10。狼山镇北侧和研究区东南角地区的土壤 pH 超过了 10，杭锦后旗西部局部地区和东部零星地区的土壤 pH 较低，为 6.6～8。

从盐渍化耕地的地理分布情况看，重度盐渍化及盐土主要分布在总干渠和黄济渠两侧地形较低的地区（图 5-5），洼地积盐较重，坡地积盐较轻，呈现大处在洼、小处在高的斑状分布，与刘梅等（2017）对杭锦后旗盐碱地现状的研究结果一致。从整体情况来看，研究区北部及东南部土壤盐渍化较重，蛮会镇、白脑包镇北部、杭锦后旗东南部和双河镇是盐土及重度盐渍化的主要分布区；而四排干上游两侧、八一乡与八岱乡北部、南渠乡和干召庙镇附近的土壤含盐量在 0.3%以下，土地盐渍化程度较轻（图 5-5）。

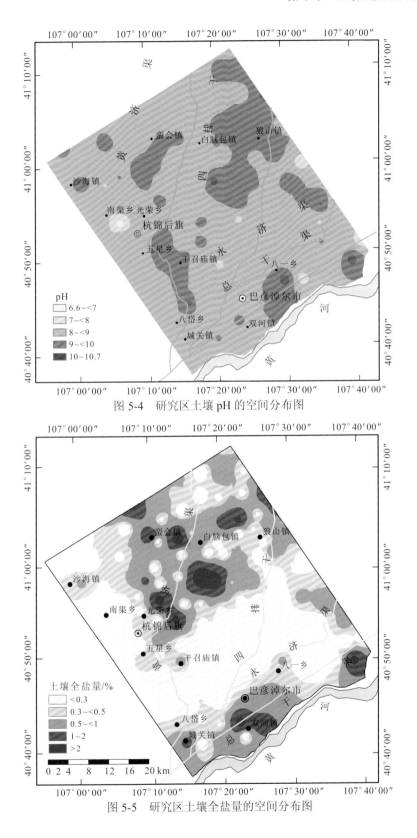

图 5-4　研究区土壤 pH 的空间分布图

图 5-5　研究区土壤全盐量的空间分布图

将 2018 年环境地质调查及室内分析和数据统计得到的盐渍化土地分布图与 2017 年同期盐渍化土地分布遥感解译图（图 3-10）比对发现，2018 年研究区土壤盐渍化调查结果与 2017 年遥感解译结果基本一致。盐渍化程度较严重的地区，如蛮会镇、狼山镇、双河镇和研究区中部与东南部耕地，农业活动强度大，为了提高农作物产量，高强度灌溉及施肥等活动加剧了土壤盐渍化的程度。

5.2 盐渍化类型及主要贡献离子

5.2.1 盐渍土类型

研究区 26 个代表性土壤样品（图 5-1）的主要盐分离子浓度统计见表 5-4。由表 5-4 的数据分析结果可知，表层土壤中各阴离子的平均浓度顺序为 SO_4^{2-} >Cl^->HCO_3^->CO_3^{2-}，各阳离子在表层土壤中的平均浓度顺序为 Na^+>Ca^{2+}>Mg^{2+}>K^+。NO_3^- 的浓度也较高，说明除了农业灌溉之外，化肥施用的影响也较大。

表 5-4 研究区表层土壤理化性质及盐分离子浓度统计一览表

项目	样品量	极小值	极大值	平均值	标准差	变异系数
pH	26	8.03	10.45	9.05	0.63	0.070
EC	26	0.11	5.80	1.42	1.59	1.118
TDS	26	82.38	4 984	1 184	1 412	1.193
Ca^{2+}	24	2.36	1253	111.8	276.8	2.476
K^+	26	1.65	148.2	31.09	47.60	1.531
Mg^{2+}	26	0.70	368.2	51.93	95.57	1.840
Na^+	26	11.44	932.0	221.9	231.1	1.042
F^-	20	0.24	1.2	0.54	0.22	0.410
Cl^-	26	5.42	1 730	298.0	461.4	1.548
NO_3^-	26	3.79	366.4	65.0	75.2	1.157
SO_4^{2-}	26	6.88	1854	381.4	466.1	1.222
CO_3^{2-}	26	0.00	87.55	9.62	19.43	2.019
HCO_3^-	26	22.04	83.94	43.08	14.13	0.328

注：浸提液中，EC 的单位为 mS/cm，盐分离子浓度的单位为 mg/L。

研究区土壤主要盐分离子的毫克当量（mEq/L）百分比扇形图（图 5-6）显示，区域土壤盐渍化的主要盐分贡献离子为 Na^+、SO_4^{2-} 和 Cl^-，碱性离子含量约占 11.9%，碱土金

属离子 Ca^{2+} 和 Mg^{2+} 的含量分别为 8.52% 和 5.84%。由此可见，研究区主要的可溶盐类型为 SO_4-Na 型和 $SO_4 \cdot Cl$-Na 型（表 5-5）。

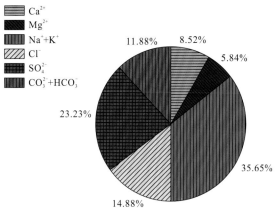

图 5-6　土壤浸提液中盐分离子的毫克当量（mEq/L）百分比扇形图

表 5-5　研究区表层土样的可溶盐类型

样品编号	类型	样品编号	类型
Y003	SO_4-Na	Y069	$SO_4 \cdot Cl$-Na·Ca
Y007	$SO_4 \cdot Cl$-Na	Y075	HCO_3-Na·Ca
Y012	$SO_4 \cdot Cl$-Na·Ca	Y078	$SO_4 \cdot Cl$-Na
Y013	$SO_4 \cdot Cl$-Na	Y082	$SO_4 \cdot Cl$-Na·Ca
Y021	$SO_4 \cdot Cl$-Na	Y083	$SO_4 \cdot Cl$-Na
Y022	$SO_4 \cdot Cl$-Na·Ca	Y089	HCO_3-Na
Y034	SO_4-Na	Y095	$HCO_3 \cdot SO_4$-Na
Y041	$SO_4 \cdot Cl$-Na	LS01	$SO_4 \cdot Cl$-Na
Y044	HCO_3-Na	LS07	$HCO_3 \cdot SO_4 \cdot Cl$-Na
Y045	SO_4-Na·Ca	LS11	HCO_3-Na
Y047	$HCO_3 \cdot SO_4 \cdot Cl$-Na	LS14	$SO_4 \cdot Cl$-Na
Y060	$SO_4 \cdot Cl$-Na	LS18	$SO_4 \cdot Cl$-Na
Y066	SO_4-Na	LS19	HCO_3-Na

5.2.2　主要贡献离子

为进一步分析盐渍土类型的成因，利用统计软件 SPSS Statistics 24.0 对研究区的土壤盐分测试数据进行了统计分析。以测定盐分离子组成的 26 个土壤样品为样本，选取 pH、EC 及主要离子浓度（mg/L）共 12 个变量进行双因子变量相关性分析。由表 5-6 可知，土壤 EC 与 Na^+、K^+、Mg^{2+}、Ca^{2+}、Cl^- 和 SO_4^{2-} 的离子浓度呈显著正相关关系，

与 HCO_3^- 和 F^- 呈负相关关系。

表 5-6　表层土样阴阳离子相关性分析

	pH	EC	CO_3^{2-}	HCO_3^-	F^-	Cl^-	NO_3^-	SO_4^{2-}	Ca^{2+}	Mg^{2+}	K^+	Na^+
pH	1.000	0.245	−0.255	0.191	0.109	0.296	−0.229	−0.072	0.238	0.185	0.015	0.359
EC		1.000	−0.275	−0.301	−0.612	**0.978**	0.313	**0.844**	**0.739**	**0.914**	**0.838**	**0.937**
CO_3^{2-}			1.000	0.447	0.058	−0.222	−0.266	−0.287	−0.121	−0.173	−0.228	−0.293
HCO_3^-				1.000	−0.108	−0.206	−0.389	−0.421	−0.321	−0.183	−0.332	−0.208
F^-					1.000	−0.570	−0.291	−0.607	−0.463	−0.535	−0.692	−0.514
Cl^-						1.000	0.226	0.732	0.739	0.955	0.770	0.924
NO_3^-							1.000	0.362	0.157	0.247	0.546	0.200
SO_4^{2-}								1.000	0.538	0.679	0.805	0.761
Ca^{2+}									1.000	0.742	0.723	0.513
Mg^{2+}										1.000	0.717	0.798
K^+											1.000	0.679
Na^+												1.000

　　将 pH 和主要离子浓度共 11 个变量作为土壤积盐的影响因子，进行主成分分析，结果见表 5-7。主成分分析法提取了 3 个主要因子（表 5-7），可解释土壤 11 个变量贡献率的 79.62%。第一主成分的贡献率为 54.02%，因子变量在盐分离子浓度中具有较高的正载荷，其中，Na^+、K^+、Mg^{2+}、Ca^{2+}、Cl^- 和 SO_4^{2-} 上的因子载荷分别是 0.87、0.86、0.91、0.77、0.96 和 0.81。这说明第一主成分代表土壤盐分离子组成并且以氯化物和硫酸盐为主，是土壤盐渍化的主要影响因素。第二主成分的贡献率为 14.09%，因子变量在 NO_3^-、SO_4^{2-}、F^- 和 K^+ 上载荷较大，说明第二主成分是土壤盐碱化受人类活动影响的主要表现。研究区 NO_3^- 的浓度较高，主要是受到灌溉、施肥等活动的影响，K^+ 的来源主要取决于土壤的母质及耕作、施肥状况。在旱季蒸发作用下，土壤干旱脱水引起浓缩，K^+ 失去被代换的自由，转化成缓效态钾被固定。第三主成分的贡献率为 11.51%，因子变量在 pH、HCO_3^-、F^- 和 Na^+ 上载荷较大，说明第三主成分是土壤碱性盐分的主要表现。研究区土壤的 pH 均值为 8.82，表现为碱性，其主要影响因素是重碳酸盐，高含量的重碳酸盐使土壤存在碱化危害。

表 5-7　研究区表层土样盐分变量的主成分分析结果

项目	F1	F2	F3
特征值	6.48	1.69	1.38
贡献率/%	54.02	14.09	11.51
累计贡献率/%	54.02	68.11	79.62

续表

项目	F1	F2	F3
pH	0.20	0.07	0.89
CO_3^{2-}	-0.13	-0.80	-0.22
HCO_3^-	-0.13	-0.84	0.24
F^-	-0.74	0.23	0.34
Cl^-	0.96	0.12	0.16
NO_3^-	0.27	0.46	-0.57
SO_4^{2-}	0.81	0.29	-0.25
Ca^{2+}	0.77	0.13	0.07
Mg^{2+}	0.91	0.08	0.08
K^+	0.86	0.23	-0.29
Na^+	0.87	0.19	0.22

5.3　土壤盐渍化成因分析

区域土壤盐渍化的主要影响因素包括地下水位和含盐量、灌溉方式、潜水蒸发等。除此之外，其他次要因素，如植物蒸腾作用、水循环强度、水-岩相互作用及灌溉水入渗导致的非饱和带盐分溶解也可能对土壤盐渍化产生影响。

5.3.1　地下水位及地下水含盐量

研究区地下水埋深普遍较浅［图 5-7（a）］，变化范围为 0.65～6.21 m，平均地下水埋深为 4.65 m。平原内 64.9%的采样点的地下水埋深小于 3 m。地下水埋深超过 5 m 的地下水样占 23.4%，且主要分布在狼山山前地带，大多在 10～20 m。地下水作为盐分运移的主要载体，土壤盐分受地下水位影响显著（江贵荣 等，2013；管孝艳 等，2012）。当地下水埋深小于临界深度（指不引起土壤严重积盐，且不危害作物生长的最小地下水埋深）时，地下水中的盐分会随毛细水不断向上迁移到耕作层和地表（景宇鹏 等，2016；杜军 等，2010）。据报道，河套灌区一般砂性土的地下水临界深度为 3 m 左右，黏性土为 5 m 左右（崔亚莉 等，2001）。对比图 5-5 与图 5-7（a）发现，中度至重度盐渍化地区对应的地下水埋深较浅，地下水埋深普遍小于 5 m。区域干旱、半干旱气候条件下，强烈的蒸发作用使得土壤盐分随地下水蒸发而向上迁移，蒸发后盐分留在土壤中，造成土壤盐渍化。

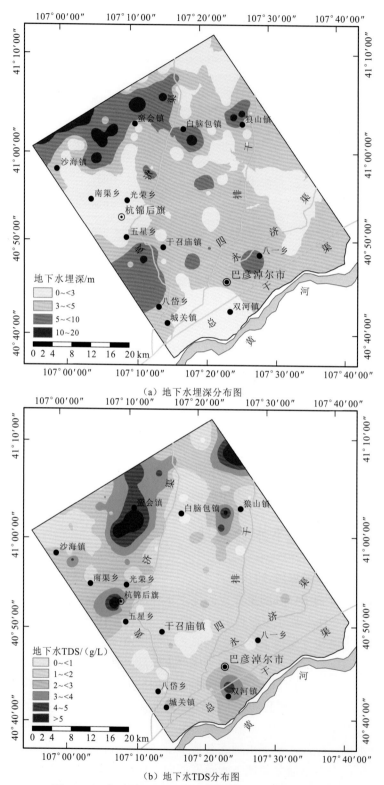

（a）地下水埋深分布图

（b）地下水TDS分布图

图 5-7　河套平原西部地下水埋深和地下水 TDS 分布图

对采集的 105 个监测点的地下水 TDS 含量的分析结果表明，80%的地下水为微咸水（1～24 g/L），20%为淡水（<1 g/L）。地下水 TDS 的平均值为 2.13 g/L，属于微咸水。EC 的变化范围为 0.69～10.89 mS/cm，平均值为 2.94 mS/cm。pH 的变化范围为 7.23～8.45，平均值为 7.75，呈弱碱性。TDS<1 g/L 的水样主要为 $Cl·HCO_3-Na$ 型、$Cl·SO_4·HCO_3-Na·Ca·Mg$ 型及 $Cl·HCO_3-Na·Mg$ 型水；$1 g/L≤TDS≤4 g/L$ 的水样主要为 $Cl·HCO_3-Na$ 型水；TDS>4 g/L 的水样主要为 Cl-Na 型水。高 TDS 地下水主要分布在蛮会镇、双河镇等地区，与盐土及重度盐渍化的主要分布区基本一致。

研究区浅层地下水埋深与 TDS 之间的关系（图 5-8）表明，TDS 含量大于 1.0 g/L 的地下水样，其地下水埋深普遍小于 3 m，说明蒸发作用对地下水 TDS 具有较大的影响，并影响着土壤盐分。部分地下水埋深较大的地区地下水 TDS 含量也较高，可能是由浅层和深层地下水之间存在水力联系，发生越流补给造成的。以土壤表层盐分含量为参考序列，对地下水埋深和 TDS 与土壤表层盐分含量进行灰色关联分析，结果表明，两者与表层土壤盐分含量的灰色关联度分别为 0.85 和 0.88，指示了地下水埋深和 TDS 对土壤盐渍化的重要影响。

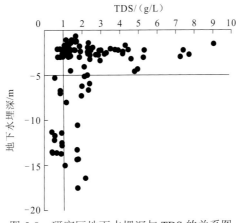

图 5-8 研究区地下水埋深与 TDS 的关系图

5.3.2 农业灌溉

灌溉对土壤盐渍化的影响有两面性：一方面，在灌溉过程中，表层土壤积累的盐分会随灌溉水进到深层土壤或含水层（Tefera and Sterk，2010；Tarchouna et al.，2010）；另一方面，大规模地表漫灌会抬高地下水位，导致更多的潜水蒸发和盐分的向上运动（王葆芳 等，2004）。河套灌区多采用大水漫灌方式，以引黄河水灌溉为主，年引水量为 $1.0×10^9～1.2×10^9 m^3$（史海滨 等，2020），每年灌水 7 次，包括 6 次作物生育期灌水和 1 次以压盐保墒为目的的秋浇。大量灌溉回水、入渗水使地下水位逐年抬高，由于有灌无排或排水不充分，侧向径流不畅，地下水排泄缓慢（Wang et al.，2020；Wu et al.，2014；Wang et al.，2008）。

研究区域位于半干旱地区，年均蒸发量高达 2 000～2 400 mm。在强烈的蒸发作用下，地下水和地下非饱和带中的盐分会向上运移，水走盐留，盐分在土壤表层积累，逐渐引起次生盐渍化。河套灌区年均引入盐量 2.8×10^6 t 左右，排出 $8 \times 10^5 \sim 1.3 \times 10^6$ t，每年积盐达 $1.2 \times 10^6 \sim 1.5 \times 10^6$ t。潜水蒸发是加速土壤次生盐渍化的自然力，在强烈的蒸发作用下，不仅地下水 TDS 含量升高，浅埋深的地下水也促使地下水中的盐分不断向表土运移，诱发土壤次生盐渍化（马贵仁 等，2021；刘君 等，2013；Yu et al.，2010）。

前期对浅层地下水水化学和氢氧同位素的分析发现，区内地下水样氢氧同位素线性拟合蒸发线的斜率为 4.8（$\delta D = 4.8\delta^{18}O - 28.2$），小于当地大气降水线（包头气象站数据，$\delta D = 6.4\delta^{18}O - 4.07$）的斜率（曾邯斌 等，2021），说明区域内地下水受蒸发浓缩作用的影响较大。区内地势低洼且水位埋深较浅的地区，浅层地下水通过蒸发作用排泄，导致局部地区的地下水不断浓缩，形成 TDS 含量极高的地下水。通过建立 K^+、$\delta^{18}O$ 和 TDS 的关系来探讨作物水分汲取对区域地下水的影响，结果表明，植物汲取的水分通过蒸腾作用进入大气，这也是农耕区域浅层地下水排泄的一个重要途径。

5.4　土壤盐渍化成因模型

河套平原是以黄河水为主要灌溉水源的农业区，在引黄灌溉过程中，大量灌溉回水入渗，且每年冬季大规模灌水压盐。这一方面淋溶非饱和带盐分进入地下水，增加了灌区地下水的含盐量；另一方面提高了区域地下水位，增大了水力梯度，从而加剧了地下水循环（Fan et al.，2012）。

土壤盐渍化成因模型如图 5-9 所示。在自然因素方面，研究区温差大，降水稀少，蒸发作用强烈，加之区内潜水埋深普遍小于 5 m（图 5-7），形成了巨大的蒸发场。长年累月的强烈蒸发作用使得深层土壤和浅层地下水中的盐分随毛细作用上升，并积聚于土壤表层，导致土壤盐渍化。在人为因素方面，研究区长期采用地表漫灌进行农作物灌溉和冬季压盐，淋滤和补给共同作用下，灌区地下水含盐量和水位逐渐升高，尤其是黄河河岸带，地下水水头较高，地下水逐渐向北进入冲积平原，并进一步促进地下水系统中

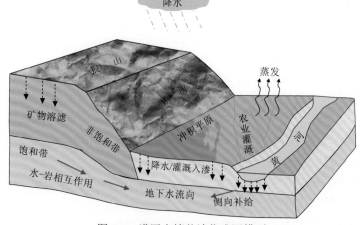

图 5-9　灌区土壤盐渍化成因模型

的水-岩相互作用，从而使得平原前缘地带的地下水盐度提高。另外，由于狼山山前的侧向补给和总排干水的渗入，山前冲积扇上部地下水位升高，向南部平原区径流。因此，地质构造和气候特征决定了灌区内的水循环过程为灌溉（降水）—下渗—潜水蒸发。在强烈的地下水蒸发和植物蒸腾（蒸散）作用下，随着灌区地下水位的逐渐升高，地下水中的盐分向地表迁移，在地表集聚，发生土壤次生盐渍化。

由 5.3.1 小节已知，TDS 含量大于 1.0 g/L 的地下水监测点的地下水埋深普遍小于 3 m（图 5-8）。作物生育期内的潜水埋深为 1.0～1.5 m，秋浇期埋深近 0.5 m，潜水蒸发严重，盐分表聚现象明显。在总排干附近，地下水埋深较大，地下水 TDS 含量和土壤盐渍化程度仍较高。这是由排干水含盐量高，下渗后蒸发返盐造成的。

总体而言，河套灌区土壤盐渍化具有天然和人为双重影响因素，冬季灌溉洗盐和灌溉回水淋溶，在一定时期、一定程度上可以缓解盐渍化。但是，长期引水灌溉和强烈的蒸发作用，使得次生盐渍化逐年严重。采取有效措施将地下水埋深降低，控制在 1.8～2.2 m，既有利于作物生长，又能在一定程度上缓解土壤次生盐渍化。

5.5　本 章 小 结

研究区土壤盐渍化程度变化较大，土壤全盐量为 0.02%～4.27%。轻度盐渍化占 21.7%，中度盐渍化占 8.53%，重度盐渍化占 10.08%，盐土或碱土占 12.4%。主要的盐分类型为 SO_4-Na 型和 $SO_4 \cdot Cl$-Na 型。重度盐渍化及盐土主要分布在主干渠和黄济渠两侧地势较低的地区及其中下游地带，交接洼地处积盐较重，坡地积盐较轻，呈现大处在洼、小处在高的斑状分布。研究区北部及东南部土地盐渍化较重，蛮会镇、白脑包镇北部、杭锦后旗东南部和双河镇是盐土及重度盐渍化的主要分布区。

研究区浅层地下水 TDS 的平均值为 2.13 g/L，属于微咸水，呈弱碱性，主要水化学类型为 $Cl \cdot HCO_3$-Na 型和 Cl-Na 型。平均地下水埋深为 4.65 m，64.9%调查点的地下水埋深小于 3 m，长期漫灌引起的地下水位抬升和强烈的蒸发浓缩形成的高 TDS 地下水是土壤盐渍化的直接原因。长期引黄灌溉引起的浅层地下水埋深的变浅、强烈的潜水蒸发是影响冲积平原土壤盐渍化的主要因素。大量灌溉回水入渗，淋溶非饱和带盐分进入地下水，不仅增加了灌区地下水的含盐量，而且提高了地下水位，增大了水力梯度，加剧了地下水循环。由于地下水循环加剧，高盐化地下水向北进入冲积平原，提高了前缘地带的地下水盐度，促进了含水层中的水-岩相互作用。狼山山前大量的侧向补给和灌溉水的渗入导致冲积平原的地下水位进一步抬升，在强烈的地下水蒸发和植物蒸腾（蒸散）作用下，土壤发生次生盐渍化。

参 考 文 献

崔亚莉, 邵景力, 韩双平, 2001. 西北地区地下水的地质生态环境调节作用研究[J]. 地学前缘(1):

191-196.

窦旭, 史海滨, 苗庆丰, 等, 2019. 盐渍化灌区土壤水盐时空变异特征分析及地下水埋深对盐分的影响[J]. 水土保持学报, 33(3): 246-253.

杜军, 杨培岭, 李云开, 等, 2010. 河套灌区年内地下水埋深与矿化度的时空变化[J]. 农业工程学报, 26(7): 26-31, 391.

管孝艳, 王少丽, 高占义, 等, 2012. 盐渍化灌区土壤盐分的时空变异特征及其与地下水埋深的关系[J]. 生态学报, 32(4): 198-206.

江贵荣, 刘延锋, 杨霄翼, 等, 2013. 干旱区剖面土壤盐分空间变异特征及随机模拟[J]. 地质科技情报, 32(2): 144-149.

景宇鹏, 段玉, 妥德宝, 等, 2016. 河套平原弃耕地土壤盐碱化特征[J]. 土壤学报, 53(6): 1410-1420.

刘君, 郭华良, 刘福亮, 等, 2013. 包头地区大气降水 δD 和 $\delta^{18}O$ 变化特征浅析[J]. 干旱区资源与环境, 27(5): 157-162.

刘梅, 于东洋, 刘宇杰, 等, 2017. 杭锦后旗盐碱地现状及改良措施[J]. 内蒙古农业科技, 45(3): 58-61.

马贵仁, 屈忠义, 王丽萍, 等, 2021. 基于ArcGIS空间插值的河套灌区土壤水盐运移规律与地下水动态研究[J]. 水土保持学报, 35(4): 208-216.

史海滨, 杨树青, 李瑞平, 等, 2020. 内蒙古河套灌区水盐运动与盐渍化防治研究展望[J]. 灌溉排水学报, 39(8): 1-17.

王葆芳, 杨晓晖, 江泽平, 2004. 引黄灌区水资源利用与土壤盐渍化防治[J]. 干旱区研究, 21(2): 139-143.

王佳丽, 黄贤金, 钟太洋, 等, 2011. 盐碱地可持续利用研究综述[J]. 地理学报, 66(5): 673-684.

曾邯斌, 苏春利, 谢先军, 等, 2021. 河套灌区西部浅层地下水咸化机制[J]. 地球科学, 46(6): 2267-2277.

周利颖, 李瑞平, 苗庆丰, 等, 2021. 内蒙古河套灌区紧邻排干沟土壤盐渍化与肥力特征分析[J]. 干旱区研究, 38(1): 114-122.

FAN X, PEDROLI B, LIU G, et al., 2012. Soil salinity development in the Yellow River Delta in relation to groundwater dynamics[J]. Land degradation and development, 23(2): 175-189.

TARCHOUNA L G, MERDY P, RAYNAUD M, et al., 2010. Effects of long-term irrigation with treated wastewater. Part I: Evolution of soil physico-chemical properties[J]. Applied geochemistry, 25(11): 1703-1710.

TEFERA B, STERK G, 2010. Land management, erosion problems and soil and water conservation in Fincha'a watershed, western Ethiopia[J]. Land use policy, 27(4): 1027-1037.

WANG J, LIU Y, WANG S, et al., 2020. Spatial distribution of soil salinity and potential implications for soil management in the Manas River watershed, China[J]. Soil use and management, 36(1): 93-103.

WANG Y, LI Y, XIAO D, 2008. Catchment scale spatial variability of soil salt content in agricultural oasis, northwest China[J]. Environmental geology, 56(2): 439-446.

WU J, LI P, QIAN H, et al., 2014. Assessment of soil salinization based on a low-cost method and its influencing factors in a semi-arid agricultural area, northwest China[J]. Environmental earth sciences, 71(8): 3465-3475.

YU R, LIU T, XU Y, et al., 2010. Analysis of salinization dynamics by remote sensing in Hetao Irrigation District of north China[J]. Agricultural water management, 97(12): 1952-1960.

第 6 章

河套灌区浅层地下水咸化机制

　　土壤盐渍化多发生于干旱、半干旱地带。蒸发作用是干旱、半干旱浅层地下水的重要排泄方式，水分蒸发的同时，盐分留存于土壤非饱和带，所以蒸发作用是干旱区盐渍化的主要推动力。另外，潜水埋藏深度是其受蒸发作用影响程度的重要因素。河套灌区由于多年引黄灌溉，地下水埋深较浅，蒸发作用强烈，饱和带对非饱和带的水盐供给效应明显（卢晶 等，2020）。明确灌区饱和带盐分分布、水-岩作用过程及盐分积累机制是灌区盐渍化成因分析及治理的重要前提。本章通过对河套灌区西部浅层地下水水化学特征的研究，分析区内地下水的水化学特征、补给来源、水-岩作用过程，以及地下水咸化机制和影响因素。

6.1　地下水水化学特征及空间分布

6.1.1　地下水水化学特征

2019 年 7 月在河套灌区西部临河区采集浅层地下水样 74 件（图 6-1），分别进行阴离子、阳离子和氢氧同位素的测试。研究区浅层地下水水化学数据统计见表 6-1。区内浅层地下水的 pH 介于 7.23～8.45，平均为 7.77，呈弱碱性。EC 和 TDS 变幅较大，EC 的变化范围为 0.69～10.32 mS/cm，平均值为 2.98 mS/cm，TDS 的变化范围为 371～7 599 mg/L，平均值为 1 914 mg/L。参照《地下水质量标准》（GB/T 14848—2017）（中华人民共和国国家质量监督检验检疫总局和中国国家标准化管理委员会，2017），所采样品中仅 3 件符合 II 类水 TDS 标准，13 件样品属 III 类水，31 件为 IV 类水，27 件为 V 类水。地下水中主要阳离子 Na^+、Mg^{2+} 和 Ca^{2+} 的浓度变化范围分别为 44.9～2 308.1 mg/L、11.1～553.4 mg/L 和 6.9～205.5 mg/L，平均值分别为 449.3 mg/L、96.3 mg/L 和 86.0 mg/L；K^+ 浓度较低，变化范围为 0.91～13.74 mg/L，平均值为 4.07 mg/L；地下水中主要阴离子 Cl^-、SO_4^{2-} 和 HCO_3^- 的浓度变化范围分别为 30.3～3 808.7 mg/L、15.6～2 262.0 mg/L 和 269～1 407 mg/L，平均值分别为 449.8 mg/L、331.2 mg/L 和 659 mg/L。

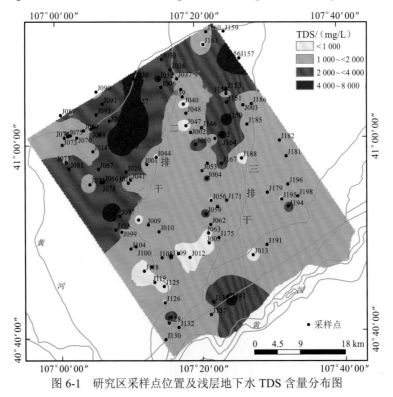

图 6-1　研究区采样点位置及浅层地下水 TDS 含量分布图

表 6-1　研究区浅层地下水主要水化学指标统计表

项目	A 组 300 mg/L<TDS≤500 mg/L (n=3)			B 组 500 mg/L<TDS≤1 000 mg/L (n=13)			C 组 1 000 mg/L<TDS≤2 000 mg/L (n=31)			D 组 TDS>2 000 mg/L (n=27)		
	最小值	最大值	平均值	最小值	最大值	平均值	最小值	最大值	平均值	最小值	最大值	平均值
pH	7.40	7.93	7.75	7.75	8.45	7.88	7.23	8.37	7.81	7.36	8.08	7.67
EC/(mS/cm)	0.69	0.72	0.70	0.92	1.60	1.26	1.66	2.98	2.14	3.07	10.32	5.03
TDS/(mg/L)	371	434	404	503	953	766	1 019	1 817	1 287	2 061	7 599	3 356
K^+浓度/(mg/L)	1.74	3.15	2.21	2.21	3.96	3.16	0.91	6.14	3.49	2.47	13.74	6.05
Na^+浓度/(mg/L)	44.9	99.8	71.0	89.7	227.9	140.9	176.8	521.2	325.7	316.8	2 308.1	959.7
Ca^{2+}浓度/(mg/L)	16.3	67.1	44.9	24.3	123.6	81.2	6.9	182.5	74.8	17.5	205.5	104.6
Mg^{2+}浓度/(mg/L)	21.8	36.3	29.6	36.9	72.4	53.0	11.1	123.1	66.5	39.5	553.4	174.2
HCO_3^-浓度/(mg/L)	357	455	395	269	519	411	283	1 026	627	368	1 407	875
SO_4^{2-}浓度/(mg/L)	15.6	29.3	20.9	80.9	224.9	159.6	109.9	451.9	255.6	162.9	2 262.0	581.5
NO_3^-浓度/(mg/L)	0.60	2.43	1.52	0.53	3.77	1.84	0.84	31.08	4.36	2.22	67.46	7.48
Cl^-浓度/(mg/L)	30.3	46.9	36.4	75.0	167.4	120.7	138.7	446.9	243.3	401.1	3 808.7	1 180.4

注：n 为样品件数。

为了便于分析，后面将四类水质的水样分为四组，分别以 A 组、B 组、C 组和 D 组代称（表 6-1）。具有相近 TDS 的水样的水化学类型十分相似（图 6-2）。A 组地下水样的阴离子以 HCO_3^- 为主，占阴离子总量的 90%以上；阳离子中 Na^+、Ca^{2+}、Mg^{2+} 的毫克当量百分数均超过 25%，主要水化学类型为 HCO_3-Na·Mg·Ca 型。B 组地下水样的阴离子仍以 HCO_3^- 为主，但较 A 组地下水 Cl^-、SO_4^{2-} 的占比明显升高；阳离子分布与 A 组相近，主要水化学类型为 HCO_3-Na·Mg·Ca 型。C 组地下水样的阴离子以 HCO_3^- 和 Cl^- 为主，HCO_3^- 的占比略高于 Cl^-；阳离子以 Na^+ 为主，绝大部分 C 组地下水 Na^+ 的占比超过 40%，50%的 C 组地下水 Na^+ 的占比达到 60%及以上，主要水化学类型为 HCO_3·Cl·SO_4-Na 型和 HCO_3·Cl·SO_4-Na·Mg·Ca 型。D 组地下水样的阴离子以 Cl^- 为主，且半数水样的 Cl^- 占比超过 50%；阳离子以 Na^+ 为主，部分水样 Ca^{2+}、Mg^{2+} 的占比超过 25%，主要水化学类型为 Cl-Na 型。随着 TDS 的增大，区内浅层地下水的水化学类型由 HCO_3-Na·Mg·Ca 型逐步向 Cl-Na 型过渡。

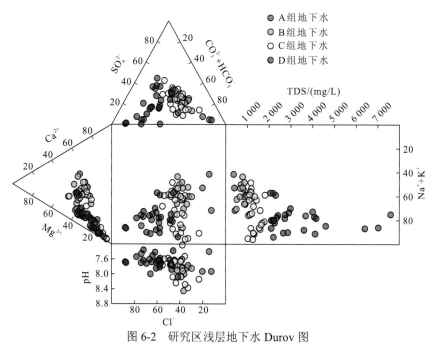

图 6-2　研究区浅层地下水 Durov 图

6.1.2　水化学组分空间分布

利用 ArcGIS 软件的统计模块（反距离权重法）对水样的 TDS 数据进行插值分析，得到研究区浅层地下水的 TDS 分布情况（图 6-1）。受黄河补给影响，区内 TDS 为 300～1000 mg/L 的浅层地下淡水主要分布于临河区周边地带，二排干和三排干沿途也有零星分布。以二排干为界，其以西的浅层地下水普遍较咸，TDS 大于 2 000 mg/L；其以东除临河区周边及二排干和三排干沿渠部分地区外，普遍分布有微咸地下水，TDS 为 1 000～2 000 mg/L。研究区浅层地下水的 TDS 整体偏高，由黄河到山前区域呈现逐步咸化的趋势，咸水与微咸水的分布以二排干为界，二排干以东主要分布微咸水可能与灌溉期排干间的相互水利影响有关。

研究区浅层地下水中的主要离子浓度分布见图 6-3。浓度参照《地下水质量标准》（GB/T 14848—2017）进行分类，图中 Na^+、Cl^- 和 SO_4^{2-} 的第一浓度分级均为《地下水质量标准》（GB/T 14848—2017）中 III 类水的标准限值，第二类为 IV 类水标准，其后则按照浓度进行划分，Ca^{2+}、Mg^{2+} 和 HCO_3^- 的分类规则无参照标准，以相同浓度间隔进行划分。

由图 6-3（a）可知，地下水中 Na^+ 的浓度高值区与 TDS 相近，均分布于杭锦后旗及杭锦后旗北部，以二排干为界，其西部大面积分布高 Na^+ 浓度（V 类水）的浅层地下水，东部地下水则普遍为 III 类或 IV 类水。Na^+ 浓度低值区则主要分布于临河区周边地区。Mg^{2+} 浓度无地下水质量标准规范，但等间距分类结果见图 6-3（b），其浓度高值区与 Na^+ 浓度和 TDS 高值区相同，但低值区与两者略有不同，主要分布于临河区以北二、三排干之间的区域，接近山前的区域也存在少量 Mg^{2+} 浓度低值。Ca^{2+} 浓度分布与 TDS 及其他主要离子浓度分布的差异较大[图 6-3（c）]，由于缺少标准进行对比，采用等梯度进行划分。由图 6-3（c）可见，Ca^{2+} 浓度高值区的分布较为分散，主要分布于杭锦后旗和乌拉特后旗以西的小块区域，二、三排干和总干渠周边也有零星分布。低值区主要分布于二排干和三排干之间的靠北区域。

区域 Cl^- 浓度差异极大[图 6-3（d）]，高值区（Cl^- 浓度大于 1 000 mg/L）分布于二排干以西，且面积较大，低值区面积同样较大，III 类及以下地下水的分布面积几乎占全部研究区面积的一半。二、三排干之间的小块区域分布有 Cl^- 浓度在 500～1 000 mg/L 的地下水。SO_4^{2-} 浓度的分布与 TDS 差异较大[图 6-3（e）]，主要体现在杭锦后旗以北大片 TDS 高值区的 SO_4^{2-} 浓度较低，且研究区内大部分区域的 SO_4^{2-} 浓度符合或低于 III 类水标准，仅杭锦后旗及乌拉特后旗周边区域分布有较大范围的 SO_4^{2-} 浓度高值区，SO_4^{2-} 浓度与城市分布可能存在一定的关联。HCO_3^- 浓度高值区[图 6-3（f）]仅在二排干以西少量地区（杭锦后旗周边及乌拉特后旗以东少量地区）分布，其余地区的 HCO_3^- 浓度在 900 mg/L 以下。

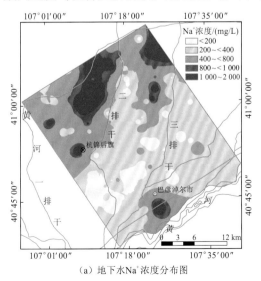

（a）地下水 Na^+ 浓度分布图

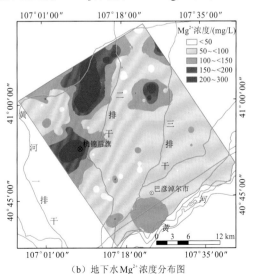

（b）地下水 Mg^{2+} 浓度分布图

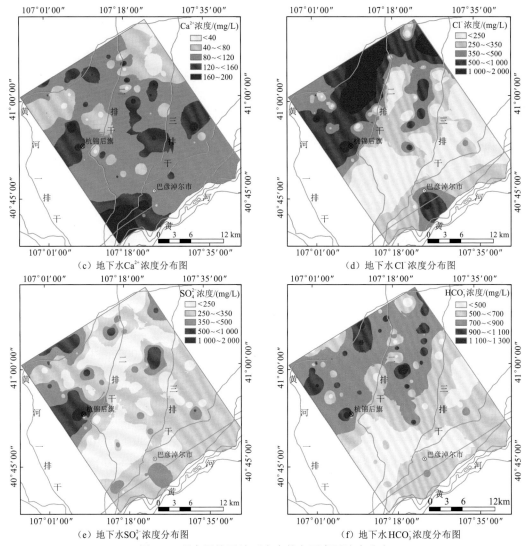

图 6-3　研究区浅层地下水中的主要离子浓度分布

　　总体而言，除 Ca^{2+} 外，其余主要离子均呈现出由黄河到山区浓度逐步增大的特征，该特征在二排干以西区域尤为明显。由主要离子的浓度分布情况可知，区域浅层地下水的 TDS 高值区可大致分为两类：其一为杭锦后旗（远离黄河或山前的城市地带），受城市人类活动的影响较为明显，所有主要离子浓度均较高；其二为杭锦后旗以北的大面积农田，此处 Ca^{2+}、SO_4^{2-} 和 HCO_3^- 的浓度均较低，但 Cl^-、Na^+ 的浓度极高，推测与缺少淡水补给且蒸发作用强烈有关。

6.2 地下水补给来源及蒸发作用

6.2.1 地下水补给

δD 和 $\delta^{18}O$ 稳定同位素的组成特征是地下水补给来源和运移过程的重要示踪剂（Min et al.，2007；Zhu et al.，2007）。研究区地下水的 δD 和 $\delta^{18}O$ 的变化范围较大，δD 介于 $-83.4‰\sim-50.7‰$，$\delta^{18}O$ 介于 $-11.2‰\sim-5.6‰$（表 6-2）。大部分水样点分布于当地大气降水线（包头气象站数据 $\delta D=6.4\delta^{18}O-4.07$）（刘君 等，2013）以下，与黄河水的氢氧同位素组成（范百龄 等，2017）接近，表明黄河水和大气降水是区域浅层地下水的主要补给来源（图 6-4）。

所有水样点均处于当地大气降水线下方（图 6-4），线性拟合所得蒸发线斜率为 4.8（$\delta D=4.8\delta^{18}O-28.2$），小于当地大气降水线斜率，说明区域内地下水受蒸发浓缩作用的影响较大。a 区水样主要分布于临河区周边、二排干以东和三排干两侧沿岸，由于其分布区受黄河水及引黄灌溉用水的影响，氢氧同位素组成接近黄河水，含盐量较低；b 区水样分布于二排干以西，该区域地下水的含盐量极高，富集重同位素，受蒸发作用影响；c 区水样分布于乌拉特后旗西南侧，靠近狼山山脉，受山前地下水混合作用影响，重同位素含量和含盐量明显低于 b 区。

水样 H-20、H-53 和 H-54 的 TDS 极高，与其采样点局部地貌有关。水样 H-20、H-53 和 H-54 监测点的地面高程分别为 1 025.6 m、1 030.8 m 和 1 026.4 m，均低于研究区平均地面高程 1 031 m，且地下水埋深较浅。区域浅层地下水不断向低洼地带汇集，并通过蒸发作用排泄，导致局部地区的地下水不断浓缩，形成极高 TDS 含量的地下水。水样 LH-2 的氢氧同位素含量异常，其地下水埋深较大，为 13.5 m，而灌区 7 月地下水埋深的平均值为 2 m（杜军 等，2010），由此推测水样 LH-2 可能为深层承压水，主要接受山区降水补给，受蒸发作用的影响较小，水样点接近当地大气降水线，且 TDS 偏低。

6.2.2 蒸发与蒸腾作用

Cl^- 与 $\delta^{18}O$ 的关系可指示地下水运移过程中经历的多种水文地球化学作用（Xie et al.，2012）。研究区浅层地下水 Cl^- 和 $\delta^{18}O$ 的关系[图 6-5（a）]存在三种趋势：①$\delta^{18}O$ 急剧升高而 Cl^- 浓度几乎不发生改变，不同 $\delta^{18}O$ 含量的低 TDS 地下水相互混合，使水样的 $\delta^{18}O$ 发生变化而 Cl^- 浓度始终处于较低状态，这是侧向和深层低 Cl^- 浓度地下水补给潜水时混合作用的结果；②$\delta^{18}O$ 与 Cl^- 浓度具有明显的相关性，随着 Cl^- 浓度的增大，$\delta^{18}O$ 趋于富集，说明地下水受蒸发浓缩作用的影响；③Cl^- 浓度急剧升高而 $\delta^{18}O$ 缓慢增大，该趋势斜率小于蒸发作用斜率，且 Cl^- 浓度较高，为溶滤作用和蒸发作用的混合作用结果。

表6-2 研究区浅层地下水的氢氧同位素组成

样品	δD/‰	$\delta^{18}O$/‰	TDS/(mg/L)	高程/m	井深/m	样品	δD/‰	$\delta^{18}O$/‰	TDS/(mg/L)	高程/m	井深/m
LH-2	-50.7	-5.6	1 035.1	1 030.8	13.5	H-47	-70.6	-8.5	1 293.2	1 039.9	—
H-15	-78.9	-10.4	2 662.3	1 027.4	11.4	H-48	-75.6	-9.4	4 115.4	1 030.7	—
H-17	-77.4	-10.5	1 426.6	1 031.9	2.6	H-53	-77.9	-9.7	6 406.1	1 030.8	—
H-18	-82.4	-11.2	2 863.7	1 033.1	2.5	H-54	-76.7	-9.0	7 598.6	1 026.4	2.4
H-19	-83.4	-10.6	4 083.6	1 036.1	1.7	LH-56	-78.2	-10.1	1 136.7	1 037.4	—
H-20	-78.9	-10.0	7 029.4	1 025.6	2.5	LH-57	-75.3	-10.0	1 019.4	1 033.9	5.1
H-21	-72.7	-8.9	3 999.5	1 027.9	—	LH-60	-67.9	-8.0	794.1	1 036.1	—
H-22	-79.9	-9.8	4 601.6	1 031.2	—	LH-61	-76.8	-10.1	1 278.2	1 031.0	2.2
H-25	-65.9	-7.8	3 680.5	1 028.3	8.0	H-63	-74.2	-10.0	1 261.2	1 027.8	—
H-26	-71.7	-9.8	1 035.4	1 029.1	2.1	LH-65	-78.6	-10.3	2 266.5	1 031.8	—
H-28	-78.0	-10.5	1 330.2	1 030.9	—	LH-66	-73.8	-10.1	1 170.3	1 034.7	—
LH-34	-78.5	-9.9	2 358.4	1 033.1	2.9	LH-69	-79.7	-11.0	1 179.8	1 030.1	2.2
H-40	-65.6	-7.6	1 143.3	1 034.3	1.1	LH-70	-78.9	-11.1	872.9	1 026.5	2.7
H-41	-71.8	-8.8	1 221.7	1 031.2	2.2	LH-71	-81.3	-11.0	665.5	1 034.3	3.0
H-42	-66.2	-7.5	1 553.1	1 030.4	—	LH-72	-71.0	-9.7	1 089.7	1 034.1	—
H-46	-68.2	-8.2	2 193.8	1 031.8	1.2	LH-73	-70.9	-9.4	2 225.8	1 030.6	—

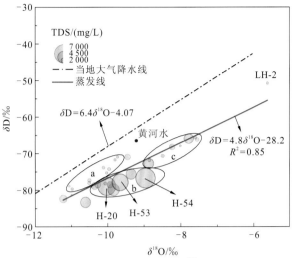

图 6-4　研究区浅层地下水 δD 与 $\delta^{18}O$ 及 TDS 的关系

为探究作物水分汲取对区域地下水的影响情况，建立了 K^+、$\delta^{18}O$ 和 TDS 的关系［图 6-5（b）］，同样存在三种趋势。趋势一为 $\delta^{18}O$ 随 K^+ 浓度的升高而升高，与 Cl^- 和 $\delta^{18}O$ 的关系类似，是蒸发浓缩作用的结果。趋势二为 $\delta^{18}O$ 随 K^+ 浓度的升高而降低，灌区农业发达，推测为农用钾肥随灌溉水进入地下水，导致浅层地下水的 K^+ 浓度骤增，淋滤水与地下水的混合作用导致 $\delta^{18}O$ 缓慢下降。将中低 K^+ 浓度点位与采样地点结合分析发现，二排干以东至三排干以西区域内，浅层地下水中的 K^+ 浓度随地下水的流动过程不增反降，且 $\delta^{18}O$ 无明显变化，这是灌区作物吸水的体现。K^+ 作为植物的营养元素被吸收利用，导致地下水中的 K^+ 浓度下降，而植物在吸收 K^+ 和水分的过程中水体中的氢氧同位素无贫化或富集现象（Ellsworth and Williams，2007），导致该趋势的产生，最终植物汲取的水分通过蒸腾作用进入大气，是浅层地下水排泄的一个重要途径。

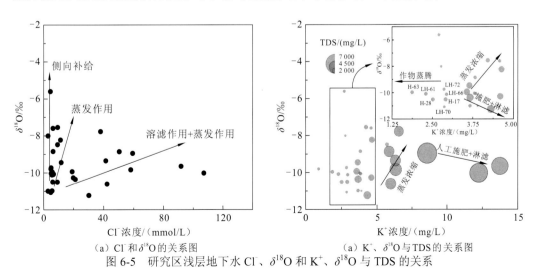

（a）Cl^- 和 $\delta^{18}O$ 的关系图　　　　　（a）K^+、$\delta^{18}O$ 与 TDS 的关系图

图 6-5　研究区浅层地下水 Cl^-、$\delta^{18}O$ 和 K^+、$\delta^{18}O$ 与 TDS 的关系

6.3 地下水水化学组分来源及影响因素

6.3.1 主要水-岩作用过程

天然水体的水化学组分包括三个主要成因，即岩石风化、蒸发浓缩和大气沉降（Gibbs，1970）。研究区内浅层地下水的 TDS 均大于 100 mg/L，说明大气沉降不是浅层地下水水化学组分的主要成因。采集的地下水样的 $Na^+/(Na^++Ca^{2+})$ 的分布范围为 0.38～1.0[图 6-6（a）]，$Cl^-/(Cl^-+HCO_3^-)$ 的分布范围为 0.1～0.9[图 6-6（b）]，表明浅层地下水中的阴阳离子组成受岩石风化和蒸发浓缩的共同作用。

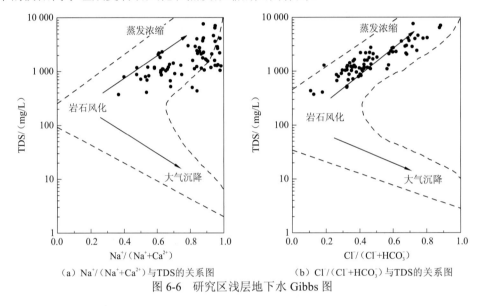

（a）$Na^+/(Na^++Ca^{2+})$ 与 TDS 的关系图 （b）$Cl^-/(Cl^-+HCO_3^-)$ 与 TDS 的关系图

图 6-6 研究区浅层地下水 Gibbs 图

区内地下水 Gibbs 图中阴阳离子水样点分布的差异性应与盐渍化地区特殊的地下水环境相关，浅层地下水的 TDS 整体偏高，方解石、白云石等矿物处于过饱和状态，导致 Ca^{2+} 浓度的升高受到抑制，并且 Na^+ 与 Ca^{2+}、Mg^{2+} 和 K^+ 的交换作用使 $Na^+/(Na^++Ca^{2+})$ 偏高，导致阴阳离子的 Gibbs 图存在差异（图 6-6）。

为了确定主要离子对浅层地下水咸化过程的贡献，建立研究区内浅层地下水主要离子浓度与 TDS 的关系。主要阳离子中，Na^+ 对地下水咸化的贡献最大，地下水 TDS 与 Na^+ 浓度显著正相关，随 Na^+ 浓度的增大而增大；Mg^{2+} 随 TDS 含量的增加有一定程度的增大，上升幅度较低；Ca^{2+} 仅少量增长，与 TDS 的关系不明显[图 6-7（a）]。主要阴离子中，Cl^- 对地下水咸化的贡献最大，地下水 TDS 增大的过程中 Cl^- 浓度增长最快，且呈明显的指数增长趋势；HCO_3^- 浓度在低 TDS 地下水中呈增长趋势，当 TDS>2 000 mg/L 后，浓度渐趋稳定；SO_4^{2-} 浓度随 TDS 的增大呈先增大后减小的趋势[图 6-7（b）]。

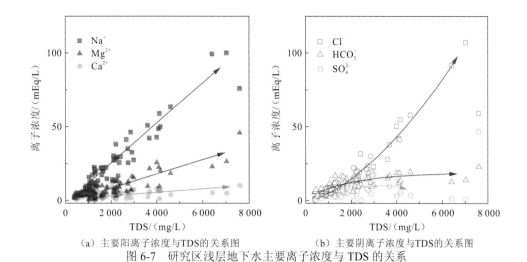

（a）主要阳离子浓度与TDS的关系图　　　　（b）主要阴离子浓度与TDS的关系图

图 6-7　研究区浅层地下水主要离子浓度与 TDS 的关系

$\gamma(Ca^{2+}/Na^+)$ 与 $\gamma(HCO_3^-/Na^+)$ 的关系是判断地下水可溶性离子物源的重要手段（Gaillardet et al.，1999）。研究区气候干旱、降水稀少，大气降水输入的可溶性离子可忽略不计，浅层地下水的可溶性离子主要来源于矿物的风化水解。研究区浅层地下水的 $\gamma(Ca^{2+}/Na^+)$ 与 $\gamma(HCO_3^-/Na^+)$ 主要分布于蒸发岩端元附近[图 6-8（a）]，且靠近硅酸盐岩端元，表明区内浅层地下水的可溶性盐分主要来源于蒸发岩的溶解和硅酸盐岩矿物的风化水解，受碳酸盐岩风化作用的影响较小。

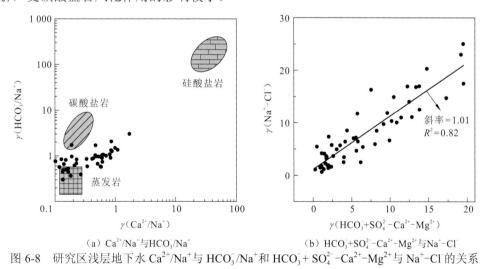

（a）Ca^{2+}/Na$^+$与 HCO$_3^-$/Na$^+$　　　　（b）HCO$_3^-$+SO$_4^{2-}$-Ca^{2+}-Mg^{2+}与 Na$^+$-Cl$^-$

图 6-8　研究区浅层地下水 Ca^{2+}/Na$^+$与 HCO$_3^-$/Na$^+$和 HCO$_3^-$+ SO$_4^{2-}$-Ca^{2+}-Mg^{2+}与 Na$^+$-Cl$^-$的关系

除矿物溶解带入可溶性离子外，阳离子交换作用也是改变地下水水化学组分的重要因素。$\gamma(HCO_3^-+SO_4^{2-}-Mg^{2+}-Ca^{2+})$ 和 $\gamma(Na^+-Cl^-)$ 的比值是判断阳离子交换作用的重要方法（安乐生 等，2012）。如图 6-8（b）所示，研究区地下水的 $\gamma(Na^+-Cl^-)$ 与 $\gamma(HCO_3^-+SO_4^{2-}-Mg^{2+}-Ca^{2+})$ 显著正相关（斜率为 1.01，$R^2=0.82$），表明除盐岩溶解外，Na$^+$浓度的增量与白云石、石膏等矿物溶解后 Ca^{2+}+Mg^{2+} 的减少量相近，指示 Na$^+$-Ca^{2+}和 Na$^+$-Mg^{2+}之间的交换作用，说明河套灌区中部浅层地下水中存在 Na$^+$与 Ca^{2+}、Mg^{2+}的离子交换作用过程。

为了了解研究区地下水对主要矿物的溶解情况，利用 PHREEQC 软件计算了研究区地下水样对于不同矿物的饱和指数 SI（Su et al.，2015；Wang et al.，2010）。结果显示，随着地下水 TDS 的增大，盐岩和石膏两种蒸发岩矿物始终处于未饱和状态，矿物的 SI 呈类对数函数增长（图 6-9）；所有水样关于方解石和白云石均处于过饱和状态，饱和指数随 TDS 的增大呈微弱增长趋势。研究区浅层地下水主要阳离子的溶解能力为 Na^+>Mg^{2+}>Ca^{2+}，主要阴离子的溶解能力为 Cl^->SO_4^{2-}>HCO_3^->CO_3^{2-}。仅从水-岩作用角度看，盐岩溶解对浅层地下水咸化的贡献最大，石膏次之，白云石和方解石的溶解对浅层地下水的咸化无明显影响。

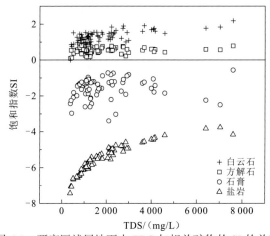

图 6-9　研究区浅层地下水 TDS 与相关矿物的 SI 的关系

6.3.2　水化学演化影响因素

对地下水的水化学组成、水位、地面高程（用于体现地形、地貌和地下水埋深等间接因素对浅层地下水水化学的影响）及与水化学组成相关的指标进行统计分析，可揭示这些数据中蕴含的信息，用于识别地下水的水化学成因（Nosrati and Van den Eeckhaut，2012；李俊霞 等，2010）。

利用因子分析提取出三个代表性公因子（F1、F2、F3），累计贡献率为 69.879%（表 6-3）。第一公因子 F1 的方差贡献率为 41.120%，其中 Na^+、Cl^-的因子载荷达到 0.953 和 0.945，其次为 K^+、Mg^{2+}及 HCO_3^-，且主要方差贡献因子均与 F1 呈正相关关系，代表盐岩、钾盐岩、碳酸盐岩等矿物的溶解作用对水化学组分的影响，其中盐岩溶解为主要影响因素，由于 F1 的贡献率最高，说明其对浅层地下水水化学组分的影响最大；第二公因子 F2 的方差贡献率为 14.848%，其中 Ca^{2+}、NO_3^-、Si 和 SO_4^{2-}的因子载荷较大，主要表示石膏溶解、人类活动和硅酸盐岩矿物的非全等溶解，SO_4^{2-}的来源主要为石膏的溶解；第三公因子 F3 的贡献率为 10.911%，其中水位和地面高程的载荷较大。研究区总体地势平坦，局部隆起或凹陷将导致地下水径流速度的加快或减慢，浅水位的变化则直接影响蒸发作用对浅层地下水的作用程度。该因子代表局部微地貌对浅层地下水水化学的影响。

表 6-3　旋转成分矩阵

指标	F1	F2	F3
Na$^+$	0.953	−0.010	0.092
K$^+$	0.854	0.169	0.094
Ca^{2+}	0.270	0.815	0.043
Mg^{2+}	0.851	0.425	0.015
Cl$^-$	0.945	0.007	0.003
SO$_4^{2-}$	0.528	0.584	0.172
HCO$_3^-$	0.711	0.153	0.042
Si	0.043	0.624	0.028
NO$_3^-$	−0.028	0.626	−0.148
采水井水位	−0.106	0.019	0.916
采水井地面高程	−0.456	0.084	−0.642
方差贡献率/%	44.120	14.848	10.911
累计方差贡献率/%	44.120	58.968	69.879

利用 PHREEQC 软件进行逆向模拟可以估算径流路径下不同矿物的溶解沉淀关系及蒸发程度（李常锁 等，2018；薛肖斌 等，2018；李义连 等，2002）。选取二排干东岸 LH-5→LH-35 和西岸 H-14→H-38 两个径流路径进行模拟。沿 LH-5→LH-35 路径，地势由南向北倾斜，地下水径流速度较快，地下水埋深较大，TDS 较低。H-14→H-38 路径地势平坦，地下水径流速度缓慢，地下水埋深较浅，TDS 较大。两个路径分别相距 1.9 km 和 4.2 km，同一水流路径水样的水化学类型相近，均为浅层地下水，且分布方向与研究区地下水径流的方向相同，可用于指示研究区不同区域地下水的咸化过程，符合模拟条件。参考饱和指数计算结构（李华 等，2017），逆向模拟以盐岩、石膏、方解石、白云石等常见矿物为反应相，并考虑离子交换过程和 CO$_2$ 相，水样数据见表 6-4，模拟结果见表 6-5。

表 6-4　逆向模拟水样数据表

水样编号	pH	Cl$^-$	SO$_4^{2-}$	K$^+$	Na$^+$	Ca^{2+}	Mg^{2+}	HCO$_3^-$	水化学类型	高程/m	水位/m
LH-5	8.02	78	113	3.05	103	41.8	39.2	280	HCO$_3$-Na·Mg	1037.2	5.3
LH-35	7.83	111	150	3.24	109	81.2	36.9	382	HCO$_3$-Na·Ca·Mg	1035.9	4.8
H-14	8.06	196	198	2.9	400	27.9	37.3	611	HCO$_3$·Cl-Na	1029.9	3.7
H-38	7.78	447	234	5.4	521	63.5	66.6	911	HCO$_3$·Cl-Na	1030.0	3.5

注：离子浓度的单位为 mg/L。

表 6-5　水文地球化学逆向模拟结果

组分	LH-5→LH-35	H-14→H-38
H_2O/(mol/L)	—	-4.67
NaCl/(mol/L)	0.000 701	0.006 119
$CaSO_4$/(mol/L)	0.000 377 7	—
CO_2/g	0.001 048	0.001 887
$CaCO_3$/(mol/L)	0.000 592 9	—
$CaMg(CO_3)_2$/(mol/L)	—	0.000 106 2
NaX/(mol/L)	—	0.000 484 3
CaX_2/(mol/L)	—	-0.000 242 1
MgX_2/(mol/L)	—	—
浓缩倍数	—	1.084

注：正值表示溶解，负值表示沉淀，"—"表示未参与反应。

模拟结果显示，LH-5→LH-35 径流区域浅层地下水埋深较深，不受蒸发作用影响。由于浅层地下水 TDS 较低，该区域地下水对矿物的溶解能力较强，除大量溶入盐岩、石膏等蒸发岩外，CO_2 的溶入导致方解石也少量溶入水体，对地下水咸化产生一定的贡献。区域地下水离子强度不大，模拟结果未见 Na-Ca 型或 Na-Mg 型离子交换。H-14→H-38 径流区域浅层地下水埋深较浅，TDS 偏高，受强烈蒸发作用的影响，每 1 km 径流蒸发水量 20 g/L（约占总水量的 2%）。区域地下水流动速度缓慢，导致径流过程中盐岩大量溶解进入水体。此外，CO_2 伴随白云石少量溶解，石膏和方解石无溶解或沉淀情况。区域内地下水中的 Na^+ 浓度较高，存在 Na-Ca 型离子交换现象。

蒸发作用对浅层地下水咸化过程的影响受地下水位控制。灌区全年浅层地下水的最大埋深主要集中于 3 月与 9 月，平均为 3 m（杜军 等，2010）。由此次 H-14→H-38 路径的模拟结果可知，灌区大部分地区浅层地下水除霜冻期和灌溉期外均受到不同程度的蒸发作用的影响，蒸发作用是灌区地下水咸化的主要原因之一。

6.4　本 章 小 结

对研究区浅层地下水的水文地球化学演化过程进行研究得出了以下结论。

（1）研究区内的浅层地下水中咸水、淡水均有分布，地下水的 TDS 为 371～7599 mg/L。水化学类型随 TDS 的增大逐步由 HCO_3-Na·Mg·Ca 型向 Cl-Na 型转变。以二排干为界，区内咸水多分布于二排干以西，二、三排干之间也有微咸水零星分布，近黄河区域主要分布淡水，呈由黄河到山前逐步变咸的趋势。

（2）研究区内咸水的主要分布区域为杭锦后旗周边及其北部的大片农田，农田区域地下咸水中的 Na^+、Mg^{2+}、Cl 浓度高，SO_4^{2-} 浓度较低，而杭锦后旗城市周边地区的 SO_4^{2-}

浓度极高，城市活动使地下水咸化的同时引入了大量硫酸盐，与农田区域地下水水化学存在明显差异。

（3）黄河水补给是区域内最为主要的地下水补给来源，其次为大气降水。区内地下水除固定排泄区外，蒸发作用及作物蒸腾也是重要的排泄途径。地下水咸水分布区域中同位素分馏响应明显，蒸发作用强烈；农耕区域在流向上 K^+ 浓度降低且 $\delta^{18}O$ 未见明显下降，说明存在作物蒸腾作用。

（4）区内地下水水化学成因主要受蒸发浓缩作用的影响，地下水中的主要离子来源于蒸发岩的溶解和硅酸盐岩矿物的风化水解，受碳酸盐岩风化作用的影响较小，地下水与含水介质间的离子交换作用明显。主成分分析结果显示，水化学演化主要受水-岩作用影响，其次为人类活动，之后为地下水位和地形地貌。咸水区与淡水区水文地球化学模拟结果显示，淡水区径流过程中未见明显的蒸发作用，地下水主要受蒸发岩溶解影响，方解石和白云石等碳酸盐岩矿物也有部分溶解，未见明显的离子交换作用；咸水区蒸发作用强烈，地下水每 1 km 径流蒸发水分达 2%，矿物中仅盐岩大量溶解，白云石少量溶解，石膏和方解石未溶解或沉淀，阳离子交换作用强烈。

参 考 文 献

安乐生, 赵全升, 叶思源, 等, 2012. 黄河三角洲浅层地下水化学特征及形成作用[J]. 环境科学, 33(2): 370-378.

杜军, 杨培岭, 李云开, 等, 2010. 河套灌区年内地下水埋深与矿化度的时空变化[J]. 农业工程学报, 26(7): 26-31, 391.

范百龄, 张东, 陶正华, 等, 2017. 黄河水氢、氧同位素组成特征及其气候变化响应[J]. 中国环境科学, 37(5): 1906-1914.

李常锁, 武显仓, 孙斌, 等, 2018. 济南北部地热水水化学特征及其形成机理[J]. 地球科学, 43(S1): 313-325.

李华, 文章, 谢先军, 等, 2017. 贵阳市三桥地区岩溶地下水水化学特征及其演化规律[J]. 地球科学, 42(5): 804-812.

李俊霞, 苏春利, 谢先军, 等, 2010. 多元统计方法在地下水环境研究中的应用: 以山西大同盆地为例[J]. 地质科技情报, 29(6): 94-100.

李义连, 王焰新, 周来茹, 等, 2002. 地下水矿物饱和度的水文地球化学模拟分析: 以娘子关泉域岩溶水为例[J]. 地质科技情报(1): 32-36.

刘君, 郭华良, 刘福亮, 等, 2013. 包头地区大气降水 δD 和 $\delta^{18}O$ 变化特征浅析[J]. 干旱区资源与环境, 27(5): 157-162.

卢晶, 张绪教, 叶培盛, 等, 2020. 基于 SI-MSAVI 特征空间的河套灌区盐碱化遥感监测研究[J]. 国土资源遥感, 32(1): 169-175.

薛肖斌, 李俊霞, 钱坤, 等, 2018. 华北平原原生富碘地下水系统中碘的迁移富集规律: 以石家庄—衡水—沧州剖面为例[J]. 地球科学, 43(3): 910-921.

中华人民共和国国家质量监督检验检疫总局, 中国国家标准化管理委员会, 2017. 地下水质量标准: GB/T 14848—2017[S]. 北京: 中国标准出版社.

ELLSWORTH P Z, WILLIAMS D G, 2007. Hydrogen isotope fractionation during water uptake by woody xerophytes[J]. Plant and soil, 291(1/2): 93-107.

GAILLARDET J, DUPRÉ B, LOUVAT P, et al., 1999. Global silicate weathering and CO_2 consumption rates deduced from the chemistry of large rivers[J]. Chemical geology, 159(1): 3-30.

GIBBS R J, 1970. Mechanisms controlling world water chemistry[J]. Science, 170(3962): 1088-1090.

MIN M Z, PENG X J, ZHOU X L, et al., 2007. Hydrochemistry and isotope compositions of groundwater from the Shihongtan sandstone-hosted uranium deposit, Xinjiang, NW China[J]. Journal of geochemical exploration, 93(2): 91-108.

NOSRATI K, VAN DEN EECKHAUT M, 2012. Assessment of groundwater quality using multivariate statistical techniques in Hashtgerd Plain, Iran[J]. Environmental earth sciences, 65(1): 331-344.

SU C L, WANG Y X, XIE X J, et al., 2015. An isotope hydrochemical approach to understand fluoride release into groundwaters of the Datong Basin, northern China[J]. Environmental science: Processes and impacts, 17(4): 791-801.

WANG Y X, SU C L, XIE X J, et al., 2010. The genesis of high arsenic groundwater: A case study in Datong Basin[J]. Geology in China, 37(3): 771-780.

XIE X J, WANG Y X, SU C L, et al., 2012. Influence of irrigation practices on arsenic mobilization: Evidence from isotope composition and Cl/Br ratios in groundwater from Datong Basin, northern China[J]. Journal of hydrology, 424: 37-47.

ZHU G F, LI Z Z, SU Y H, et al., 2007. Hydrogeochemical and isotope evidence of groundwater evolution and recharge in Minqin Basin, northwest China[J]. Journal of hydrology, 333(2/3/4): 239-251.

第 **7** 章

非饱和带–饱和带水化学 动态变化特征

　　土壤孔隙水和浅层地下水水文地球化学过程对饱和带的盐分积累过程具有重要的指示意义，它们也是盐渍化地区土壤盐分来源的重要证据（祁惠惠 等，2018；吕真真 等，2017；Rao，2008）。离子比值法（Xie et al.，2012）、相关性分析（Wang et al.，2008）、因子分析（苏春利 等，2019）、地统计分析（Chapagain et al.，2010；李俊霞 等，2010）、稳定氢氧同位素分析（范百龄 等，2017；Su et al.，2015；刘君 等，2013）等手段常用于分析区域地下水水文地球化学演化过程，也同样适用于盐渍化地区浅层地下水的咸化过程分析。

　　在第 6 章对灌区地下水咸化机制研究的基础上，本章通过建立田间监测试验场进行多时间节点非饱和带–饱和带土壤孔隙水监测，深入研究盐分由饱和带向非饱和带迁移直至地表的作用过程及非饱和带孔隙水的动态变化特征。

7.1　田间监测试验场

在河套灌区杭锦后旗北部永丰村七组建立田间监测试验场（东经为 107.188°，北纬为 40.994°），用于监测不同条件下非饱和带水分和盐分的运移过程及浅层地下水的变化规律。试验场位置见图 7-1。

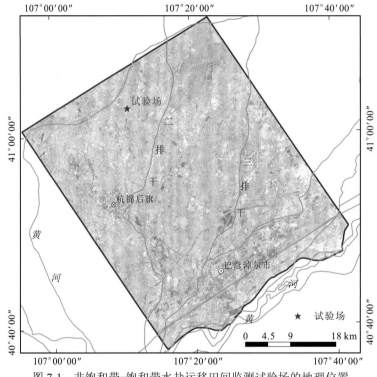

图 7-1　非饱和带-饱和带水盐运移田间监测试验场的地理位置

试验场长 110 m，宽 80 m，南、北及东边均为灌渠，西边为田埂。在试验场内布设了 3 列井群（间隔 20 m），每列等间距分布 4 个井群，共计 12 个监测井群。每个井群包括 4 口不同深度（分别为 5 m、11 m、16 m 和 22 m）的浅层地下水监测井（分别标注为GW1、GW2、GW3、GW4），以及 8 个深度系列（20 cm、40 cm、60 cm、80 cm、100 cm、130 cm、160 cm、190 cm）的非饱和带土壤孔隙水监测井，用 VW 表示。试验场井群布置及平面图和剖面示意图见图 7-2、图 7-3。

试验场建成后，在每口浅层地下水监测井中放入 Solinst 3001 型水位记录仪探头，对浅层地下水水化学和水位进行长期的动态监测。每个监测井群在 0～100 cm 深度每隔20 cm 设置一个陶土头，在 100～190 cm 深度每隔 30 cm 设置一个陶土头，共埋置 72 个陶土头，用于在不同季节和灌溉周期稳定采集不同深度非饱和带土壤的孔隙水。定期对多组非饱和带土壤的孔隙水监测井群和浅层地下水监测井群开展样品采集与水化学测试。

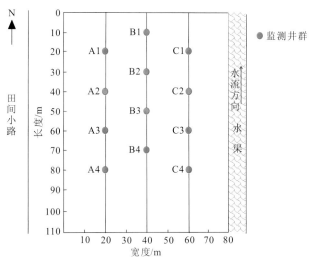

图 7-2　试验场监测井群平面布置图

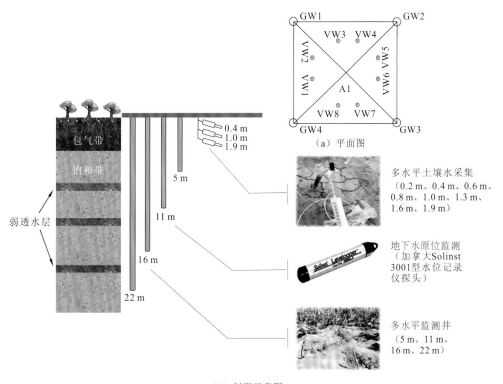

（a）平面图

（b）剖面示意图

图 7-3　试验场监测井群平面图和剖面示意图

GW 为地下水监测井；VW 为孔隙水监测井

7.2 非饱和带沉积物性质及地下水位变化

7.2.1 沉积物性质

沿着地下水流向，在试验场选择 C1、C2 和 C4 监测点，采集三组土壤剖面样品。每个剖面的采集深度均为 2.0 m，其中，0～1.0 m 深度的采样间隔为 10 cm，1.0～2.0 m 深度的采样间隔为 20 cm。采集的土样不少于 500 g，样品采集后装入自封袋真空保存。对采集的土样进行粒度分析和总有机碳（TOC）含量测试，粒度分析采用 MS3000 激光粒度仪进行，TOC 含量测试采用 vario TOC 分析仪进行。

分析结果表明，试验场内非饱和带土壤的黏粒含量均在 3.47%～17.80%（图 7-4），平均含量为 7.69%。超过 90% 的土样落在粉壤土分布区，仅有少量土样为砂质壤土和粉土。尽管土壤质地较为均一，但垂向剖面上的黏粒含量仍然有较高值区，以黏粒含量 10% 为界，黏粒含量 10% 以上的点位集中于 60～80 cm 和 140 cm 深度的土层，而黏粒含量较低的土层多分布于黏粒含量较高土层的上部，主要集中于 40～50 cm 和 120 cm 深度。

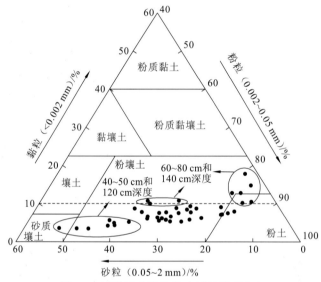

图 7-4 试验场非饱和带土壤的粒度分布

选取 C1 和 C2 剖面进行沉积物的 TOC 含量测试。沉积物中 TOC 和土壤粒径的分布结果显示（图 7-5），垂向剖面上，表层 0～40 cm 土壤层的 TOC 含量较高，这是由于农田土壤的有机质多来源于农家肥料的施加，故表层土壤较容易形成 TOC 高值区。表层以下土壤的 TOC 高值区与黏粒含量高值区重合，说明黏粒含量较高的土层，TOC 也较高，这是因为黏粒含量较高时，土壤孔隙度较大，吸附大颗粒有机物的能力较强（汤洁 等，2020），导致有机质随水分向下运移的过程中部分被黏粒吸附截留，形成 TOC 高值区。

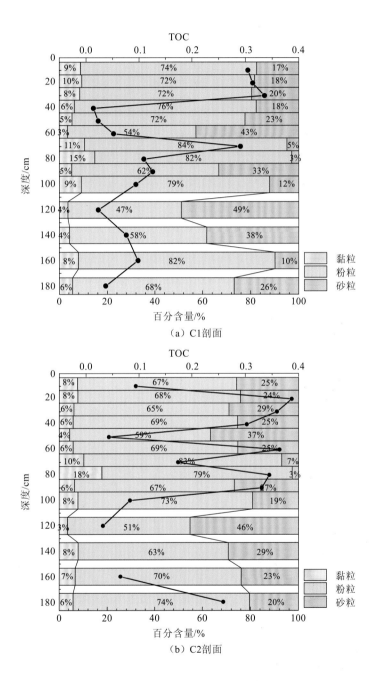

（a）C1剖面

（b）C2剖面

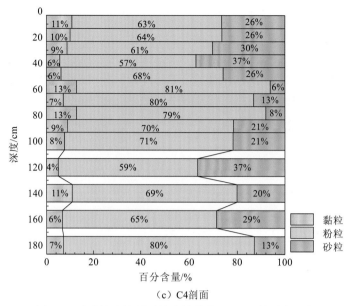

（c）C4剖面

图 7-5　试验场土壤剖面的土壤粒度及 TOC 的垂向分布

7.2.2　地下水位变化

除土壤质地及土壤有机质组分含量外，地下水位变化对非饱和带水盐运移也存在显著的影响（常春龙 等，2014）。河套灌区地下水埋深浅，多年最大潜水埋深仅约 2.3 m。为明确地下水位对水盐运移的影响，对试验场内多组井群进行浅层地下水位的长期监测，监测时段为 2019 年 7 月～2020 年 9 月（图 7-6）。

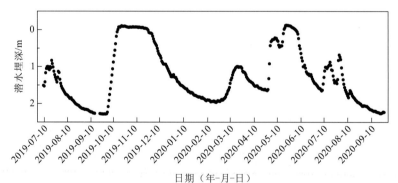

日期（年-月-日）

图 7-6　试验场潜水埋深的动态变化

由于蒸发强烈且降水量少，灌区浅层地下水的补给来源主要为黄河水，故灌区潜水埋深与灌区引黄灌溉活动密切相关。在全年的监测结果中，5 月初～6 月初对应的农耕活动为春季灌溉，此时的浅层地下水受黄河水补给，水位急剧上升至接近地表。之后是 6 月初～7 月，此阶段为作物生长期，葵花和玉米等作物在此阶段需要频繁浇灌，但与春季灌溉相比，灌溉水量较少，故地下水位在 0.5～1.5 m 起伏波动。

8 月初～10 月为作物成熟期，无须灌水，且该季节气温较高，浅层地下水受蒸发作用影响，排泄大量水分，水位下降至全年最低点（2.3 m 左右）。10 月作物收获完成后，灌区开始进行秋季灌溉，此次灌溉活动灌水量大，持续时间长，地表水未完全下渗至地下水位，但地表温度已降至 0 以下，表层土壤表面形成冰面，一直到第二年的 3 月开始融化。因此，此时的地下水位开始下降，冻期最低潜水埋深为 1.9 m，在 3 月初开始回升。

7.3　非饱和带水盐垂向演化趋势

7.3.1　孔隙水化学特征及演化趋势

多时间节点田间尺度 0～2.0 m 深度的土壤孔隙水的水化学监测结果见表 7-1，其中包括 2018 年 10 月 1 日（地下水位为 1.47 m）、2019 年 5 月 1 日（地下水位为 0.65 m）、2019 年 7 月 10 日（地下水位为 1.24 m）、2019 年 9 月 20 日（地下水位为 2.25 m）、2020 年 6 月 20 日（地下水位为 0.96 m）。除 2019 年 9 月外，其余各节点的土壤孔隙水样品中均包括少量饱和带土壤孔隙水样品和全部非饱和带土壤孔隙水样品。

2018 年 10 月 1 日土壤孔隙水的 pH 在 7.41～8.26，平均值为 7.86，TDS 在 7.81～25.94 g/L，主要水化学类型为 $Cl \cdot SO_4$-Na 型和 $SO_4 \cdot Cl$-Na 型（图 7-7），除 Ca^{2+} 和 HCO_3^- 外，其余主要离子的变异系数（C.V）均较高；2019 年 5 月 1 日监测的土壤孔隙水的 pH 在 7.16～8.18，平均值为 7.73，TDS 在 3.81～22.87 g/L，主要水化学类型为 $SO_4 \cdot Cl$-Na 型（图 7-7），除 HCO_3^- 的 C.V 低于 25%外，其余离子的 C.V 均大于 30%；2019 年 7 月 10 日监测的土壤孔隙水样品的 pH 在 7.45～7.95，平均值为 7.71，TDS 在 3.59～23.84 g/L，主要水化学类型为 $SO_4 \cdot Cl$-Na 型（图 7-7），此时 K^+ 的 C.V 较高；2019 年 9 月 20 日的监测结果显示，水样的 TDS 在 3.91～32.51 g/L，主要水化学类型为 $Cl \cdot SO_4$-Na 型（图 7-7），除 HCO_3^- 外，其余离子的 C.V 均较高；2020 年 6 月 20 日监测的土壤孔隙水的 pH 在 7.21～8.58，平均值为 7.77，TDS 在 2.02～30.20 g/L，水化学类型主要为 $SO_4 \cdot Cl$-Na 型和 $Cl \cdot SO_4$-Na 型（图 7-7），HCO_3^- 和 K^+ 的 C.V 较小，Cl^-、SO_4^{2-} 的 C.V 较大。

总体而言，试验场不同季节时间节点土壤孔隙水的主要阳离子为 Na^+，所有监测水样中 Na^+ 的占比均超过 50%，部分水样中 Mg^{2+} 的占比在 20%～40%；主要阴离子为 Cl^- 和 SO_4^{2-}，占比均在 40%～60%。除 HCO_3^- 外，其余离子的 C.V 均较高，空间变异性较强（其中，2019 年 7 月 K^+ 的 C.V 较高可能是由施用钾肥导致，其余离子应该是由土质背景差异造成的）。各个季节监测时间节点的土壤孔隙水的水化学类型均为 $Cl \cdot SO_4$-Na·Mg 型和 $SO_4 \cdot Cl$-Na·Mg 型（图 7-7），0～2.0 m 深度土壤孔隙水的水化学类型几乎不受季节影响，水化学类型稳定，且潜水与非饱和带土壤孔隙水的水化学类型相近。

河套灌区土壤盐渍化成因与改良

表 7-1 0~2.0 m 深度土壤孔隙水的水化学统计表

采样日期（年-月-日）	项目	pH	EC	Ca²⁺	Mg²⁺	Na⁺	K⁺	SO₄²⁻	Cl⁻	HCO₃⁻	TDS
2018-10-01	最大值	8.26	25.00	799.74	1 860.83	5 488.42	23.78	8 776.05	7 851.41	1 172.00	25.94
	最小值	7.41	8.66	278.77	409.09	1 735.10	3.85	2 657.03	1 661.42	466.21	7.81
	平均值	7.86	14.55	503.79	796.28	3 104.40	9.98	4 831.75	3 726.42	844.61	13.89
	标准差	0.24	4.49	132.58	391.86	1 113.84	5.46	1 960.99	1 466.86	197.54	4.86
	变异系数/%	3.06	30.86	26.32	49.21	35.88	54.76	40.59	39.36	23.39	34.96
2019-05-01	最大值	8.18	21.07	812.45	1 532.96	5 256.39	28.86	9 158.91	7 361.10	1 129.57	22.87
	最小值	7.16	3.99	190.51	202.25	910.54	3.16	1 267.80	968.21	396.60	3.81
	平均值	7.73	11.71	497.65	734.69	2 752.20	8.10	4 533.90	3 662.88	787.14	12.68
	标准差	0.30	4.54	160.84	369.57	1 225.58	5.12	1 981.71	1 851.27	208.19	5.45
	变异系数/%	3.92	38.76	32.32	50.30	44.53	63.22	43.71	50.54	26.45	42.96
2019-07-10	最大值	7.95	29.90	706.77	1 334.31	4 475.92	28.00	10 873.32	6 705.18	2 067.62	23.84
	最小值	7.45	6.10	94.85	228.78	853.82	3.15	1 350.27	985.19	261.12	3.59
	平均值	7.71	14.41	418.30	773.31	2 474.89	9.33	5 667.00	3 442.99	1 123.13	12.79
	标准差	0.14	7.24	141.08	350.43	977.90	6.08	2 774.07	1 571.23	469.31	5.74
	变异系数/%	1.78	50.23	33.73	45.32	39.51	65.17	48.95	45.64	41.79	44.87
2019-09-20	最大值	—	—	721.31	2 110.60	6 386.60	29.52	13 172.88	10 364.25	1 488.47	32.51
	最小值	—	—	180.17	246.39	891.80	4.57	1 372.61	1 000.14	645.94	3.91
	平均值	—	—	453.37	919.84	2 895.65	10.09	6 271.39	3 952.05	1 108.74	15.03
	标准差	—	—	195.14	601.17	1 628.57	6.43	4 014.07	2 642.69	232.99	8.97
	变异系数/%	—	—	43.04	65.36	56.24	63.76	64.01	66.87	21.01	59.67
2020-06-20	最大值	8.58	31.40	577.02	1 536.77	5 662.39	33.08	13 392.81	8 215.57	2 194.99	30.20
	最小值	7.21	2.64	65.18	98.86	367.71	11.73	278.05	182.10	1 069.09	2.02
	平均值	7.77	12.23	329.63	537.89	2 125.57	21.82	4 185.93	2 393.32	1 461.31	10.58
	标准差	0.37	7.16	158.10	321.55	1 156.97	4.95	3 019.91	1 861.90	302.98	6.43
	变异系数/%	4.74	58.53	47.96	59.78	54.43	22.69	72.14	77.80	20.73	60.75

注：离子浓度的单位为 mg/L；EC 的单位为 mS/cm；TDS 的单位为 g/L。

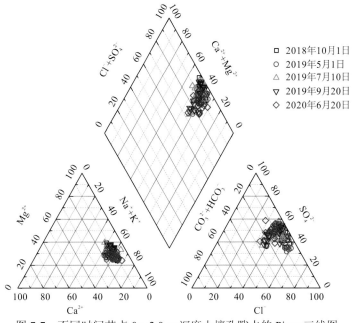

图 7-7 不同时间节点 0～2.0 m 深度土壤孔隙水的 Piper 三线图

7.3.2 盐分垂向分布特征

不同监测节点 0～2.0 m 深度的土壤孔隙水的 TDS 垂向分布具有明显差异。以 C4 垂向剖面为例（图 7-8），将 5 次非饱和带土壤孔隙水的 TDS 垂向分布进行分类，得到两类垂向分布特征。

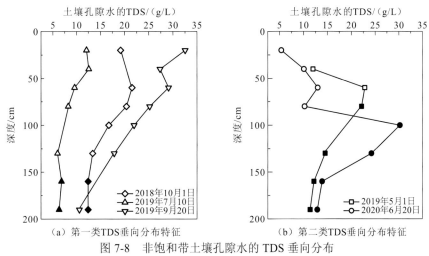

图 7-8 非饱和带土壤孔隙水的 TDS 垂向分布

黑色填充符号为饱和带水样；空白填充符号为非饱和带水样

（1）第一类特征如图 7-8（a）所示，对应的监测时间节点为 2018 年 10 月 1 日、2019

年 7 月 10 日和 2019 年 9 月 20 日，其中 2018 年 10 月和 2019 年 7 月 1.5 m 以下深度均为饱和带，2019 年 9 月 0～2.0 m 深度均为非饱和带[图 7-8（a）]。由图 7-8（a）可知，在没有灌溉活动且蒸发强烈的条件下，非饱和带土壤孔隙水的 TDS 随深度的增大逐渐减小，呈现明显的蒸发积盐特征。2019 年 7 月为春季灌溉后，受春季灌溉影响，地下水水位逐步下降，且刚进入夏季，蒸发作用逐渐加强，非饱和带与饱和带交界深度（1～1.5 m）处的孔隙水 TDS 与饱和带接近，1 m 以上深度受蒸发作用影响，TDS 逐渐增大；2019 年 9 月为夏季后期，试验场受强烈的蒸发作用影响，地下水水位下降至 2.0 m 以下。

如 6.1.1 小节所述，该节点 5 m 深度地下水的 TDS 在 7.5 g/L 左右，而此时非饱和带的土壤孔隙水随深度的减小逐渐咸化，20 cm 深度 TDS 已接近 35 g/L，呈明显的蒸发积盐趋势，表层土壤的盐分聚集量极大；2018 年 10 月为秋季灌溉前，此时蒸发作用较 8 月、9 月明显减弱，地下水位也受灌溉水补给明显抬升，但表层无淋滤作用，故非饱和带孔隙水的 TDS 较 9 月有明显下降。这是由于地下水水位抬升，非饱和带受潜水补给，含水率较 9 月明显升高，孔隙水的 TDS 也较 9 月有明显下降。

（2）第二类特征如图 7-8（b）所示，对应的监测时间节点为 2019 年 5 月 1 日和 2020 年 6 月 20 日，两个时间节点分别为春季灌溉初期和春季灌溉中期，5 月潜水位仅为 0.65 m，6 月为 0.96 m。两个时间节点均有明显的分界，非饱和带表层孔隙水的 TDS 处于低值状态，随深度增大，TDS 逐渐增大的趋势明显。非饱和带土壤孔隙水的 TDS 高值区分布于潜水位以上；饱和带土壤孔隙水的 TDS 则随深度的增大逐渐减小。土壤孔隙水的 TDS 下降主要发生在 1.0～1.5 m 深度，1.5～2.0 m 深度降低较为缓慢，趋于稳定。

5 月为春灌初期，盐分快速淋滤下渗，在潜水位附近形成孔隙水的 TDS 高值区，而 6 月非饱和带在 60 cm 深度形成了一个高值区，之后 80 cm 深度出现了 TDS 下降的情况，应与该深度土层的黏粒含量较高有关。此时，非饱和带与饱和带的交接深度处的孔隙水的 TDS 要高于 5 月，也说明随时间增长，盐分逐步随潜水位的降低向下迁移。

7.3.3 盐分运移及对饱和带的影响

为进一步说明水分、盐分的运移方向及饱和带对非饱和带孔隙水水化学的影响，利用 PHREEQC 软件计算非饱和带土壤孔隙水中多种矿物的饱和指数（Xu and Hu，2017；Kim et al.，2017；Belkhiri et al.，2010）。对盐岩、石膏、方解石、白云石四种常见矿物的饱和指数和 TDS 进行归一化处理，归一化后以由下至上为方向计算 TDS 和四种常见矿物饱和指数的变化，并分不同采样节点构建由下至上的 TDS 和矿物饱和指数的关系（Owen and Cox，2015；Wasteby et al.，2014；Hussien，2013；Alfy，2013）。规定方向为由下至上，故 II 区域由下至上代表土壤孔隙水的 TDS 增大，并且矿物饱和指数增大可指代蒸发浓缩作用；III 区域由下至上代表土壤孔隙水的 TDS 减小，并且矿物饱和指数减小，可看作由上至下孔隙水的 TDS 增大且矿物饱和指数增大，指代淋滤作用；I、IV 区域则分别代表 TDS 减小而部分矿物的饱和指数增大和 TDS 增大而部分矿物的饱和指数减小，可指代部分异常数据点。

2018 年 10 月 1 日进行的 0～2.0 m 深度土壤孔隙水的监测结果（图 7-9）显示，大部分非饱和带的土壤孔隙水数据点落在 II 区域，表明非饱和带大部分深度受蒸发浓缩作用和盐分溶解作用的影响。由下至上土壤孔隙水的 TDS 不断增大且盐岩、石膏、方解石和白云石的饱和指数不断增大，呈明显的蒸发积盐现象。少量非饱和带数据点落在 III 区域，主要为 20～40 cm 点位，说明表层土壤受少量淋滤作用影响，表层土壤盐分低于次表层，可能由昼夜温差形成露水导致。该时间节点饱和带孔隙水的 TDS 随深度的减小少量增加，饱和带与非饱和带交接处孔隙水的 TDS 差异不大。IV 区域分布的点位为非饱和带孔隙水方解石和白云石饱和指数变化的数据点，主要包括 C1 和 C4 100～130 cm 深度的点位。结合粒度数据发现，该深度大粒径砂粒含量较高（约占 40%），主要包含石英、长石类矿物和方解石（赵文涛 等，2009），故方解石和白云石的饱和指数减小可能与该深度较高强度的钠钙镁离子的交换作用有关。

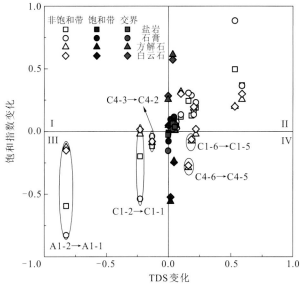

图 7-9 2018 年 10 月场地 0～2.0 m 深度土壤孔隙水
的 TDS 变化与矿物饱和指数变化的关系

A1-2→A1-1 等为点位名称

2019 年 7 月 10 日与春季灌溉相隔 2 个月，且中间穿插了大量小型灌溉，试验场内 0～2.0 m 深度的土壤孔隙水大量分布于 II 区域，且 TDS 的变化率均小于 0.25（图 7-10），说明该时间节点无论是潜水还是非饱和带土壤孔隙水由下至上均呈 TDS 增大的趋势，而 TDS 增加量不大。TDS 变化最大的区域为饱和带与非饱和带的交界处，其次为非饱和带，饱和带 TDS 的变化最小，说明该时间节点下非饱和带由下至上盐分不断累积，原因主要为蒸发作用，故无明显的蒸发浓缩、盐分向上迁移的情况，0～2.0 m 深度土壤孔隙水的 TDS 增高主要与盐分溶解有关，饱和带与非饱和带交界处的盐分溶解量明显高于非饱和带与饱和带的浅层地下水。

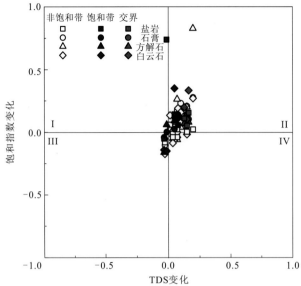

图 7-10　2019 年 7 月场地 0～2.0 m 深度土壤孔隙水
的 TDS 变化与矿物饱和指数变化的关系

2019 年 9 月 20 日潜水位已超过土壤孔隙水监测深度，故该时间节点全部数据均为非饱和带土壤孔隙水的数据，因此将高黏粒含量土层与其他土层作为分类标准。图 7-11 显示，该时间节点大量非饱和带土壤孔隙水的 TDS 由下至上增大，且盐岩、石膏、方解石和白云石的饱和指数均呈上升趋势，说明此时 0～2.0 m 深度由下至上孔隙水的 TDS 不断增大，且主要溶入矿物的含量不断增多，呈明显的蒸发积盐趋势。非饱和带中部分点位的 TDS 由下至上减少且方解石、白云石的饱和指数增大，主要为高黏粒土层至其上

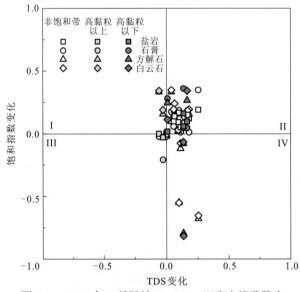

图 7-11　2019 年 9 月场地 0～2.0 m 深度土壤孔隙水
的 TDS 变化与矿物饱和指数变化的关系

部土层的点位。这说明蒸发积盐过程中，孔隙水由下至上经过高黏粒土层，使盐岩和石膏等蒸发岩矿物结晶析出，而白云石和方解石等碳酸盐岩矿物则会大量溶入。此外，部分区域由下至上 TDS 增大，但方解石和白云石的饱和指数减小，这可能是由于碳酸盐岩矿物已达到过饱和状态，随 TDS 增大，离子浓度相应增大，离子交换作用增强。

2019 年 5 月 1 日的监测结果（图 7-12）显示，试验场内的非饱和带与饱和带及两者的分界分别分布于 III 区域、II 区域及 TDS 变化为 0 附近。春季灌溉对 0～2.0 m 深度土壤孔隙水的压盐效果明显，非饱和带受灌溉水淋滤作用影响，TDS 与盐岩、石膏、方解石和白云石的饱和指数均由上至下减小，淋滤效果明显。其中，C1、C2、C4 三个点位 40～60 cm 深度盐岩和白云石的饱和指数出现的增大情况与 60 cm 深度为高黏粒土层有关，该土层在蒸发积盐过程中大量积累盐岩，故灌溉压盐时，盐岩大量溶解，导致由上至下盐岩的饱和指数增大。非饱和带与饱和带交界处孔隙水的 TDS 无明显差异，盐岩、石膏、方解石和白云石的饱和指数均有增加或减少情况，无共性规律。由上至下，饱和带土壤孔隙水的 TDS 和主要矿物的饱和指数均减小，与盐分淋洗趋势一致。

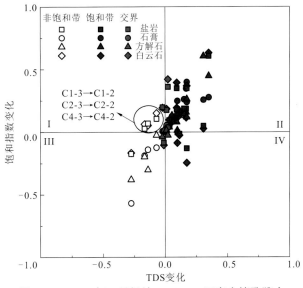

图 7-12　2019 年 5 月场地 0～2.0 m 深度土壤孔隙水
的 TDS 变化与矿物饱和指数变化的关系

2020 年 6 月 20 日监测节点处在大量小型灌溉之后，潜水埋深不足 1 m，0～2.0 m 深度土壤孔隙水呈明显的灌溉压盐趋势（图 7-13）。与 2019 年 5 月不同的是，该时间节点饱和带与非饱和带土壤孔隙水的界限较模糊，存在部分异常点位。非饱和带中，表层 0～40 cm 深度土壤的 TDS 由下至上呈增加趋势，说明其受蒸发作用影响，而 40～100 cm 深度土壤则呈相反趋势，说明该深度的土壤孔隙水主要受淋滤作用影响，盐分向下迁移。饱和带中主要蒸发岩点位均落在 II 区域碳酸盐岩点位，少量落在 IV 区域，说明饱和带整体呈盐分向下迁移趋势。其中，C4-7→C4-6、C4-6→C4-5 两个点位落在 I 区域和 III 区域，主要是由于 C4 剖面在 120 cm 和 140 cm 深度分布有高黏粒土层，其盐分的释放使饱和带土壤孔隙水的 TDS 变化与饱和指数变化出现异常。

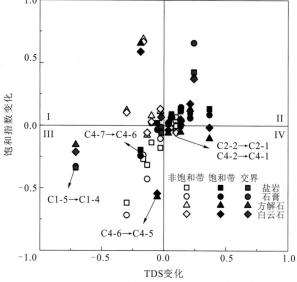

图 7-13　2020 年 6 月场地 0～2.0 m 深度土壤孔隙水
的 TDS 变化与矿物饱和指数变化的关系

7.4　饱和带水化学演化过程

7.4.1　pH 和 TDS 变化

试验场内饱和带不同深度地下水的 pH 随时间的变化情况见图 7-14。5 m 深度水样的 pH 均小于等于 8，2018 年 10 月、2019 年 5 月和 2019 年 7 月监测水样的 pH 均在 7.0～7.5，2019 年 9 月监测的 5 m 深度水样的 pH 在 7.7～8.0，2020 年 6 月监测水样的 pH 的分布范围较广，在 7.1～8.0 均有分布[图 7-14（a）]。

结合地下水水位数据可知，2018 年 10 月和 2019 年 5 月分别对应秋季与春季灌溉期，而 2019 年 7 月和 2020 年 6 月受短期灌溉活动影响，也处于较高水位，5 m 深度地下水在灌水后受稀释作用，pH 较低且趋近于 7，而 2019 年 9 月水样的 pH 较高且范围较小，应该是由于 8 月、9 月持续蒸发且无灌溉，地下水位逐步下降，5 m 深度地下水受蒸发浓缩作用影响，重碳酸根含量升高，pH 升高。11 m 深度水样各采样节点的 pH 均值随时间的变化与 5 m 深度相似[图 7-14（b）]，但 pH 范围与 5 m 深度有一定差异。结合区域水文地质条件可知，两者均属于潜水含水层，但该层含水层介质并不均一，pH 均值和变化范围的差异应该是由水层介质的非均质性导致的。16 m 和 22 m 深度较 5 m 与 11 m 深度水样的 pH 更加稳定，各个采样节点的 pH 均值差异不大，pH 变化范围较小且与潜水含水层 pH 的变化区别较大，应为半承压含水层[图 7-14（c）、（d）]。

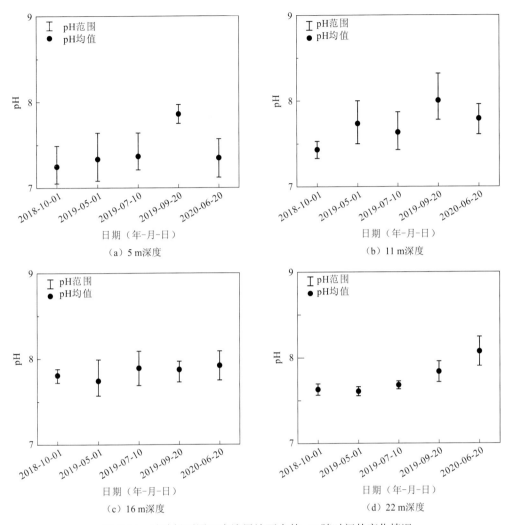

图 7-14　试验场不同深度浅层地下水的 pH 随时间的变化情况

　　总体而言，场地内 5 m 和 11 m 深度应为潜水含水层，受灌溉活动影响较明显，潜水位越靠近地面，水样的 pH 越低，变化范围越大，反之，潜水位越深，水样的 pH 越高，变化范围越小；16 m 和 22 m 为半承压含水层，受灌溉或蒸发作用影响较小，pH 随时间的变化无明显改变。

　　由不同深度浅层地下水的 TDS 随时间的变化关系（图 7-15）可见，随深度增加，各节点采集的场地尺度的浅层地下水的 TDS 的分布范围逐渐减小。这说明在 5 m 和 11 m 深度下，饱和带土质存在不同程度的非均质性，随深度增加，非均质性逐渐降低，与 pH 部分的讨论相同。在同一块农田中采集的相同深度的浅层地下水的 TDS 就存在较大差异，可能与该深度夹杂分布有高黏粒土层有关。

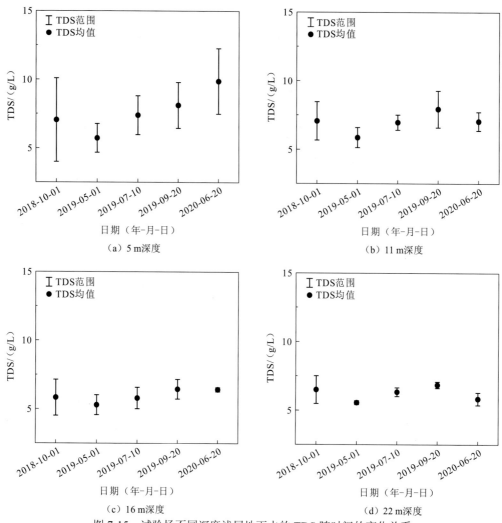

图 7-15 试验场不同深度浅层地下水的 TDS 随时间的变化关系

地下水的 TDS 范围也与采样节点的地下水水位存在相关关系，5 m 深度地下水时，在 2018 年 10 月和 2020 年 6 月两个采样节点，TDS 的分布范围较大。其中，10 月为秋季灌溉前，此时地下水水位较浅，受灌渠水渗漏、侧向补给影响，靠近灌渠的地下水的 TDS 可能较低，而远离灌渠的地下水的 TDS 较高；6 月则为春灌后的短期多频次灌溉期，此时地下水位略低于 10 月，但由于灌溉量较小，地下水受灌溉活动的影响也小于 10 月，地下水的 TDS 范围较 10 月也小一些。对比不同节点采集的地下水的 TDS 均值可见，所有监测深度的地下水均在 9 月和 10 月处于较高值，在 5 月处于较低值。这是由于灌渠在经历 7～9 月的强烈蒸发后大量地下水通过蒸发排泄，地下水不断浓缩，出现高 TDS 的情况，而 5 月处于较低值则是因为灌区秋季灌溉水未完全下渗就由于气候因素结冰，到次年 3 月、4 月开始解冻，大量结冰灌溉水下渗稀释，使 5 月浅层地下水的 TDS 处于较低值。

7.4.2　水化学演化特征

绘制不同时间节点采集的各深度场地浅层地下水的 Piper 三线图（图 7-16），由图 7-16 可见，场地尺度下 2018 年 10 月、2019 年 5 月、2019 年 7 月、2019 年 9 月和 2020 年 6 月的浅层地下水的水化学类型均较为稳定。阳离子中 Na^+ 的占比均超过 50%，部分水样中 Ca^{2+} 和 Mg^{2+} 的占比超过 25%，阴离子中所有水样的 Cl^- 占比均超过 40%，部分水样的 SO_4^{2-} 占比超过 25%，少量水样的 HCO_3^- 占比超过 25%。水化学类型主要为 Cl-Na·Mg 型，部分 2019 年 5 月和 2020 年 6 月水样的水化学类型为 Cl·SO_4-Na·Mg 型，应与春季灌溉活动有关，灌溉水的引入可能导致方解石、白云石等矿物的溶解或淋滤作用，使地下水中 Ca^{2+} 的浓度升高。

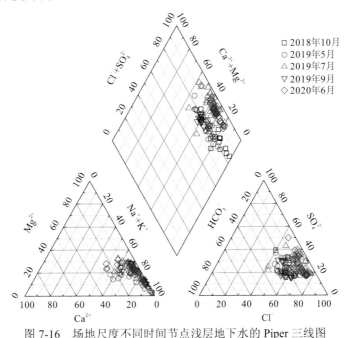

图 7-16　场地尺度不同时间节点浅层地下水的 Piper 三线图

试验场内浅层地下水的水化学类型虽未随时间变化产生明显差异，但主要离子含量却随时间变化存在一定的变化（图 7-17 和图 7-18）。

由图 7-17（a）可见，垂向上潜水含水层的阳离子中，所有监测时间 11 m 深度含水层的 Na^+ 占比均高于 5 m 深度，Ca^{2+} 占比则相反，两个深度的 Mg^{2+} 占比则几乎持平；阴离子中 [图 7-17（b）]，除 2019 年 7 月监测数据 5 m 和 11 m 深度差异较大外，其余监测节点两个深度的阴离子占比十分接近。这说明同一含水层不同深度阴阳离子占比存在一定的差异，可能是因为含水层介质存在差异，或者 11 m 深度接近隔水底板，使其水化学特征与 5 m 深度存在一定差异。

由主要离子含量随时间的变化情况可见，2018 年 10 月～2020 年 6 月潜水含水层 5 m 深度孔隙水的 Na^+ 占比呈下降趋势，Mg^{2+} 占比则少量上升，由 HCO_3-Na 型向 HCO_3-Na·Mg

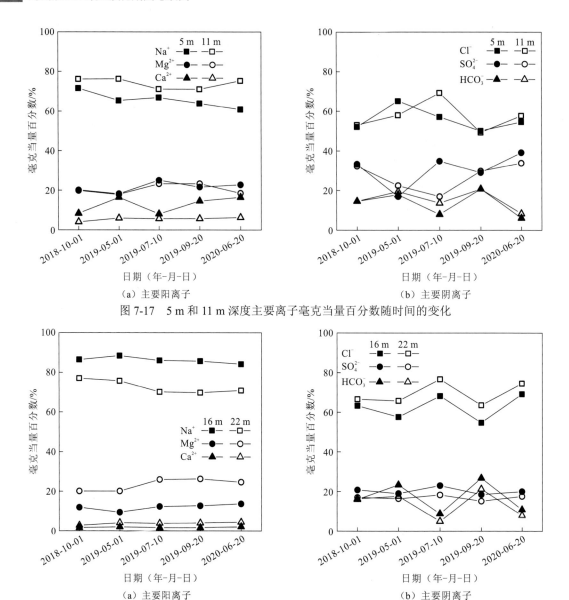

图 7-17　5 m 和 11 m 深度主要离子毫克当量百分数随时间的变化

图 7-18　16m 和 22m 深度主要离子毫克当量百分数随时间的变化

型转变。阴离子占比受灌溉活动和冻融作用的影响强烈，5 m 和 11 m 深度主要阴离子的占比在 2019 年 5 月、2019 年 7 月和 2020 年 6 月三个节点均有明显差异，而在 2018 年 10 月和 2019 年 9 月则保持一致，说明灌溉条件下由于淋滤作用潜水含水层的水化学存在一定的差异。但该现象在阳离子中未明显体现，应与离子交换作用有关。

　　半承压含水层垂向上不同深度孔隙水的阴阳离子毫克当量百分数同样存在差异。该含水层阳离子中[图 7-18（a）]，16 m 深度含水层中地下水的 Na^+ 占比均高于 22 m 深度，Mg^{2+} 占比则为 22 m 深度高于 16 m 深度，两个深度的 Ca^{2+} 占比几乎持平，由上至下水化学类型由 Na 型向 Na·Mg 型转变。阴离子中[图 7-18（b）]，16 m 深度 Cl占比低于 22 m

深度，SO_4^{2-} 和 HCO_3^- 则为 16 m 深度高于 22 m 深度。由主要离子含量随时间的变化情况可见，半承压含水层阳离子中 Na^+ 的占比在 2018 年 10 月～2020 年 6 月呈下降趋势，Mg^{2+} 占比则微弱上升，Ca^{2+} 占比一直处于较低水平；阴离子中，Cl^- 和 HCO_3^- 受灌溉、冻融等作用影响，存在明显起伏，而 SO_4^{2-} 则相对稳定。

总体而言，试验场内潜水含水层与承压含水层的水化学类型接近，但主要离子占比差异较大，说明两者的水力联系弱。两个含水层的水化学类型均有垂向分布差异，可能与含水介质非均质及与隔水底板或顶板的距离有关。两个含水层的阳离子随时间的变化均较为稳定，阴离子占比起伏较大，说明其受灌溉、冻融及蒸发等作用的影响。

7.5　本 章 小 结

对田间尺度的 0～2.0 m 深度非饱和带土壤孔隙水的盐分在不同时间的垂向分布及其水化学特征进行了研究，得出以下结论。

（1）试验场地非饱和带土壤土质较均一，主要为粉壤土，少量土样为粉土和砂壤土。尽管土壤性质均一，但 60～80 cm 深度土层为黏粒含量高值区，该深度同样为 TOC 含量高值区，黏粒对 TOC 的吸附效应明显。

（2）场地潜水埋深与农耕活动具有强烈的对应关系，当春季和秋季灌溉时，所有土壤均呈饱和状态数日，其中秋季灌溉饱和时间持续最长。全年最大潜水埋深为 2.3 m，出现在 9 月底。冻融期间潜水位下降明显，最低时也达到了 1.9 m。

（3）不同时间节点土壤孔隙水的水化学类型相近，根据土壤孔隙水 TDS 的垂向分布特征可分为蒸发积盐和灌溉压盐两类。蒸发积盐型饱和带土壤孔隙水补给非饱和带，由饱和带与非饱和带交接处至地表土壤孔隙水的 TDS 逐步升高，此时饱和带孔隙水的 TDS 的垂向差异较小；灌溉压盐型非饱和带盐分由地表向下迁移，盐分在潜水面处形成高值区，饱和带由潜水位向下 TDS 逐渐降低。高黏粒土层在蒸发积盐过程中易积累蒸发岩矿物，在灌溉压盐过程中溶解释放，形成局部盐分高值区。

（4）试验场 5 m 和 11 m 深度地下水为潜水含水层，16 m 和 22 m 深度地下水为半承压含水层。饱和带土壤孔隙水呈弱碱性，随深度增大，地下水的 pH 趋于上升，空间变异性则逐步减小。孔隙水的 TDS 无明显降低趋势，仅空间变异性减小。潜水含水层与半承压含水层的水力联系弱，同一含水层不同深度的水化学类型相同，但主要离子占比存在一定的差异。不同监测节点潜水含水层阳离子占比与半承压含水层阴阳离子占比均较稳定，随时间呈 Na^+ 占比微弱下降，Mg^{2+} 占比少量上升的趋势。潜水含水层阴离子占比受灌溉、蒸发、冻融等作用影响，垂向分布因淋滤作用产生差异，蒸发积盐节点的潜水含水层在垂向上则无明显差异。

参 考 文 献

常春龙, 杨树青, 刘德平, 等, 2014. 河套灌区上游地下水埋深与土壤盐分互作效应研究[J]. 灌溉排水学报, 33(Z1): 315-319.

范百龄, 张东, 陶正华, 等, 2017. 黄河水氢、氧同位素组成特征及其气候变化响应[J]. 中国环境科学, 37(5): 1906-1914.

李俊霞, 苏春利, 谢先军, 等, 2010. 多元统计方法在地下水环境研究中的应用: 以山西大同盆地为例[J]. 地质科技情报, 29(6): 94-100.

刘君, 郭华良, 刘福亮, 等, 2013. 包头地区大气降水 δD 和 $\delta^{18}O$ 变化特征浅析[J]. 干旱区资源与环境, 27(5): 157-162.

吕真真, 杨劲松, 刘广明, 等, 2017. 黄河三角洲土壤盐渍化与地下水特征关系研究[J]. 土壤学报, 54(6): 1377-1385.

祁惠惠, 马传明, 和泽康, 等, 2018. 水文地球化学和环境同位素方法在地下水咸化中的研究与应用进展[J]. 安全与环境工程, 25(4): 97-105.

苏春利, 张雅, 马燕华, 等, 2019. 贵阳市岩溶地下水水化学演化机制: 水化学和锶同位素证据[J]. 地球科学, 44(9): 2829-2838.

汤洁, 宫志宇, 王静静, 等, 2020. 可溶性有机碳在盐碱水田土壤中的吸附特征及影响因素[J]. 水土保持学报, 34(5): 259-266, 276.

赵文涛, 王喜宽, 张青, 等, 2009. 河套地区土壤矿物组成分析及与各元素的关系[J]. 物探与化探, 33(1): 16-19.

ALFY M E, 2013. Hydrochemical modeling and assessment of groundwater contamination in northwest Sinai, Egypt[J]. Water environment research, 85(3): 211-223.

BELKHIRI L, BOUDOUKHA A, MOUNI L, et al., 2010. Application of multivariate statistical methods and inverse geochemical modeling for characterization of groundwater-a case study: Ain Azel plain(Algeria)[J]. Geoderma, 159(3/4): 390-398.

CHAPAGAIN S K, PANDEY V P, SHRESTHA S, et al., 2010. Assessment of deep groundwater quality in Kathmandu Valley using multivariate statistical techniques[J]. Water air and soil pollution, 210(1/2/3/4): 277-288.

HUSSIEN B M, 2013. Modeling the impact of groundwater depletion on the hydrochemical characteristic of groundwater within Mullusi carbonate aquifer-west Iraq[J]. Environmental earth science, 70(1): 453-470.

KIM J H, KIM K H, THAO N T, et al., 2017. Hydrochemical assessment of freshening saline groundwater using multiple end-members mixing modeling: A study of Red River Delta aquifer, Vietnam[J]. Journal of hydrology, 549: 703-714.

OWEN D D R, COX M E, 2015. Hydrochemical evolution within a large alluvial groundwater resource overlying a shallow coal seam gas reservoir[J]. Science of the total environment, 523: 233-252.

RAO N S, 2008. Factors controlling the salinity in groundwater in parts of Guntur district, Andhra Pradesh,

India[J]. Environmental monitoring and assessment, 138(1/2/3): 327-341.

SU C L, WANG Y X, XIE X J, et al., 2015. An isotope hydrochemical approach to understand fluoride release into groundwaters of the Datong Basin, northern China[J]. Environmental science: Processes and impacts, 17(4): 791-801.

WANG Y G, XIAO D N, LI Y, et al., 2008. Soil salinity evolution and its relationship with dynamics of groundwater in the oasis of inland river basins: Case study from the Fubei region of Xinjiang Province, China[J]. Environmental monitoring and assessment, 140: 291-302.

WASTEBY N, SKELTON A, TOLLEFSEN E, et al., 2014. Hydrochemical monitoring, petrological observation, and geochemical modeling of fault healing after an earthquake[J]. Journal of geophysical research solid earth, 119(7): 5727-5740.

XIE X J, WANG Y X, SU C L, et al., 2012. Influence of irrigation practices on arsenic mobilization: Evidence from isotope composition and Cl/Br ratios in groundwater from Datong Basin, northern China[J]. Journal of hydrology, 424: 37-47.

XU Z, HU B X, 2017. Development of a discrete-continuum VDFST-CFP numerical model for simulating seawater intrusion to a coastal karst aquifer with a conduit system[J]. Water resources research, 53(1): 688-711.

第 8 章

灌溉对非饱和带-饱和带水盐运移的影响

灌溉是河套地区重要的农业活动，其主要形式为引黄河水漫灌（王国帅，2021；史海滨 等，2020；郭珈玮，2020），长期以来田地内注入了大量的泥沙，土壤盐渍化加剧，对当地的农业生产与农业生态环境产生了严重的影响（张利敏，2019；王乃江，2016；邹超煜和白岗栓，2015；李亮 等，2012；Kitamura et al.，2006）。由于种植作物种类差异，河套地区不同农田全年共进行4~6次灌溉（史海滨 等，2020；常春龙 等，2014），分别为春季灌溉、秋季灌溉及 6 月和 7 月作物生长期的多次小规模灌溉等。灌区灌溉过程的水盐运移具有独特性，长期大水漫灌压盐会造成地下水位抬升，并导致田间土壤内的盐碱成分在土壤中积累（杜学军 等，2021；张盼盼 等，2021；赵然杭 等，2020；Wang et al.，2008；黄领梅和沈冰，2000）。本章通过对灌区灌溉活动的长期多水平监测，探讨了灌溉活动影响下非饱和带-浅层地下水系统中的水盐运移过程及迁移机制。

8.1 灌溉条件下非饱和带-饱和带盐分运移规律

8.1.1 非饱和带孔隙水盐分运移

2018年10月1日、10月8~13日秋季灌溉时期,对试验场地内C1和C4点位非饱和带土壤孔隙水监测井群和浅层地下水监测井群进行采样监测。监测场位置及监测井群的位置见图7-1和图7-2。灌溉活动显著影响非饱和带(灌溉时非饱和带均处于饱水状态,此处为了区别浅层地下水系统,统一将0~2.0m深度定义为非饱和带,下面非饱和带均指代0~2.0m深度土层)孔隙水盐分的含量,且不同土质背景及盐渍化程度点位的盐分迁移规律具有较大差异(图8-1)。

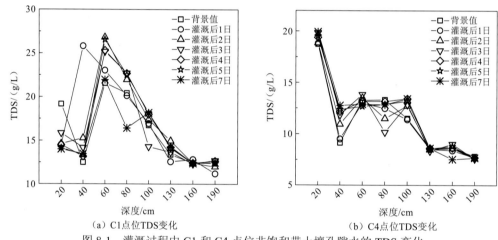

(a) C1点位TDS变化　　　　　(b) C4点位TDS变化

图8-1　灌溉过程中C1和C4点位非饱和带土壤孔隙水的TDS变化

监测结果表明,灌溉过程中,井群C1点位0~80cm深度土壤孔隙水的TDS随时间的推移逐步降低,而80~190cm深度则随时间的推移少量增长[图8-1(a)]。灌溉水进入农田后,表层盐分迅速向下迁移,灌溉后1日,表层20cm深度土壤孔隙水的TDS由19g/L降至14g/L,而40cm深度则迅速上升至25g/L以上。灌溉后3日,40cm深度孔隙水的TDS明显降低,60cm深度的TDS则达到灌溉过程中的最高值。总体来看,灌溉过程中,60cm深度始终为TDS高值区。这是由于C1点位60~80cm深度的土层的黏粒含量较高(15%),对盐分具有较好的吸附效果,且高黏粒含量的土层隔水性较强,对盐分的垂向迁移具有明显的阻碍作用。该点位其他深度土层的黏粒含量均未超过10%,盐分的垂向迁移速率较快。

灌溉后C4点位的盐分迁移规律与C1存在明显差异,该点位土壤表层的盐分淋洗效果较差,20cm深度孔隙水的TDS少量降低,且随时间推移有回升趋势[图8-1(b)]。土壤孔隙水的TDS在40cm、80cm和100cm深度随时间推移变化较明显,其他深度TDS的变化幅度较小。C4点位非饱和带整体的黏粒含量较高,导致该垂向剖面的盐分迁移速率较慢，灌溉淋滤效果差。

总体而言，灌溉过程中盐分的运移速率和淋滤效果与土壤质地有关。当黏粒含量低于 10%时，盐分受淋滤作用垂向迁移速率较快，土壤孔隙水的 TDS 在灌溉后 2 日内即迅速下降；当黏粒含量高于 10%时，淋滤效果较差，盐分的垂向迁移速率慢，灌溉后 7 日内孔隙水的 TDS 仅少量下降。

8.1.2　浅层地下水盐分响应

灌溉过程中，浅层地下水同时受到非饱和带垂向淋滤和灌渠水侧向补给作用，TDS 随时间的变化也因点位差异而呈现不同的规律（图 8-2）。

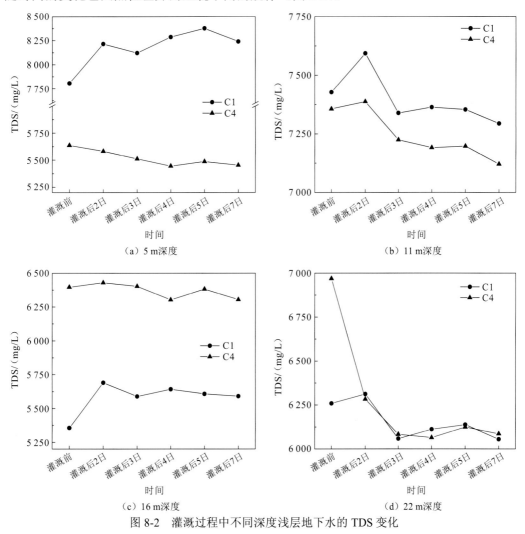

图 8-2　灌溉过程中不同深度浅层地下水的 TDS 变化

C1 点位 5 m 深度含水层的 TDS 呈逐步升高趋势[图 8-2（a）]，这与该点位的非饱和带孔隙水的 TDS 变化规律一致。这是因为非饱和带整体的黏粒含量较低，盐分淋滤速率较快。C4 点位 5 m 深度地下水的 TDS 则呈逐渐降低趋势，这是由于盐分垂向淋滤速率较慢，未达到该深度，同时灌渠水下渗、侧向补给对该处的地下水具有一定的稀释作用。

11 m 深度与 5 m 深度含水层同属潜水含水层，因此 11 m 深度含水层的 TDS 随时间的变化特征与 5 m 深度具有明显的一致性。在 C1 点位 11 m 深度的含水层，灌溉后 2 日地下水的 TDS 明显升高[图 8-2（b）]，在灌溉后 3 日之后趋于稳定，说明 C1 点位非饱和带-浅层地下水系统整体的盐分迁移速率较快，盐分迅速进入潜水含水层，随侧向径流向排干处迁移。C4 点位 11 m 深度含水层的 TDS 变化也呈相同的趋势，但灌溉后 2 日地下水的 TDS 升高不明显，TDS 变化主要受地下水侧向径流补给导致的稀释作用影响。

16 m 和 22 m 深度含水层均为半承压含水层，灌溉后盐分随时间的推移无明显变化[图 8-2（c）、（d）]，TDS 较为稳定，主要受灌渠水侧向补给导致的稀释作用的影响。值得注意的是，C1 点位 16 m 深度和 C4 点位 22 m 深度灌溉前与灌溉后 2 日的地下水 TDS 存在较大差异，可能是由局部含水介质的非均质性导致的。

8.2　灌溉过程中非饱和带-饱和带水化学形成与演化

8.2.1　水化学特征及演化过程

灌溉前后土壤孔隙水及灌溉水的 Piper 三线图（图 8-3）显示，秋季灌溉前后，20～190 cm 深度土壤孔隙水的水化学组成十分稳定。阳离子中的主要离子为 Na^+ 和 K^+，占比超过 40%，其次为 Mg^{2+}，占比在 20%～40%，Ca^{2+} 的占比基本小于 20%。阴离子中 Cl^- 和 SO_4^{2-} 的占比较高，均在 40%～60%，HCO_3^- 的占比小于 20%。灌溉前后土壤孔隙水的水化学类型主要为 $Cl·SO_4$-Na 型、$SO_4·Cl$-Na 型及少量 $SO_4·Cl$-Na·Mg 型，而灌溉水为 $HCO_3·SO_4$-Ca 型水。以上结果说明，灌溉水对土壤的淋洗仅起到稀释和溶解土壤中可溶盐的作用，未改变土壤孔隙水的水化学类型。

以 C4 剖面为例，对比灌溉前后 0～2.0 m 深度各层土壤孔隙水的主要离子含量分布（图 8-4）发现，在灌溉前后，Ca^{2+}、Mg^{2+}、Na^+、Cl^- 和 SO_4^{2-} 的垂向分布均表现为表层孔隙水中的含量极高，随深度增大逐步降低，而 HCO_3^- 则呈现相反的规律，表层土壤孔隙水中的含量较低，随深度增大逐步升高。除 80 cm 深度外，其余非表层（20 cm 以下深度）土壤孔隙水中的阳离子含量灌溉后均高于灌溉前，说明灌溉活动导致大量表层土壤及孔隙水中的阳离子淋滤至中下层土壤，使孔隙水中的阳离子含量高于灌溉前。结合 C4 点位土质背景可知，80 cm 深度土壤的黏粒含量为 13%，远高于其他深度土层。此外，黏粒含量较高的土层易形成盐分含量高值区。在灌溉前，此深度即垂向盐分分布的高值区，灌溉后该层土壤含水率增大，土壤水被快速稀释，因此灌溉后土壤孔隙水中的阳离子含量低于灌溉前。

阴离子的灌溉前含量与灌溉后 7 日含量持平，且灌溉前后 Cl^- 和 SO_4^{2-} 在 80 cm 深度的含量变化与其他深度不同。灌溉后 3 日阴离子含量较低，是由于阴离子受交换吸附作用的影响小，更易淋滤、向下迁移。当到达灌溉后 7 日时，表层高盐分淋滤水逐步对该土层盐分进行补充，达到灌溉前的浓度水平。

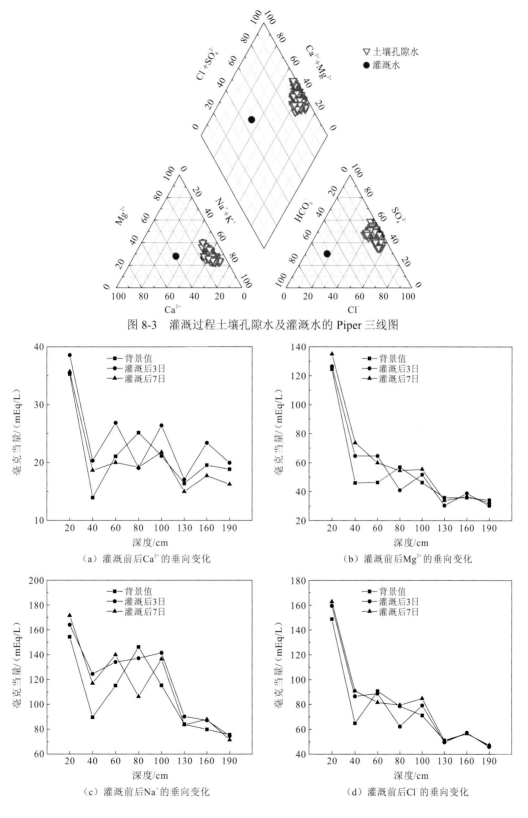

图 8-3　灌溉过程土壤孔隙水及灌溉水的 Piper 三线图

（a）灌溉前后Ca²⁺的垂向变化

（b）灌溉前后Mg²⁺的垂向变化

（c）灌溉前后Na⁺的垂向变化

（d）灌溉前后Cl⁻的垂向变化

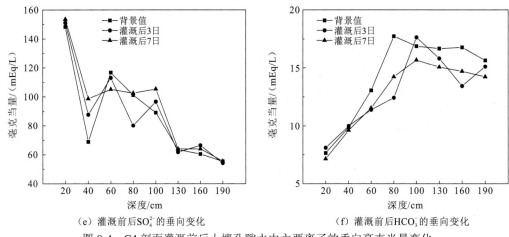

（e）灌溉前后SO₄²⁻的垂向变化　　　（f）灌溉前后HCO₃⁻的垂向变化

图 8-4　C4 剖面灌溉前后土壤孔隙水中主要离子的垂向毫克当量变化

灌溉前后监测的各深度浅层地下水的 Piper 三线图（图 8-5）显示，灌溉前后各深度浅层地下水的水化学类型无明显差异。5 m 深度阳离子以 Na⁺为主，占比均超 50%，Ca²⁺和 Mg²⁺的占比均在 25%或小于 25%；阴离子中 Cl⁻的占比超 50%，SO₄²⁻的占比均在 30%以上，水化学类型主要为 Cl·SO₄-Na 型。11 m 深度阳离子中 Na⁺的占比略高于 5 m 深度，均超过 60%，Mg²⁺的占比在 25%以下，Ca²⁺的占比明显低于 5 m 深度，普遍在 20%以下；主要阴离子占比与 5 m 深度类似，水化学类型同样为 Cl·SO₄-Na 型。16 m 和 22 m 深度地下水的主要阴阳离子占比十分接近，水化学类型也相同，均为 Cl-Na 型。半承压含水层与潜水含水层相比 SO₄²⁻的占比明显下降。

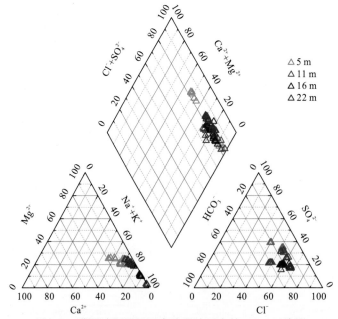

图 8-5　灌溉过程不同深度浅层地下水的 Piper 三线图

8.2.2　水-岩作用过程

Cl⁻/Br⁻常用于指示蒸发浓缩作用（Su et al., 2015; Xie et al., 2012）。仅存在蒸发浓缩作用时，Cl⁻/Br⁻不随蒸发浓缩作用而改变，若 Cl⁻/Br⁻与 Cl⁻浓度呈近似正相关关系，则表明水分在蒸发浓缩的同时溶解了土壤矿物（主要为盐岩、石膏等蒸发岩矿物）中的 Cl⁻。灌溉前试验场土壤孔隙水中的 Cl⁻浓度与 Cl⁻/Br⁻线性关系的拟合斜率为 1 082, R^2 为 0.39（图 8-6），说明其除了受蒸发浓缩影响外还溶解了部分盐岩。灌溉过程 Cl⁻/Br⁻的变化则与蒸发过程不同，灌溉后土壤孔隙水的 Cl⁻/Br⁻将趋近于灌溉水的 Cl⁻/Br⁻。同时，灌溉后土壤孔隙水的 Cl⁻/Br⁻与 Cl⁻浓度同样呈近似正相关关系，且斜率与灌溉前相近（线性拟合斜率 $K = 1 203$, $R^2 = 0.48$）。这表明灌溉水会增大孔隙水的 Cl⁻/Br⁻，同时灌溉水大量溶解盐岩，使 Cl⁻进入孔隙水，孔隙水的 Cl⁻/Br⁻与 Cl⁻浓度维持稳定。

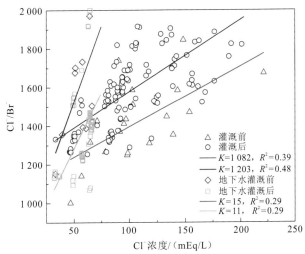

图 8-6　灌溉前后土壤孔隙水中 Cl⁻浓度与 Cl⁻/Br⁻的关系

灌溉前后地下水的 Cl⁻/Br⁻与 Cl⁻浓度的关系无明显差异，两者的 K 分别为 11 和 15。这一方面说明灌溉水对浅层地下水的直接影响较小，无论是灌渠水还是农田灌溉水均需通过非饱和带淋滤进入地下水；另一方面，也表明浅层地下水在灌溉过程中无明显的蒸发岩溶解效应。

盐岩和石膏是盐渍化土壤极易产生的蒸发岩矿物，建立非饱和带土壤孔隙水 Cl⁻浓度与 Na⁺浓度的关系和 Ca²⁺浓度与 SO₄²⁻浓度的关系（图 8-7）发现，两组关系可进一步说明灌溉过程中非饱和带土壤蒸发岩的溶解过程。由图 8-7（a）可见，土壤水 Cl⁻浓度和 Na⁺浓度的比值接近 1:1，说明灌溉过程中存在大量盐岩溶解情况。绝大部分 Na⁺浓度与 Cl⁻浓度的比值点位于 1:1 线之上，说明灌溉过程中除盐岩溶解外，存在其他钠源向土壤孔隙水中释放 Na⁺，可能是 Na⁺与 Ca²⁺、Mg²⁺之间的阳离子交换作用，以及钠铝硅酸盐矿物的非全等溶解。图 8-7（b）中 Ca²⁺浓度与 SO₄²⁻浓度的关系偏离 1:1 线且靠近 SO₄²⁻浓度方向，两者比值差异极大，说明土壤孔隙水中 SO₄²⁻的来源不仅仅包括石膏的溶解，还可能与芒硝等硫酸盐矿物的溶解及 Na^+ 与 Ca^{2+} 的交换有关。

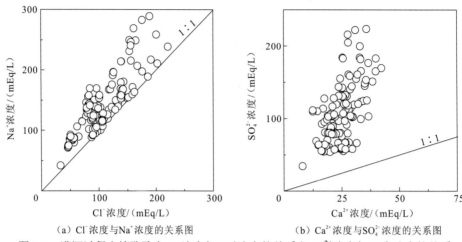

（a）Cl^- 浓度与 Na^+ 浓度的关系图　　（b）Ca^{2+} 浓度与 SO_4^{2-} 浓度的关系图

图 8-7　灌溉过程土壤孔隙水 Cl^- 浓度与 Na^+ 浓度的关系和 Ca^{2+} 浓度与 SO_4^{2-} 浓度的关系

　　Na^+-Cl^- 与 $HCO_3^-+SO_4^{2-}-Ca^{2+}-Mg^{2+}$ 的浓度比值关系常用于说明 Na^+ 与 Ca^{2+}、Mg^{2+} 之间的交换作用。试验场灌溉过程中土壤孔隙水的 Na^+-Cl^- 浓度与 $HCO_3^-+SO_4^{2-}-Ca^{2+}-Mg^{2+}$ 浓度的比值见图 8-8。灌溉过程中，土壤孔隙水中 TDS<20 g/L 的水样的 Na^+-Cl^- 浓度与 $HCO_3^-+SO_4^{2-}-Ca^{2+}-Mg^{2+}$ 浓度之比靠近 1:1 线，说明 Na^+ 与 Ca^{2+}、Mg^{2+} 之间存在交换作用；TDS≥20 g/L 的水样的 Na^+-Cl^- 浓度与 $HCO_3^-+SO_4^{2-}-Ca^{2+}-Mg^{2+}$ 浓度之比偏离 1:1 线（主要为高黏粒土层），说明此时存在除盐岩、石膏、方解石、白云石等矿物外的其他钠源（可能为钠铝硅酸盐矿物），或者钙镁源使孔隙水中的 Na^+ 或 Ca^{2+}、Mg^{2+} 升高至一定浓度后，离子交换作用无法再平衡三种阳离子之间的含量。

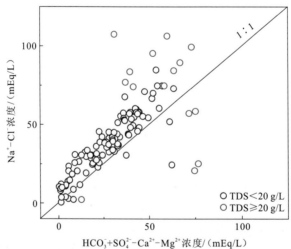

图 8-8　灌溉过程土壤孔隙水 Na^+-Cl^- 浓度与 $HCO_3^-+SO_4^{2-}-Ca^{2+}-Mg^{2+}$ 浓度的关系

　　试验场灌溉过程中浅层地下水的 Na^+-Cl^- 浓度与 $HCO_3^-+SO_4^{2-}-Ca^{2+}-Mg^{2+}$ 浓度的比值见图 8-9。潜水含水层地下水灌溉前 Na^+-Cl^- 浓度与 $HCO_3^-+SO_4^{2-}-Ca^{2+}-Mg^{2+}$ 浓度的比值偏

离 1∶1 线，未见明显的离子交换作用；灌溉后潜水含水层地下水样点均落在 1∶1 线上方附近，说明存在明显的离子交换作用。变化规律与水样的 TDS 变化一致，灌溉前潜水含水层的 TDS 较低，灌溉后盐分淋滤进入潜水含水层，离子强度增大，离子交换作用也逐渐强烈。半承压含水层灌溉前后 Na^+-Cl^- 浓度与 HCO_3^-+SO_4^{2-}-Ca^{2+}-Mg^{2+} 浓度的比值均处于 1∶1 线附近，说明其受到的灌溉影响较小，灌溉前后均存在明显的离子交换作用。此外，大部分水样点位于 1∶1 线以下，这与该深度重碳酸根含量较高有关。

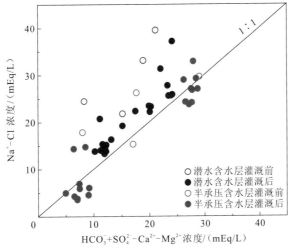

图 8-9　灌溉过程浅层地下水 Na^+·Cl^- 浓度与 HCO_3^-+SO_4^{2-}-Ca^{2+}-Mg^{2+} 浓度的关系

8.3　本 章 小 结

　　灌溉过程对非饱和带土壤盐分的淋洗效果受土壤质地影响。以黏粒含量为 10% 为界，高于 10% 的土层对盐分的垂向迁移具有明显的阻碍作用。若黏粒含量高于 10% 的土层厚度较大，则灌溉作用对土壤盐分的淋洗效果较差，各深度土壤孔隙水的 TDS 无明显变化，盐分短期内无法淋滤并进入地下水；当高黏粒土层仅少量分布时，表层盐分淋洗速率较快，灌溉 1 日后表层土壤孔隙水中的盐分即快速向下运移，进入浅层地下水。

　　灌溉过程中土壤孔隙水和浅层地下水的水化学类型均无明显变化，均以 Cl·SO_4-Na 型为主。非饱和带中，高黏粒土层为盐分高值区，灌溉后较灌溉前主要离子含量明显下降，而其余土层则明显上升。灌溉过程中非饱和带土层的蒸发岩大量溶解，除盐岩外，芒硝和石膏也大量溶解，而地下水则无明显的蒸发岩溶解现象。灌溉开始后，非饱和带土壤孔隙水在中低 TDS 浓度下阳离子交换作用明显，但在高黏粒土层环境下 Na^+ 与 Ca^{2+}、Mg^{2+} 不平衡，存在其他钠源，可能来自钠长石类矿物的水解，也存在其他钙镁源，可能为蒙脱石矿物。灌溉前后浅层地下水均明显存在离子交换作用，受到的灌溉影响较小。

参 考 文 献

常春龙, 杨树青, 刘德平, 等, 2014. 河套灌区上游地下水埋深与土壤盐分互作效应研究[J]. 灌溉排水学报, 33(Z1): 315-319.

杜学军, 闫彬伟, 许可, 等, 2021. 盐碱地水盐运移理论及模型研究进展[J]. 土壤通报, 52(3): 713-721.

郭珈玮, 2020. 河套灌区耕地-盐碱荒地间水盐运移规律及农田盐分调控[D]. 呼和浩特: 内蒙古农业大学.

黄领梅, 沈冰, 2000. 水盐运动研究述评[J]. 西北水资源与水工程(1): 6-12.

李亮, 史海滨, 李和平, 2012. 内蒙古河套灌区秋浇荒地水盐运移规律的研究[J]. 中国农村水利水电(4): 41-44, 49.

史海滨, 杨树青, 李瑞平, 等, 2020. 内蒙古河套灌区水盐运动与盐渍化防治研究展望[J]. 灌溉排水学报, 39(8): 1-17.

王国帅, 2021. 河套灌区不同地类间水盐运移规律及盐分重分布研究[D]. 呼和浩特: 内蒙古农业大学.

王乃江, 2016. 微咸水灌溉模式对盐碱耕地土壤水盐运移规律的影响[D]. 淄博: 山东理工大学.

张利敏, 2019. 河套灌区农区-非农区盐分迁移试验与模拟研究[D]. 北京: 中国地质大学(北京).

张盼盼, 赵慧, 荣昊, 2021. 微咸水灌溉对盐碱土水盐运移的影响[J]. 人民长江, 52(5): 198-202, 208.

赵然杭, 刘开印, 张扩成, 等, 2020. 引黄灌溉对土壤含盐量的影响研究[J]. 人民黄河, 42(11): 147-151.

邹超煜, 白岗栓, 2015. 河套灌区土壤盐渍化成因及防治[J]. 人民黄河, 37(9): 143-148.

KITAMURA Y, YANO T, HONNA T, et al., 2006. Causes of farmland salinization and remedial measures in the Aral Sea basin-research on water management to prevent secondary salinization in rice-based cropping system in arid land[J]. Agricultural water management, 85(1/2): 1-14.

SU C L, WANG Y X, XIE X J, et al., 2015. An isotope hydrochemical approach to understand fluoride release into groundwaters of the Datong Basin, northern China[J]. Environmental science: Processes and impacts, 17(4): 791-801.

WANG Y G, XIAO D N, LI Y, et al., 2008. Soil salinity evolution and its relationship with dynamics of groundwater in the oasis of inland river basins: Case study from the Fubei region of Xinjiang Province, China[J]. Environmental monitoring and assessment, 140: 291-302.

XIE X J, WANG Y X, SU C L, et al., 2012. Influence of irrigation practices on arsenic mobilization: Evidence from isotope composition and Cl/Br ratios in groundwater from Datong Basin, northern China[J]. Journal of hydrology, 424: 37-47.

第 9 章
非饱和带-饱和带灌溉过程水盐运移模拟

　　灌溉是河套地区重要的农业活动，定量识别灌溉条件下非饱和带-饱和带的水盐运移过程是揭示土壤盐渍化和地下水咸化机制的关键。本章利用 Hydrus 软件，通过水盐运移过程的数值模拟，探讨灌溉活动对非饱和带-饱和带水盐运移过程的影响。主要内容包括软件和数值模型选取、模拟场地和土壤层背景、水力参数与溶质运移参数选取、边界条件选取和模型验证。然后，在此基础上，模拟不同灌溉量、不同灌溉方式对水盐运移的影响，以揭示灌溉过程非饱和带-浅层地下水系统中的水盐运移过程及机制。

9.1 数值模型构建

9.1.1 软件和数值模型选取

Hydrus 系列软件由美国农业部国家盐土实验室与 van Genuehten 教授于 1991 年开发，用于构建有限元土壤水、热、溶质运移模型。该软件提供了多种水流运移上下边界条件（定含水率上下边界、定通量上下边界、大气接触上边界、变水头上下边界、变通量上下边界、自由排水下边界等）、溶质运移上下边界条件（定浓度上下边界、定通量上下边界、0 浓度梯度边界等）以模拟不同情形下的水盐运移过程。软件以水流运动为主体，基于 Richard 方程提供 V-G 模型、修正的 V-G 模型、Brooks-Corey 模型和 Kosugi 模型四类单一孔隙度介质模型，并可考虑土壤水分的滞后效应。

软件初期仅提供一维土壤垂向模拟，后期推出的 2D/3D 版本可用于二维、三维土壤水、溶质和热运移的模拟（Simunek et al.，2018，2016）。该模型提供了多种多孔介质溶质运移方程及多种变边界条件，已广泛应用于土壤盐渍化过程、灌溉、耕地氮迁、土壤污染物扩散等领域（Saadi et al.，2018；何康康 等，2016；郝远远 等，2015），具有良好的应用前景。Ramos 等（2011）应用 Hydrus-1D 模拟葡萄牙 Alvalade 和 Mitra 两个不同盐分、氮浓度盐渍化地区的咸淡水混合灌溉过程，以野外试验结果验证室内模拟效果，结果表明，模型可成功模拟盐分胁迫对作物养分汲取的影响，但两个地区的模拟结果存在一定的差异，可能与模拟参数未进行校准有关。Hydrus-1D 对内蒙古自治区河套灌区间歇灌溉条件下不同灌溉量的水盐运移过程的模拟结果显示，不同的灌溉量对土壤含水率无明显影响，随灌溉水量的增大，盐分淋滤速率加快，当积水深度大于 20 cm 时，淋滤速度不再明显增加（Zeng et al.，2014）。Rahman 等（2015）应用 Hydrus-1D 模拟了干旱地区长期利用再生水循环灌溉后的盐分积累情况，并基于模拟结果提供了再生水灌溉的可持续灌溉方案，以保持根区盐分处于合理范围。潘延鑫等（2017）应用 Hydrus-1D 对陕西卤泊滩盐碱地进行了饱和-非饱和带土壤水分、盐分的运移模拟，针对区域土壤含水率、土质和种植作物提出了 500 m³/hm 的节水控盐最适灌水定额。

溶质运移过程采用对流-弥散方程刻画。本书将 V-G 模型作为刻画水流运动的模型，且不考虑土壤水分的滞后效应。V-G 模型的理论公式为

$$\theta(h) = \begin{cases} \theta_r + \dfrac{\theta_s - \theta_r}{(1 + |\alpha h|^n)^m}, & h < 0 \\ \theta_s, & h \geqslant 0 \end{cases} \tag{9-1}$$

$$K(h) = K_s S_e \left[1 - \left(1 - S_e^{\frac{1}{m}} \right)^m \right]^2 \tag{9-2}$$

式中：θ 为含水率；θ_s 为饱和含水率；θ_r 为残余含水率；α、m、n 为经验参数；K 为渗

透系数；S_e 为有效含水率；K_s 为饱和条件下的渗透系数；h 为压力水头。

溶质运移的对流-弥散方程的具体表达式为

$$\frac{\partial(\theta c)}{\partial t} = \frac{\partial}{\partial x}\left(D_{ij}\frac{\partial c}{\partial x}\right) + \frac{\partial}{\partial y}\left(D_{ij}\frac{\partial c}{\partial y}\right) + \frac{\partial}{\partial z}\left(D_{ij}\frac{\partial c}{\partial z}\right) - \frac{\partial(q_i\theta)}{\partial z} \tag{9-3}$$

式中：θ 为含水率，%；c 为溶质浓度，g/L；q_i 为水流通量，cm^3；D_{ij} 为弥散系数，cm^2/h。

9.1.2　模拟场地和土壤层背景

模拟对象为内蒙古自治区杭锦后旗试验场（图 7-1）。试验场土层按粒度分级标准划分均为粉壤土，仅少量为粉土。实际情况下，黏粒含量高低对水盐运移的影响十分明显，常规的划分标准无法体现非饱和垂向分布土壤的差异性。因此，根据土壤粒度组成及容重情况，将 0～2 m 深度的土层分为 4 种土质，土质粒度、容重及土层分布情况见表 9-1。

表 9-1　不同土质的粒度及容重的平均值

土质	黏粒/%	粉粒/%	砂粒/%	容重平均值/（g/cm³）
A	7.60	73.00	19.40	1.45
B	3.46	53.80	42.74	1.42
C	12.60	83.00	4.40	1.48
D	6.14	67.72	26.14	1.50

试验场 0～2 m 土壤的垂向分布图见图 9-1。模拟土层的粒径组成特征明显，表层 0～60 cm 对应土质 A，其黏粒含量较低，占比 6.25%～9.34%，粉粒含量较高，占比 71.98%～76.09%，砂粒含量较低，占比 17.44%～19.57%，该段土层的平均容重为 1.45 g/cm^3。

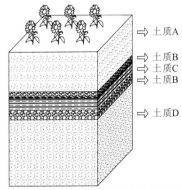

图 9-1　模拟土层非饱和带-饱和带土壤的垂向分布情况

其下分布一层较薄的黏粒含量极低的土层（土质 B），厚度在 10 cm 以内，黏粒含量为 3.46%，粉粒含量为 53.80%，砂粒含量达到 42.74%（垂向土层中砂粒含量最高的一段土层），其容重为 1.42 g/cm^3。下层为土质 C，容重为 1.48 g/cm^3，分布有一层黏粒含量较高的土层，深度位于 65～85 cm，黏粒含量在 10.49%～14.77%，为垂向土层黏粒含量分布高值区，其粉粒含量同样为垂向土层粉粒含量分布的高值区，含量在 82.22%～84.46%，该层砂粒含量极低，仅在 3.01%～5.05%。

土质 C 之下分布有一层粒径组成与土质 B 较相近的土层，故将两组土层归为一类，黏粒含量仅为 3.59%，粉粒含量为 47.47%，砂粒含量为 48.94%，容重为 1.46 g/cm³，厚度同样在 10 cm 以内。最后为土质 D，分布于 90～200 cm 深度，平均容重达到 1.50 g/cm³。粒径组成接近土质 A，黏粒含量在 4.92%～7.96%，粉粒含量在 61.22%～73.34%，砂粒含量在 21.15%～33.86%。

9.1.3　水力参数与溶质运移参数选取

土壤水分的运动主要依靠土壤水分特征方程进行计算，该方程涉及饱和含水率（θ_s）、残余含水率（θ_r）、α、n、m 和饱和条件下的渗透系数（K_s）六项参数，其中 α、n、m 为经验参数，其余参数为土壤固有参数。本章根据粒度及容重数据，结合 Hydrus-1D 软件中的 Rosetta 模块对 4 种土质的水分运移参数进行推导，推导结果见表 9-2。

表 9-2　不同土质的水分运移参数和溶质的弥散系数

土质	θ_s	θ_r	α	n	K_s/（cm/d）	m	弥散系数
A	0.049 6	0.393	0.005 4	1.675 6	43.22	0.5	0.029
B	0.032 2	0.347 9	0.011 6	1.504 1	46.35	0.5	0.023
C	0.064 5	0.432 2	0.005 9	1.640 2	20.32	0.5	0.027
D	0.040 2	0.353 6	0.007 4	1.590 1	32.28	0.5	0.025

弥散系数的常用测试方法为穿透曲线法，该方法基于室内柱试验进行，但室内柱无法完全还原土壤的孔隙分布情况，往往计算出的弥散系数与实际偏差较大，故本章模型各土层的弥散系数先采用经验数值，然后结合模拟结果，对照实际情况进行参数调节，最终确定 4 种土质的弥散系数（表 9-2）。

9.1.4　边界条件选取

本章模拟涉及土壤水分和盐分的运移过程，故需要确定上下水流边界条件和上下溶质运移边界条件。

河套灌区全年气候条件差异大，蒸发量、降水量变化明显，且存在多次不同灌溉量的灌溉活动，故土壤水分运移上边界选择大气接触边界以模拟不同降水量、灌溉量的情景（灌溉过程以降水形式进行模拟）。灌区全年地下水位在 0.6～2 m 交替变化，故土壤水分运移下边界选择变水头边界以模拟不同地下水位的情景。

模拟针对的是河套灌区盐渍化问题，故需要对模拟土层的上下边界水分浓度通量进行规定，溶质运移上下边界均采用浓度通量边界。

9.1.5　模型验证

依据上述土层分布、水分运移参数、溶质运移参数上下边界条件，以及 2018 年野外实地获取的灌溉量数据、灌溉水的 TDS 含量及 0～2 m 土层孔隙水的水化学数据，对该土层 2018 年秋季的灌溉活动进行模拟。模拟时间为秋收后（10 月 7～13 日），田内作物已收获，无须考虑作物根系吸水项。模拟溶质为所有可溶盐分（以 TDS 计算），灌溉水量为 20 cm，灌溉水的 TDS 为 0.6 g/L，模拟时长为 7 天。

灌水 7 日后土壤孔隙水 TDS 的实际垂向分布与模拟结果见图 9-2（a）。模拟结果与实际结果在 100 cm 以下深度几乎完全一致，40～80 cm 深度土壤孔隙水 TDS 的模拟值与实际值存在一定偏差。将模拟数据与实际结果进行配对样本 t 检验，显著性水平 $P=$ 0.449（P 大于 0.05 时为可靠）。

灌水开始后至灌水后 7 日，20 cm 深度土壤孔隙水的 TDS 随时间变化的实际情况和模拟结果见图 9-2（b）。模拟结果与实际结果在模拟时段中后期十分贴近，对模拟结果与实际结果进行配对样本 t 检验，显著性水平 $P=0.359$。由于灌水初期未能进行 20 cm 深度土壤孔隙水的监测，缺少实际数据，模拟结果与实际结果的显著性水平较低，但灌水中后段模拟值与实际值十分接近，也证明了模型的可靠性。综上，本次构建的非饱和带-饱和带土壤数值模型较好地刻画了场地尺度的土层情况，可用于模拟该土层不同气候、灌溉条件下的水盐运移过程。

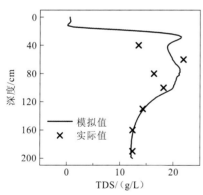
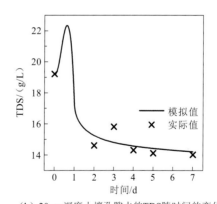

（a）灌水7日后土壤孔隙水TDS的模拟结果　　（b）20 cm深度土壤孔隙水的TDS随时间的变化

图 9-2　灌溉过程中土壤孔隙水 TDS 的模型验证结果

9.2　不同灌溉强度对水盐运移的影响

河套灌区全年进行两次大型引黄河水灌溉活动，分别为 5 月初期的春季灌溉和 10 月初期的秋季灌溉，其中春季灌溉在播种期之前，秋季灌溉在收获后，两次灌溉活动均在作物种植的空档期，所以均不受作物的根系吸水作用和蒸腾作用的影响，但秋季灌溉中后期，灌区气温降低至 0 以下，表面灌溉积水冻结，直至第二年 3 月开始溶解，这期间无灌溉回水下渗。

因为选取的软件无法对冻融过程进行数值模拟，所以将 5 月春季灌溉作为数值模拟的背景。模拟时间为灌溉当天至灌溉后 30 日，地下水位变化、蒸发量、土壤含水率、土壤水的 TDS 等数据均以 2019 年灌区试验场实测数据为依据。

灌溉过程的水盐运移数值模拟中灌溉水设置为降水形式，灌溉量分别为 5.0 cm、7.5 cm、10.0 cm、12.5 cm、15.0 cm、17.5 cm、20.0 cm、22.5 cm 和 25.0 cm。此外，考虑到引黄河水的灌溉过程对灌区整体地下水位的抬升不受灌溉量的影响，故每种灌溉量下的 30 日内地下水位变化是一致的。

9.2.1 对土壤含水率的影响

受冬季冻融作用影响，春季灌溉过程中潜水埋深较浅，且下渗速率偏慢，灌溉 30 日后地下水位仅下降至 130 cm。因此，对土壤含水率的影响以 0～100 cm 深度为主。结合当地种植作物的根系深度范围，此次春季灌溉对含水率、土壤水的 TDS 及土壤全盐量的分析均以 0～60 cm 深度为重点。

不同灌溉量条件下土壤表层含水率的差异主要体现在灌溉初期。由图 9-3 可见，灌溉开始至灌溉后 7 日，5.0～15.0 cm 灌溉量条件下土壤含水率随灌溉水的不断下渗而降低，灌溉量越大，含水率降低的速率越慢，17.5 cm 灌溉量条件下灌溉开始和灌溉后 24 h 表层 20 cm 土壤含水率几乎相同。以上分析表明，此时土壤表层积水已全部下渗，20.0～25.0 cm 灌溉量条件下 24 h 后表层 20 cm 土壤的含水率仍高于灌溉初期的情况，说明此时土壤表层可能仍存在少量积水或积水刚刚完全下渗。

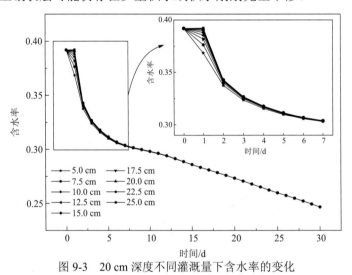

图 9-3 20 cm 深度不同灌溉量下含水率的变化

灌溉后 48 h，不同灌溉量条件下 20 cm 深度土层的含水率均出现大幅下降，含水率在 0.35 左右，灌溉量越大的条件下含水率越高。随着灌溉后时间的推移，20 cm 深度土层受灌溉水下渗和蒸发作用的共同影响，含水率逐步下降，不同条件下土层含水率的差异却逐步缩减，直至灌溉后 7 日，20 cm 深度土层不同灌溉量条件下的土壤含水率几乎相同。

由于 0～60 cm 深度土层均为同一类型的土壤，灌溉后 30 日内 40 cm 深度土层含水率的变化趋势与 20 cm 深度土层相似，出现 7 日内含水率具有明显差异，而 7～30 日含水率几乎不随灌溉量的改变而产生差异的现象（图 9-4）。与 20 cm 深度不同的是，40 cm 深度灌溉开始时与灌溉后 24 h 土层含水率相同的灌溉量由 17.5 cm 变为 25.0 cm，这是由于灌溉深度增加，灌溉水向下淋滤的过程中不断损失水分。

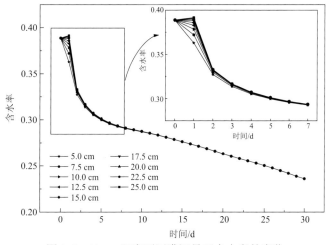

图 9-4　40 cm 深度不同灌溉量下含水率的变化

60 cm 深度土层的土质与 20 cm 和 40 cm 深度一样（图 9-5），灌溉过程的含水率变化规律也与前面两个深度的含水率变化规律一致，没有出现异常的突变情况。不同灌溉量导致的含水率差异主要集中于灌溉开始至灌溉后 7 日，其余时段灌溉量的差异对含水率无明显影响。但 60 cm 深度处土层在不同灌溉梯度下灌溉后 24 h 的含水率与 40 cm 深度处土层相近，说明灌溉过程中不同灌溉量条件下，40～60 cm 深度土层的含水率变化是较为接近的，受表层灌溉积水的影响较小。

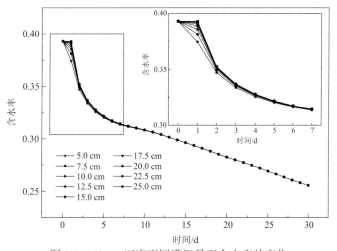

图 9-5　60 cm 深度不同灌溉量下含水率的变化

整体而言，0~60 cm 深度的土层水分淋滤速度较快，5.0~25.0 cm 灌溉量对该土层含水率的变化差异影响较小，单从灌溉补水的角度来看，少量多次灌溉补水比单次大量灌溉补水的效果更好，且更加节省灌溉用水。

9.2.2　对土壤全盐量的影响

全盐量是土壤盐渍化区分的重要标志，也是衡量灌溉量是否达到淋滤洗盐要求的重要指标。图 9-6 为不同灌溉量条件下 20 cm 深度土壤全盐量随时间的变化情况。由图 9-6 可见，在所有灌溉情形下，灌溉开始至灌溉后 3 日，20 cm 深度土壤的全盐量快速下降，之后逐步平稳降低或回升。随着灌溉量的增大，灌溉活动对 20 cm 深度土壤的洗盐效果越来越明显。5.0~15.0 cm 灌溉量条件下，土壤全盐量随时间的变化规律差异较小，说明 5.0~15.0 cm 灌溉量的差异对土壤盐分的淋洗效果的影响较小。17.5~25.0 cm 灌溉量条件下，灌溉量的变化对土壤盐分的淋洗效果影响较大，随着灌溉量的增大，灌溉后 3~5 日，20 cm 深度土壤的全盐量下降越来越显著。从春季灌溉降盐播种的角度考虑，在该土质背景下，20 cm 深度的灌溉量即可使表层土壤的全盐量降低至 0.2%，满足耐盐作物的生根发芽需求。

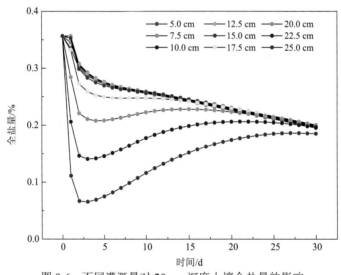

图 9-6　不同灌溉量对 20 cm 深度土壤全盐量的影响

40 cm 深度土壤的全盐量因灌溉量的变化产生的差异较小（图 9-7）。所有灌溉量均对该层土壤的全盐量产生了明显的降低作用。灌溉后 5 日，40 cm 深度土壤的全盐量由灌溉初期的 0.35%降至 0.27%~0.29%。5.0~12.5 cm 灌溉量条件下，土层全盐量的降低幅度十分一致，15.0~25.0 cm 灌溉量条件下，随灌溉量的增大，40 cm 深度土层的全盐量略有增加，可能是由于灌溉水本身为黄河水，其 TDS 为 0.6 g/L，大的灌溉量会将灌溉水中的盐分引入，造成盐分积累。

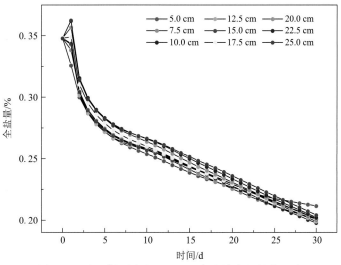

图 9-7　不同灌溉量对 40 cm 深度土壤全盐量的影响

60 cm 深度的土层靠近黏土层，其全盐量也受到高黏粒含量土层的影响，背景值达到 0.6 g/L（图 9-8）。不同灌溉量对该层土壤的全盐量产生了较大的影响。该土层在灌溉开始至灌溉后 4 日全盐量急剧下降，随后缓慢下降。灌溉量增大也使该土层的全盐量降低得更加明显，灌溉后 5 日内，5.0 cm 灌溉量条件下全盐量降低至 0.42%，而 25.0 cm 灌溉量条件下全盐量可降低至 0.28%。由于该土层位于高黏粒含量土层（相对隔水土层）上方，灌溉水下渗速度缓慢，淋滤效果受灌溉量影响，灌溉量越大，表层压力水头越高，盐分的淋滤效果也就越好。

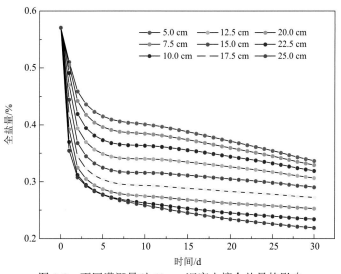

图 9-8　不同灌溉量对 60 cm 深度土壤全盐量的影响

总体而言，0～60 cm 深度土层在不同灌溉量条件下的全盐量随时间的变化具有明显的差异，含水率随时间的变化规律在灌溉初期具有明显的差异性。但是，随时间推移，不同灌溉量条件下的含水率变化较为一致。在模拟土质背景条件下，灌溉量的增大对土壤表层耕作区（0～20 cm 深度）和黏土层上部土层的盐分淋洗效果明显，对 40 cm 深度土壤的盐分淋洗效果无明显差异。

9.3 不同灌溉方式对水盐运移的影响

河套灌区常年采用大水漫灌方式对农田土壤进行灌溉压盐，用水量大，灌溉效率较低。为研究灌溉方式对非饱和带土壤水盐运移规律的影响，以 9.1 节的土柱及气候、潜水位等数据为背景，对土柱进行相同灌溉量、不同灌溉方式的灌溉模拟。灌溉量统一设为 20.0 cm，灌溉方式为一次全部灌完、分两次灌完（于第 1 日和第 5 日进行灌溉，每次灌溉 10.0 cm）、分四次灌完（于第 1 日、第 4 日、第 7 日和第 10 日进行灌溉，每次灌溉 5.0 cm）、分五次灌完（于第 1 日、第 3 日、第 5 日、第 7 日和第 9 日进行灌溉，每次灌溉 4.0 cm），所有灌溉方式均在 10 日内完成所有灌溉量。灌溉模拟时长为 30 天。

9.3.1 对土壤含水率的影响

图 9-9 为不同灌溉方式对各深度土壤含水率随时间变化的影响情况，可见 20 cm、40 cm 和 60 cm 深度土层不同灌溉方式下含水率的整体变化趋势十分接近，浅层含水率较低。随深度增大，含水率逐步增大，且灌溉后 25～30 日，所有灌溉方式下各层土壤的含水率无明显差异。相同的灌溉量分多次进行灌溉与一次灌溉各层土壤含水率的差异主要在于灌溉后 20 日内。以含水率 0.3 为界，一次灌溉 20 cm 深度土层的含水率下降至 0.3 以下仅需 6 日，两次灌溉为 11 日，四次灌溉为 14 日，五次灌溉为 13 日；40 cm 深度土层一次灌溉条件下含水率降至 0.3 需 9 日，两次灌溉为 13 日，四次灌溉为 15 日，五次灌溉为 15 日；60 cm 深度土层一次灌溉条件下含水率降至 0.3 需 14 日，两次灌溉为 16 日，四次灌溉和五次灌溉均为 17 日。

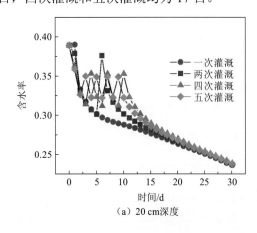

（a）20 cm深度

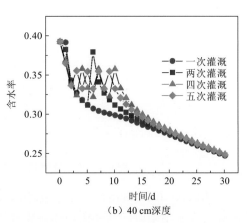

（b）40 cm深度

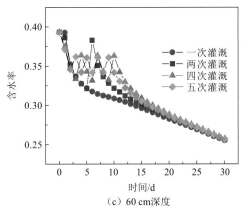

图 9-9　不同灌溉方式下不同深度土壤的含水率随时间的变化

一次全部灌完的条件下，各深度土层含水率的下降速率最快，之后为分两次灌完、分五次灌完和分四次灌完的情况。保持灌溉总量不变，增加灌溉频率可有效维持土壤含水率，保持土壤水分，该方法对表层土壤含水率的维持效果最佳，随深度增大效果减弱。

9.3.2　对土壤全盐量的影响

与含水率类似，不同灌溉方式对各深度土壤全盐量的影响主要在灌溉开始至灌溉后20 日，灌溉后 20～30 日不同灌溉方式下的各深度土壤的全盐量无明显差异（图 9-10）。20 cm 深度的模拟数据表明，一次灌溉在灌溉初期的降盐效果显著，20 cm 深度土层（以全盐量 0.25% 为界）的全盐量降至 0.25% 以下仅需 3 日，两次灌溉为 8 日，四次灌溉为13 日，五次灌溉为 12 日。灌溉后 0～15 日灌溉频率对表层土壤全盐量的影响极大，一次灌溉全盐量的降低效果最佳，随灌溉频率的增大，灌溉持续时间增长，压盐效果变差，但一次灌溉在灌溉初期存在全盐量少量回升的现象，在其余灌溉方式中未见。

40 cm 深度土层一次灌溉全盐量降至 0.25% 需 15 日，两次灌溉为 16 日，四次灌溉和五次灌溉为 17 日。该深度下土壤的全盐量受灌溉频率的影响较小，频率增大仅对灌溉后 0～15 日的土壤全盐量产生少量波动，大体趋势保持一致。

60 cm 深度土层全盐量的背景值较高，故对比标准改为以全盐量 0.3% 为界，一次灌溉全盐量降至 0.3% 以下仅需 4 日，两次灌溉为 10 日，四次灌溉为 14 日，五次灌溉为13 日。一次灌溉仍是该深度下的最佳灌溉方式，压盐速度快，其次为两次灌溉，四次灌溉和五次灌溉的 60 cm 深度土层的全盐量随时间的变化十分接近。

相同灌溉量条件下，灌溉频率越低，压盐速率越快，但单次大量灌溉可能引起表层土壤的少量返盐，灌溉后 15 日所有灌溉频率下各深度土层的全盐量几乎保持一致，表明压盐效果主要受灌溉量控制，与灌溉频率无关，压盐速率受灌溉频率影响。

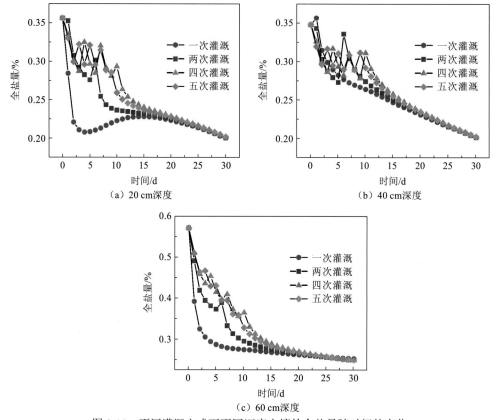

图 9-10　不同灌溉方式下不同深度土壤的全盐量随时间的变化

9.4　黏粒垂向分布差异对灌溉过程水盐运移的影响

为研究灌区内不同土质条件下灌溉活动的水盐运移情况，以 9.1.2 小节模拟土质为背景，建立多组不同高黏粒含量分布的垂向土柱进行灌溉过程模拟。其中，高黏粒含量土层分别分布于 35～55 cm、45～65 cm、55～75 cm、65～85 cm 和 75～95 cm 深度区域。模拟灌溉量统一设置为 20 cm，灌溉背景同样为春季灌溉，灌溉水的 TDS、蒸发量、地下水位变化及潜水的 TDS 与 9.2 节一致。

9.4.1　黏粒垂向分布差异对含水率的影响

垂向土质分布差异对灌溉过程含水率的影响主要体现在土质的饱和含水率、残余含水率及渗透系数上。

图 9-11 为不同黏土层分布条件下 0～100 cm 深度各土层灌溉后含水率随时间的变化情况。由图 9-11 可见，所有深度土层的含水率随时间的变化曲线都十分相似，其数值高

低主要由不同的土质背景导致。高黏粒含量土层上部土样（10 cm、20 cm 和 30 cm 深度）的含水率在灌溉后 5 日内无明显差异，但随时间推移，高黏粒含量土层中离地表越近的模拟土柱，0～30 cm 深度的含水率下降越明显，说明在相同黏粒高值区厚度的土层条件下，其分布越接近地表，表层土壤的保水能力越差。这可能是因为高黏粒含量土层越接近地面，灌溉条件下该层土的压力水头越高，灌溉水穿透该层向下淋滤的速度越快，导致水分流失加快。此外，该土层越远离潜水面，毛细水的上升高度越小，潜水对表层土壤水的补给能力就越弱，表层土壤的含水率也就越低。

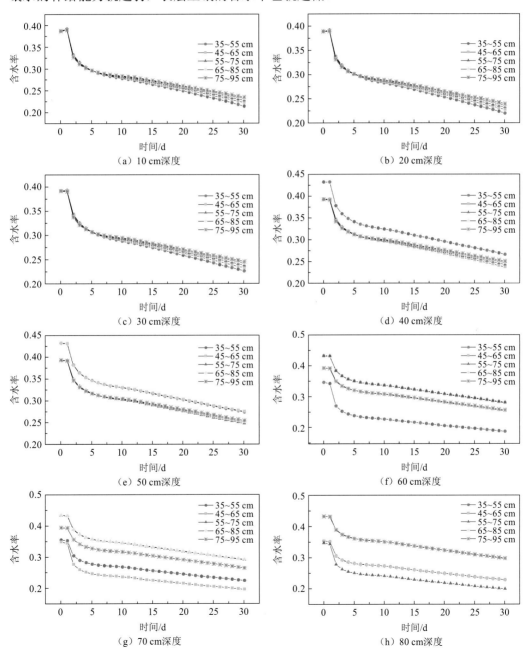

（a）10 cm 深度　　　　　　　　　　（b）20 cm 深度

（c）30 cm 深度　　　　　　　　　　（d）40 cm 深度

（e）50 cm 深度　　　　　　　　　　（f）60 cm 深度

（g）70 cm 深度　　　　　　　　　　（h）80 cm 深度

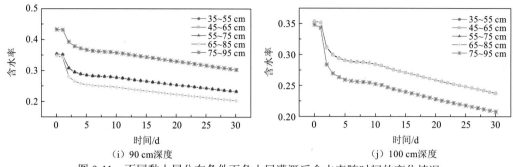

图 9-11 不同黏土层分布条件下各土层灌溉后含水率随时间的变化情况

高黏粒含量土层的分布差异对其本身含水率的影响较小，根据图 9-11 中 50 cm、60 cm、70 cm 和 80 cm 深度的模拟结果，高黏粒含量土层分布于 35～55 cm 和 45～65 cm 时，50 cm 深度土层的含水率十分接近，在其他高黏粒含量土层分布的重叠部分，其含水率也是十分接近的。这说明高黏粒含量土层厚度固定时，灌溉条件下其在 40～80 cm 深度的垂向分布差异对土层本身的含水率影响较小。

9.4.2 黏粒垂向分布差异对土壤全盐量的影响

不同黏土层分布条件下各土层灌溉后土壤全盐量随时间的变化情况见图 9-12。为了确保模拟结果的变化因素唯一，所有垂向黏粒分布土柱均采用同一背景全盐量。10 cm 深度土层的全盐量呈先迅速下降后缓慢回升的趋势；20 cm 深度土层在灌溉后 15 日内与 10 cm 深度相似，15 日后出现小幅下降；30～40 cm 深度土层的全盐量呈先小幅上升后逐步下降的趋势；50～60 cm 深度土壤的全盐量先快速下降后逐步平稳；70～100 cm 深度土层的全盐量均呈先上升后下降的趋势。不同黏粒分布土柱的相同深度土层的全盐量的变化趋势一致，说明黏粒分布差异不影响各个深度整体灌溉过程的盐分迁移趋势。

高黏粒含量土层的分布差异对 0～10 cm 深度土壤的全盐量无明显影响，对 20～30 cm 深度土层的影响较为明显，黏土层越靠近地表，相同灌溉量条件下 20～30 cm 深度土层的盐分减少量越大，说明高黏粒含量土层越接近地表，相同灌溉量条件下 20～30 cm 深度土层的盐分淋滤效果越好。由 40 cm 深度可见，高黏粒含量土层的全盐量明显高于其余土层，说明灌溉过程中该土层对淋滤盐的吸附能力较其余土层更强。由 50 cm、60 cm 和 70 cm 深度可见，高黏粒含量土层越远离地表（35～55 cm 深度土柱、45～65 cm 深度土柱及 55～75 cm 深度土柱），灌溉过程中，随时间推移，累积的盐分越多，说明该土层对灌溉条件下的盐分淋滤过程有明显的截留效果。随深度增大，土层上部随淋滤作用向下迁移的盐分增多，故高黏粒含量土层截留的盐分也增多。由 80 cm、90 cm 和 100 cm 深度可见，高黏粒含量土层在垂向上的分布对该土层下部土壤的全盐量影响较小。

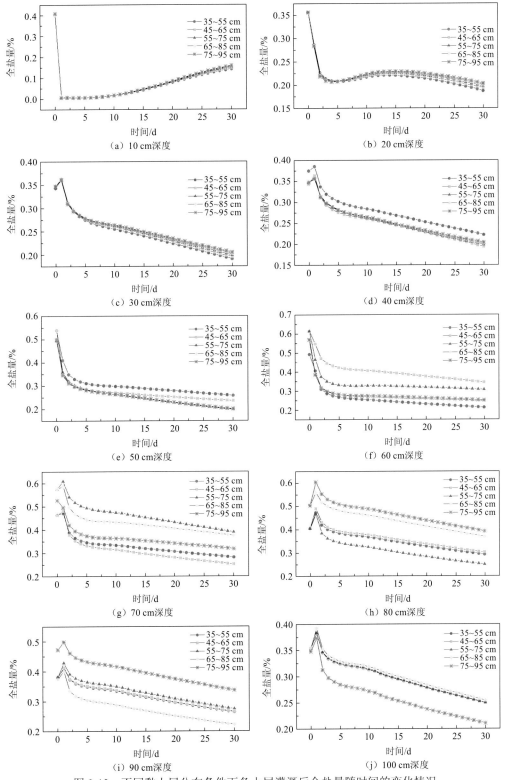

图 9-12　不同黏土层分布条件下各土层灌溉后全盐量随时间的变化情况

9.5 本章小结

根据田间监测试验场监测数据，利用土壤粒度、容重、饱和含水率、残余含水率等数据对非饱和带-饱和带垂向土壤进行了灌溉过程的数值模拟，得出了以下结论。

基于 Hydrus-1D 软件，利用土壤容重、粒度等数据对各土层的土壤水力特征参数和溶质运移参数进行了拟合，并通过合理的水分运移和溶质运移上下边界选取，形成了非饱和带-饱和带垂向数值模型土柱，其可以较好地模拟实际土层的灌溉过程。利用构建的模型对 2018 年秋季灌溉过程进行了模拟，模拟结果与实测结果相近，拟合效果良好。用该模式可以构建出与实际土层相近的数值模型并用于指导灌溉。

利用该模型对灌溉条件下不同灌溉量、不同灌溉方式及不同黏粒含量的垂向分布情况进行了模拟，模拟结果表明，不同灌溉量（5.0~25.0 cm）条件下，灌溉后 7 日内各深度土层的含水率随灌溉量的增大而增大，7 日后灌溉量差异对土层含水率的影响较小。表层土壤全盐量随灌溉量增大至 15.0 cm 以上后下降明显，若种植浅根作物，该土质垂向分布条件下的最适灌溉量为 20.0 cm。灌溉量差异对 40 cm 深度土层的全盐量影响小，对 60 cm 深度土层的影响较大，灌溉量增大，该深度全盐量的降低也增大。保持总灌溉量不变，增加灌溉频率可有效维持土壤水分，水分维持效果随深度的增大而减弱。灌溉频率的增加不影响灌溉后 15 日各层土壤的盐分含量，但单次灌溉量越大，灌溉压盐速度越快，故在确定最适灌溉量的条件下，可适当提前灌溉时间，增大灌溉频率，有助于土壤水分的保持。不同垂向黏粒分布对灌溉水盐运移的影响较大，高黏粒含量土层分布越深，土壤表层的保水能力越强，但由于其相对不透水性，该层分布越深，相同灌溉量条件下表层土壤的全盐量降低越少，达到灌溉效果所需的灌溉水量也越大。

参 考 文 献

郝远远, 徐旭, 任东阳, 等, 2015. 河套灌区土壤水盐和作物生长的 HYDRUS-EPIC 模型分布式模拟[J]. 农业工程学报, 31(11): 110-116, 315.

何康康, 杨艳敏, 杨永辉, 2016. 基于 HYDRUS-1D 模型的华北低平原区不同微咸水利用模式下土壤水盐运移的模拟[J]. 中国生态农业学报, 24(8): 1059-1070.

潘延鑫, 罗纨, 贾忠华, 等, 2017. 基于 HYDRUS 模型的盐碱地土壤水盐运移模拟[J]. 干旱地区农业研究, 35(1): 135-142.

RAHMAN M M, HAGARE D, MAHESHWARI B, et al., 2015. Impacts of prolonged drought on salt accumulation in the root zone due to recycled water irrigation[J]. Water air and soil pollution, 226(4): 18.

RAMOS T B, SIMUNEK J, GONCALVES M C, et al., 2011. Field evaluation of a multicomponent solute transport model in soils irrigated with saline waters[J]. Journal of hydrology, 407(1/2/3/4): 129-144.

SAADI M, ZGHIBI A, KANZARI S, 2018. Modeling interactions between saturated and un-saturated zones by Hydrus-1D in semi-arid regions(plain of Kairouan, Central Tunisia) [J]. Environmental monitoring and assessment, 190(3): 18.

SIMUNEK J, VAN GENUCHTEN M T, SEJNA M, 2016. Recent developments and applications of the HYDRUS computer software packages [J]. Vadose zone journal, 15(7): 1-25.

SIMUNEK J, VAN GENUCHTEN M T, SEJNA M, 2018. Development and applications of the HYDRUS and STANMOD software packages and related codes[J]. Vadose zone journal, 7(2): 587-600.

ZENG W Z, XU C, WU J W, et al., 2014. Soil salt leaching under different irrigation regimes: HYDRUS-1D modelling and analysis[J]. Journal of arid land, 6(1): 44-58.

第 *10* 章
碎石屏障盐渍化土壤改良技术

　　不同类型的盐渍化土壤改良措施各异，不同的改良方法各有优缺点（韦本辉 等，2020；Zhao et al.，2020a；张宇晨 等，2019）。化学改良在降低土壤盐度、碱度，改善土壤理化性质的同时，可能给土壤带来二次污染（付力成 等，2020）。生物改良具有投资少、无污染、可持续性强等优点，但见效较慢（Zhang et al.，2020；王凡和屈忠义，2018）。现有的物理改良见效快，但成本高，难以持续（Zhao et al.，2020b）。从客土回填到暗管排盐技术的研发，再到暗管、原土改良技术的集成应用，盐渍化土壤物理改良技术已较为成熟（殷厚民 等，2017；刘云和孙书洪，2014），但经济成本过高，一直是盐渍化土壤改良的制约因素，难以大面积推广。因此，寻找绿色、经济、高效的盐渍化土壤改良技术仍是亟待解决的问题。

　　土壤盐渍化是深层土壤或地下水的盐分随毛管水上升到地表，水分蒸发后，盐分积累在表层土壤中的过程。因此，毛细作用是盐分向上垂直迁移的主要机制之一，通过切断毛细水的运移可以有效阻隔盐分向地表汇聚，从而起到抑盐的效果。

　　土壤孔隙等物理结构对盐分迁移和累积具有重要影响。利用碎石屏障阻断非饱和带毛细上升为土壤盐渍化物理改良提供了新思路。本章在前期对试验场土壤盐渍化特征进行调查的基础上，根据室内土柱试验获取的参数，设计了不同结构和埋深的土壤盐渍化改良碎石屏障，在河套灌区西部杭锦后旗建立试验地，通过野外小区试验验证了碎石屏障阻断毛细作用，实现经济、高效土壤盐渍化改良的可行性和效果，并基于多种因素分析，进一步优化碎石屏障的厚度和粒径筛选，探讨改良机理。研究结果为内陆干旱农业灌区农村经济的持续健康发展、生态环境的保护提供了技术支撑。

10.1　材料与方法

碎石屏障抑制土壤毛细水上升的物理阻断法为盐渍化土壤修复提供了新思路。研究手段包括室内试验模拟、试验地小区试验及统计分析，具体试验方案设计如下。

10.1.1　室内试验

（1）试验装置。

土柱试验主体装置采用上下开口的有机玻璃管制成，有机玻璃管全长 100 cm，内径 10 cm，填土高度 50 cm。有机玻璃管下端连接相同材料的底座，底座用于模拟饱和含水层。底座与玻璃管连接处设置滤孔，其上铺设一层纱布，玻璃管底部垫 5 cm 厚砂石，防止土壤由于自身重力下落。管体每隔 10 cm 开出取样口，试验结束需要从取样口取出相应高度的土壤进行数据测量。

底座周围均匀分布排气孔，作为水分进入土柱的通道，从而能够及时补充土柱因蒸发而丧失的水分。将连接好的土柱管放入水槽中，水槽顶部密封，保证水分仅能从土柱内部运输，水槽连接平衡装置（马氏瓶）和供水装置（供水箱），供水箱外部贴有刻度线，向水槽中注入蒸馏水至 10 cm 刻度线并将其作为供水水源，以此来模拟地下水位。

（2）试验步骤。

试验设 4 个处理，即无碎石屏障层对照（CK）、0.5～<1 mm 粒径碎石屏障层（PZ1）、1～<2 mm 粒径碎石屏障层（PZ2）、2～<4 mm 粒径碎石屏障层（PZ3），每个处理设置 2 个重复。

将研磨过筛的土壤分层进行混合，按容重进行装填，每次装 5 cm 厚并压实。待装填完毕之后，将蒸馏水缓慢灌入土柱中，使土柱内的土润湿，待土柱自然沉降，每一玻璃管底部垫 5 cm 厚石英砂，使用涤纶纱布封住玻璃管下口，防止土壤由于自身重力下落。根据测得的土壤容重，确定填充的土壤质量，将供测试的风干土壤装入土柱，边装填边敲实，在 PZ1、PZ2、PZ3 土柱 27.5～32.5 cm 处填充碎石屏障。

（3）环境模拟。

土柱下端浸入 0.5%NaCl 溶液，且始终保持盐水浸没土柱下端，模拟地下水的毛细上升过程。试验过程中一定要避免土柱下端与盐水表面分离，以免影响试验准确性。试验拟采用功率为 55 W 的白炽灯模拟自然环境下太阳光辐射引起的地下水潜水蒸散。每组每天光照 12 h，整个试验过程持续 15 天。在试验过程中监测水分、电导率的变化情况，总结分析以得到填充碎石屏障条件下土壤的水盐运移规律。

10.1.2　小区试验

为了研究碎石屏障对盐渍化土壤改良的可行性，以及碎石层结构和埋深对改良效果的影响，选择巴彦淖尔市杭锦后旗典型土壤盐渍化分布区的典型耕地建立试验小区，开展碎石屏障物理改良试验研究。试验地位置如图 5-1 所示，共建设 14 个 2 m×2 m 的试验小区，设定 40 cm、60 cm 两个埋设深度。试验小区布置如图 10-1 所示。

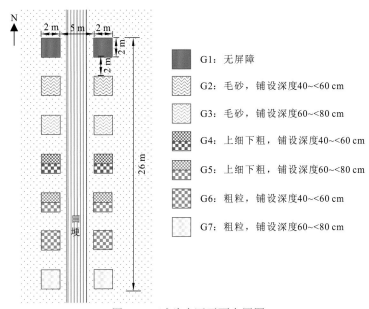

图 10-1　试验小区平面布置图

采用碎石毛细屏障层修复技术对盐碱地进行改良修复。在地下水位以上毛细带，利用具有大孔隙的碎石隔层，减小毛细力，抑制水分的毛细上升，从而形成一层毛细屏障，抑制土壤中的盐分进入生根区，以实现高盐碱土壤的改良。屏障层材料选择当地采石场建筑材料的尾料，主要成分为 SiO_2。毛细屏障结构包括三层，由上至下依次为隔离层、碎石屏障层、隔离层。隔离层使用土工布材料。土工布强度高、耐腐蚀、透水性好，主要用来防止碎石屏障层上部和下部土壤中粒径较细的砂粒、黏粒进入碎石屏障层中的孔隙，防止碎石屏障层失效。

试验的主要处理工艺包括不同粒径的碎石层组合和不同结构，第一种采用粒径为 0.1～3 cm 的未分选的碎石铺设，含有较高比例的细砂；第二种采用筛分后粒径为 1 cm 和 3 cm 的碎石子铺设，分为上下两层，细粒在上层，粗粒在下层，各 10 cm 厚；第三种采用粒径为 1～3 cm 的未分选的粒度较粗的碎石。次处理为碎石层埋设深度不同，具体试验设计如表 10-1 所示。试验共 7 种处理，每种处理工艺设 2 个重复，每个小区面积为 4 m²（2 m×2 m），共 56 m²。其中，G1 组为对照组，不铺设任何材料。

表 10-1　不同碎石屏障工艺设计

处理编号	埋设深度/cm	厚度/cm	粒径和结构
G1（CK）	—	—	—
G2	40～<60	20	0.1～3 cm，未分选
G3	60～<80	20	0.1～3 cm，未分选
G4	40～<60	20	1 cm 和 3 cm，上细下粗
G5	60～<80	20	1 cm 和 3 cm，上细下粗
G6	40～<60	20	1～3 cm，未分选
G7	60～<80	20	1～3 cm，未分选

碎石屏障层总厚度 20 cm，采用颗粒直径为 1 cm 和 3 cm 的石英砂铺设，分为上下两层，细粒在上层，粗粒在下层，各 10 cm 厚，结构如图 10-2 所示，铺设深度如图 10-3 所示。

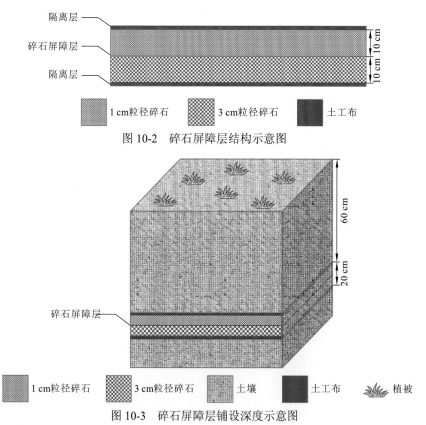

图 10-2　碎石屏障层结构示意图

图 10-3　碎石屏障层铺设深度示意图

在内蒙古自治区巴彦淖尔市杭锦后旗某典型土壤盐渍化耕地建立非饱和带-浅层地下水野外监测试验场，铺设碎石屏障，通过两个月的监测，验证其抑盐效果，具体步骤如下。

（1）在研究区建设试验小区，分 7 组，每组 2 个平行样，设置 14 个 2 m×2 m 的试验小区，小区之间间隔 2 m；

（2）挖掘 40～<60 cm、60～<80 cm 两个深度的对照组，在底部铺设 20 cm 厚度的碎石屏障；

（3）将挖掘出的土壤回填于碎石屏障上，适当压实，恢复原状；

（4）在建设成的试验小区上播种，种植菠菜、油麦菜、苜蓿等植物，播种前对试验小区浇足水，翻地撒种，覆土，播种后适当浇水；

（5）定期采集试验小区的土壤样品，测量背景值，检测土壤含水率、含盐量等指标。

已完成试验小区的建设并进行了 1 年的监测，采集了试验区内试验组的土样及对照组的土样。

10.2 不同粒径碎石屏障对土壤水盐分布的影响

室内试验在试验结束后进行采样，测定各处理 0～<10 cm、10～<20 cm、20～<30 cm、30～<40 cm、40～<50 cm 深度土壤的含水率与电导率。在 0～<30 cm 深度土层，CK、PZ1、PZ2 和 PZ3 的平均含水率分别为 22.72%、11.52%、11.51% 与 11.25%，在 0～<30 cm 深度土层，CK 的土壤含水率显著高于 PZ1、PZ2、PZ3[图 10-4（a）]。在碎石屏障层之上，土壤含水率 PZ1>PZ2>PZ3，随着碎石屏障粒径的增大，碎石屏障层之上的土壤含水率呈减小趋势。

由图 10-4（b）可知，0～<30 cm 深度土层 CK 的土壤电导率也显著高于 PZ1、PZ2、PZ3，在 0～<30 cm 深度土层，CK、PZ1、PZ2 和 PZ3 的平均土壤电导率分别为 834.2 μS/cm、569.7 μS/cm、561.5 μS/cm 与 552.7 μS/cm。这说明 CK 土壤中的盐分随着毛细水上升至 0～<30 cm 深度土层，碎石屏障层之上的土壤含水率随着碎石屏障粒径的增大呈减小趋势。而在 35～<50 cm 深度土层，CK 的土壤电导率显著低于 PZ1、PZ2、PZ3，PZ1、PZ2 和 PZ3 设置隔离层，将毛细水截留在碎石屏障层，导致盐分积累在隔离层之下，CK 不受隔离层影响。

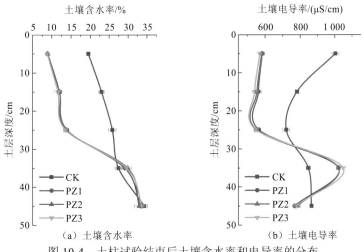

（a）土壤含水率　　　　　　　　（b）土壤电导率

图 10-4 土柱试验结束后土壤含水率和电导率的分布

10.3 田间试验修复效果分析

室内试验在试验结束后进行采样，测定各处理 0～<10 cm、10～<20 cm、20～<30 cm、30～<40 cm 和 40～<50 cm 深度土壤的含水率与电导率。野外修复试验在试验小区建成一个月和一年后分别进行一次样品采集。

用土钻对各试验小区分层取样，取样深度为 0～<10 cm、10～<20 cm、20～<30 cm 和 30～<40 cm。使用 S 形取样法，每个小区取 5 个点，分层混合均匀，在阴凉条件下自然风干，研磨、过筛后用于测定相关指标（肖玉娜 等，2020；Zhou et al.，2019）。

将通过 2 mm 筛孔的风干土样按照 1∶5 的土水比浸出，使用雷磁 DZB-712 型便携式多参数分析仪测定土壤浸提液的 pH、EC，用电感耦合等离子体发射光谱仪（ICP-OES）测试 Na^+、Mg^{2+}、Ca^{2+}，用离子色谱仪测定 Cl^-、SO_4^{2-}，使用中和滴定法测定 HCO_3^-。土壤阳离子交换量（CEC）用乙酸钙交换法测定；用醋酸铵提取可交换性钠，测定其浓度，根据公式计算交换性钠百分率（ESP）（曾邯斌 等，2021；Xie et al.，2019；Luo et al.，2017）。

下面分别从土壤 pH、EC、碱化度、盐基离子、钠吸附比（SAR）和阳离子交换量（CEC）等参数的变化讨论碎石屏障对盐渍化土壤的改良效果。

10.3.1 土壤 pH

在碎石屏障实施 1 年后，各组土壤的 pH 均有降低（图 10-5）。在 0～<10 cm 深度，除 G2、G6、G7 组稍有下降之外，其余各组与对照组土壤的 pH 相比，明显降低；除 G2、G7 组外，其余各组与 1 年前初始值相比差异显著。G3、G4 和 G5 组的土壤 pH 相对于对照组土壤 pH 分别下降 4.25%、2.48% 和 5.41%，G1～G7 组与 1 年前土壤 pH 初始值相比分别下降 2.74%、0.33%、3.99%、3.23%、5.36%、1.04% 和 1.60%。虽然各处理土壤 pH 与 1 年前相比均有下降，但 G2、G6 和 G7 组土壤 pH 的下降幅度小于对照组，说明 G3、G4、G5 组碎石屏障处理在 0～<10 cm 深度有更好的降碱改土作用。在 10～<20 cm、20～<30 cm 深度土层，除 G2、G6 和 G7 组之外，其余各组与对照组土壤的 pH 相比差异显著。在 10～<20 cm 深度，除 G1、G2 和 G7 组外，其余各组与 1 年前初始值相比差异显著；在 20～<30 cm 深度，除 G2 组外，其余各组均与 1 年前初始值相比差异显著。在 30～<40 cm 深度土层，G2、G6 和 G7 组的 pH 降幅较小，与对照组差异不显著。

整体而言，在 0～<40 cm 深度土层，G3、G4 和 G5 组土壤的 pH 下降较为明显，这三组的碎石屏障处理具有较好的降碱改土作用。埋设深度为 60～<80 cm，采用粒度为 1 cm 和 3 cm 的分选的碎石按上细下粗结构铺设的碎石屏障效果最佳。

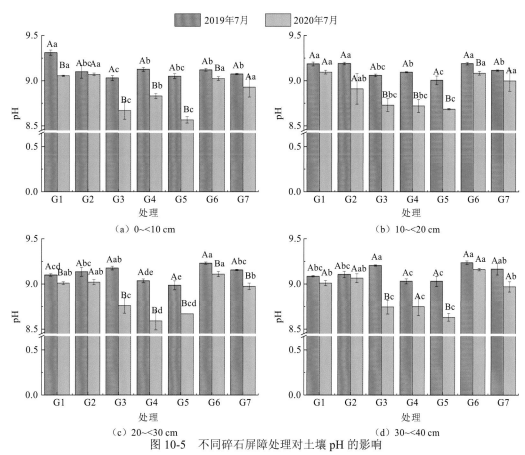

图 10-5　不同碎石屏障处理对土壤 pH 的影响

不同小写字母表示不同处理在 $P<0.05$ 水平差异显著；不同大写字母表示 2 年之间的处理在 $P<0.05$ 水平差异显著

10.3.2　土壤电导率

相对于对照组，碎石屏障施用 1 年后，所有处理工艺均表现出明显的降盐效果（图 10-6）。在 0～<10 cm 深度，各处理与对照组差异显著。与对照组相比，EC 分别下降 12.85%、66.50%、58.72%、77.44%、26.09%和 60.12%；与 1 年前初始值相比，G2～G7 的 EC 分别下降 17.57%、56.77%、58.24%、65.40%、31.94%和 44.24%，说明碎石屏障在 0～<10 cm 深度土层具有良好的修复效果。在 10～<20 cm、20～<30 cm 和 30～<40 cm 深度，碎石屏障施用 1 年后，各处理与对照组差异显著；G1、G2 组与 1 年前初始值相比差异不显著，其余各处理与 1 年前相比差异显著，表现出较为明显的降盐效果，说明碎石屏障对降低土壤盐渍化具有显著的效果。其中，G5 组在各个深度上 EC 最低，在 0～<10 cm 深度其 EC 与其他处理差异显著，修复效果最优。这主要是因为碎石屏障形成了"隔盐层"，破坏了土壤水的毛细作用。碎石屏障的孔隙度大，毛细力小，抑制了地下水的毛细上升，抑制了盐分随水分的向上迁移。

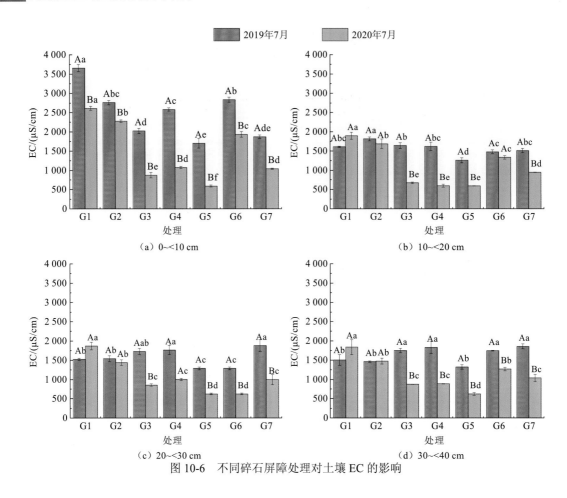

图 10-6　不同碎石屏障处理对土壤 EC 的影响

10.3.3　土壤碱化度

交换性钠百分率（ESP）是土壤胶体中交换性钠占阳离子交换总量的百分数，又称碱化度，可反映土壤碱化的程度（唐泽军 等，2007）。实施碎石屏障处理后，土壤 ESP 的变化如表 10-2、图 10-7 所示。碎石屏障施用 1 年后，在各个深度，各处理土壤的 ESP 与对照组相比差异显著。同时，除对照组外，其余各组与 1 年前初始值相比差异显著，降幅明显。0～<10 cm 深度土壤，G2～G7 组相对于对照组分别下降 33.81%、48.70%、67.48%、69.15%、48.17%、60.35%；G1～G7 组相对于 1 年前初始值分别下降 4.39%、26.92%、38.36%、64.16%、63.07%、38.76%、52.78%。在 10～<20 cm 深度，G2～G7 组土壤的 ESP 相对于对照组分别下降 27.18%、43.96%、51.67%、68.34%、44.23%、58.80%；G1～G7 组土壤的 ESP 相对于 1 年前初始值分别下降 2.69%、33.33%、40.95%、48.11%、62.78%、41.26%、54.93%。在 20～<30 cm 深度，G2～G7 组土壤的 ESP 相对于对照组分别下降 26.72%、40.72%、58.27%、65.42%、37.41%、55.53%；G1～G7 组土壤 ESP 相对于 1 年前初始值分别下降 1.12%、30.21%、44.10%、56.54%、61.38%、40.87%、58.49%。在 30～<40 cm 深度，G2～G7 组土壤的 ESP 相对于对照组分别下降 16.44%、31.27%、

表 10-2　不同碎石屏障处理对土壤 ESP 的影响表

处理	0~<10 cm ESP/%		10~<20 cm ESP/%		20~<30 cm ESP/%		30~<40 cm ESP/%	
	2019 年	2020 年	2019 年	2020 年	2019 年	2020 年	2019 年	2020 年
G1	(30.07±0.32) Aa	(28.75±0.18) Ba	(26.81±0.31) Ab	(26.09±0.25) Aa	(25.06±0.25) Ab	(24.78±0.30) Aa	(25.81±0.60) Ab	(24.21±0.30) Aa
G2	(26.04±0.51) Ab	(19.03±0.17) Bb	(28.50±0.38) Aa	(19.00±0.16) Bb	(26.02±0.58) Aab	(18.16±0.06) Bb	(25.81±0.16) Ab	(20.23±0.11) Bb
G3	(23.93±0.27) Ac	(14.75±0.07) Bc	(24.76±0.20) Ac	(14.62±0.11) Bc	(26.28±0.56) Aa	(14.69±0.06) Bd	(28.17±0.59) Aa	(16.64±0.16) Bc
G4	(26.09±0.08) Ab	(9.35±0.13) Be	(24.30±0.15) Acd	(12.61±0.06) Bd	(23.79±0.12) Ac	(10.34±0.12) Bf	(24.21±0.17) Ad	(14.35±0.11) Bd
G5	(24.02±0.25) Ac	(8.87±0.07) Bf	(22.19±0.29) Ae	(8.26±0.002) Bf	(22.19±0.44) Ad	(8.57±0.01) Bg	(22.89±0.23) Ae	(10.98±0.03) Bf
G6	(24.33±0.01) Ac	(14.90±0.16) Bc	(24.77±0.53) Ac	(14.55±0.10) Bc	(26.23±0.36) Aa	(15.51±0.11) Bc	(25.43±0.50) Abc	(16.89±0.05) Bc
G7	(24.14±0.12) Ac	(11.40±0.12) Bd	(23.85±0.46) Ad	(10.75±0.09) Be	(26.55±0.60) Aa	(11.02±0.09) Be	(24.55±0.15) Acd	(11.97±0.04) Be

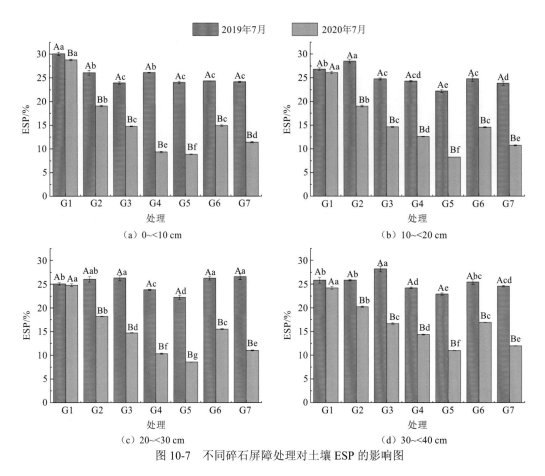

图 10-7　不同碎石屏障处理对土壤 ESP 的影响图

40.73%、54.65%、30.24%、50.56%；G1～G7 组土壤 ESP 相对于 1 年前初始值分别下降 6.20%、21.62%、40.93%、40.73%、52.03%、33.58%、51.24%。总体而言，经过 1 年的试验，各处理 ESP 的下降幅度要大于对照组，说明碎石屏障具有良好的降碱效果，其中 G5、G7 组的碱化度下降最为明显。

10.3.4　土壤盐基离子和 SAR

施用碎石屏障后，土壤盐基离子浓度的变化如图 10-8 所示。由图 10-8 可知，0～<10 cm 深度表层土壤，各组 Na^+ 浓度均显著降低；在其他各个深度，对照组 Na^+ 浓度升高，G2～G7 组的 Na^+ 浓度显著降低。其中，G3、G4、G5 组降幅明显，施用 1 年后，在 0～<10 cm 深度分别下降 61.37%、69.58%、67.42%；10～<20 cm 深度的土壤分别下降 58.64%、67.40%、56.63%；20～<30 cm 深度分别下降 55.58%、61.07%、55.27%；30～<40 cm 深度分别下降 50.46%、57.12%、54.95%。与对照组相比，各处理 Na^+ 浓度有明显的下降。土壤 Ca^{2+} 浓度明显降低，与 1 年前初始值相比，平均浓度的降低范围为 17.76%～84.10%；与对照组相比，除 G2 组外，均与对照组差异显著。G3、G4、G5、G7 组土壤 Mg^{2+} 浓度在各个深度均下降明显，G1 组在 10～<40 cm 深度略有上升，G2 组

整体上呈上升趋势，G6 组在 10～<20 cm 深度 Mg^{2+} 浓度升高。土壤 Cl^-、SO_4^{2-} 浓度除对照组 G1 外，整体上明显降低，G6 组土壤 Cl^- 浓度在 10～<20 cm、30～<40 cm 深度略有上升，SO_4^{2-} 浓度在 10～<20 cm 深度略有上升，G2 组土壤 SO_4^{2-} 浓度在 10～<20 cm、30～<40 cm 深度呈上升趋势。各组 HCO_3^- 浓度相较于 1 年前同样下降明显，G2、G6、G7 组与对照组相比没有明显下降，G3、G4、G5 组与对照组相比平均降幅分别为 12.16%、13.28%、15.89%。

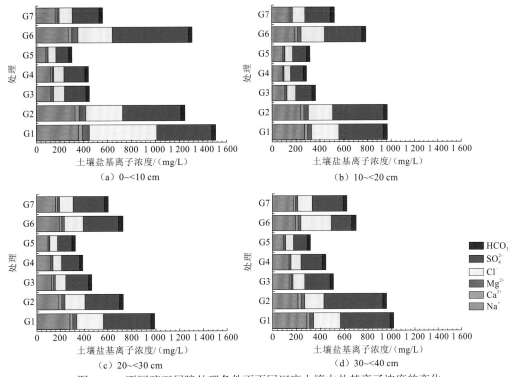

图 10-8　不同碎石屏障处理条件下不同深度土壤中盐基离子浓度的变化

钠吸附比（SAR）是指土壤溶液中 Na^+ 与 Ca^{2+} 和 Mg^{2+} 浓度平均值的平方根的比值，主要表示 Na^+ 和土壤交换反应的相对活度，反映碱危害的程度。施用碎石屏障后，土壤 SAR 的变化如图 10-9 所示。施用碎石屏障 1 年后，除对照组外，各处理 SAR 在各个深度均有显著下降，对照组 SAR 在 0～<10 cm 深度下降，在 10～<20 cm、20～<30 cm、30～<40 cm 深度上升。整体而言，各处理 SAR 的变化显示出碎石屏障具有良好的降碱效果，G5 组效果最为显著。

10.3.5　土壤 CEC

土壤阳离子交换量（CEC）的大小可反映土壤可能保持的养分数量，即土壤的保肥能力。施用碎石屏障后，土壤 CEC 的变化如图 10-10 所示。在各个深度，碎石屏障施用 1 年后，各处理的土壤 CEC 均显著高于对照组，其中 G5 组显著高于其他处理。

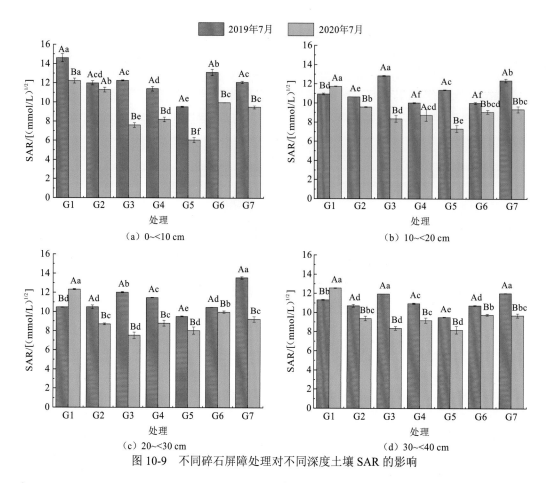

图 10-9　不同碎石屏障处理对不同深度土壤 SAR 的影响

在 0~<10 cm、10~<20 cm、30~<40 cm 深度，施用 1 年后各处理土壤 CEC 的大小顺序为 G5>G7>G4>G3>G6>G2>G1；在 20~<30 cm 深度，碎石屏障施用 1 年后土壤 CEC 的大小顺序为 G5>G4>G3>G7>G6>G2>G1。碎石屏障施用 1 年后，土壤 CEC 均有显著下降，其中对照组 G1 在 0~<20 cm 深度的下降尤为显著。

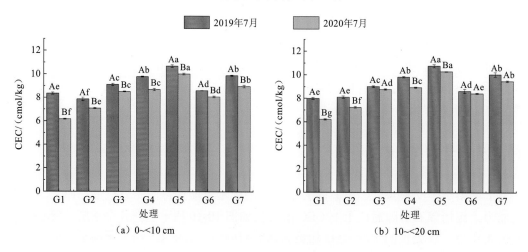

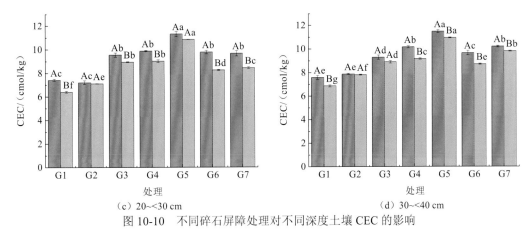

（c）20~<30 cm　　　　　　　　　（d）30~<40 cm

图 10-10　不同碎石屏障处理对不同深度土壤 CEC 的影响

10.4　碎石屏障改良技术原理

地下水以上的非饱和带以空气和水共存为特征，其行为受蒸发力和毛细力的控制。盐渍化土壤的毛细水上升作用是水、盐、力等因素综合作用的结果（徐恒力 等，2000），毛细水上升作用与表层土壤的盐渍化程度密切相关（周欣 等，2012）。盐渍化土壤有较强的吸水性，土壤中的盐分遇水溶解，导致土壤变软，蒸发失水后干缩板结，土壤结构遭到破坏。土壤孔隙度减小，毛细作用更加强烈，盐随毛细水上升，同时由于蒸发作用，毛细水中的盐分析出，进一步加重土壤盐渍化（Zangiabadi et al.，2020）。

利用碎石屏障改良盐渍化土壤的机理如图 10-11 所示。毛细水的上升高度与土壤的粒径密切相关。毛细水上升的最大高度为

$$h_c = 2T\cos\theta / \rho g r \tag{10-1}$$

式中：T 为液体表面张力；θ 为弯液面与毛管之间的夹角；ρ 为液体的密度；g 为重力加速度；r 为毛细管半径。

由式（10-1）可知，毛细水上升高度与毛细管半径成反比，土壤毛细作用中的毛细管半径与土壤孔隙度正相关，即土壤粒径越小，孔隙度越小，毛细水上升高度越大，毛细作用越强烈（Hulin and Mercury，2019；Mitra and van Duijn，2019）。碎石屏障层的孔隙度大于土壤的孔隙度，毛细作用受到抑制，形成了一段毛细阻隔层，有效抑制了盐分随水分上升到土壤表层。同时，由于毛细水上升是表层土壤水分的重要来源，上升到表层的毛细水量降低，表层土体的结构较为稳定。

式（10-1）中计算毛细水上升高度需要参数毛细管半径，但天然土壤中的孔隙结构复杂，不能直接通过毛细管半径来描述，可以使用海森经验公式估算毛细水上升高度（周爱兆 等，2020），如式（10-2）所示。

$$h_c = \frac{C}{e d_{10}} \tag{10-2}$$

式中：h_c 为毛细水上升高度，m；e 为土壤孔隙度；d_{10} 为土壤有效粒径，m；C 为系数，m^2，与土粒形状及表面洁净情况有关，取值范围为 $1 \times 10^{-5} \sim 5 \times 10^{-5}$ m^2。

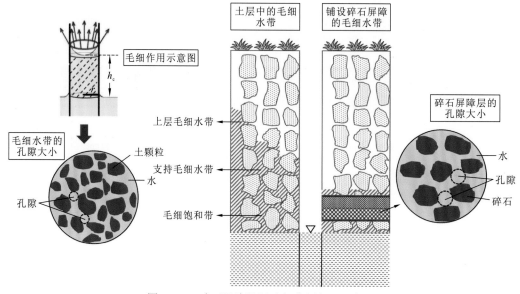

图 10-11 碎石屏障阻隔毛细作用机理示意图

本书取 C 为 2×10^{-5} m^2，取粗砂、细砂、粉土的有效粒径分别为 0.5 mm、0.25 mm、0.005 mm，孔隙度取 0.3，粗砂、细砂、粉土对应的毛细水上升高度分别为 0.13 m、0.27 m、13.33 m（表 10-3）。试验场内的土壤主要为粉壤土，有效粒径约为 0.05 mm，孔隙度为 0.14，计算出的毛细水上升高度为 2.86 m。而试验场监测期间，地下水最大潜水埋深仅为 2.3 m，可知试验场内的毛细水可上升至土壤表层；而采取碎石屏障的试验区，毛细水停留在碎石屏障隔离层处，无法继续上升。

表 10-3 不同粒径土壤毛细水上升高度计算值

土壤类型	有效粒径/mm	孔隙度	系数 C/m^2	毛细水上升高度/m
粗砂	0.5	0.3	2×10^{-5}	0.13
细砂	0.25	0.3	2×10^{-5}	0.27
粉土	0.005	0.3	2×10^{-5}	13.33

本次室内土柱试验中，CK 处理毛细水可上升至表层（高度 50 cm），而铺设碎石屏障处理毛管水停留在碎石屏障层（高度 22.5 cm）（表 10-4），仅能观测到碎石屏障层处于浸润状态，毛细水无法继续上升。0～<30 cm 深度对照组 CK 的土壤含水率、电导率均显著高于设置碎石屏障的 PZ1、PZ2、PZ3 处理，土壤含水率分别比 PZ1、PZ2、PZ3 高 97.22%、97.39%、101.96%，土壤电导率分别比 PZ1、PZ2、PZ3 高 46.43%、48.57%、50.93%。随着碎石层粒径的增大，碎石屏障层之上土壤含水率、电导率减小，说明碎石屏障层可以抑制毛细作用，且粒径越大，阻隔效果越好。

表 10-4　室内土柱试验毛细水上升高度观测值

组别	处理工艺	毛细水上升高度/cm
CK	无碎石屏障	50
PZ1	0.5～<1 mm 粒径碎石屏障层	22.5
PZ2	1～<2 mm 粒径碎石屏障层	22.5
PZ3	2～<4 mm 粒径碎石屏障层	22.5

在田间试验中，碎石屏障可有效改良盐碱地，这主要是因为碎石屏障形成了"隔盐层"，破坏了土壤水的毛细作用。碎石屏障的孔隙度大，毛细力减小，抑制了地下水的毛细上升和盐分随水分的向上迁移。同时，铺设碎石屏障的过程中，疏松了土壤耕作层，灌水、降水期间水分下渗速度加快，耕作层土壤中的盐分更易随水分下移至深层（贾瑞亮 等，2016）。

在 6 组不同的碎石屏障处理中，G5 组整体效果最佳，在 0～<40 cm 四个深度上土壤的 EC 平均下降 55.9%。通过不同处理效果的对比可以发现，铺设深度为 80 cm 的碎石屏障效果要优于铺设深度为 60 cm 的碎石屏障；由 1 cm 和 3 cm 碎石的上细下粗结构组成的碎石屏障效果最好。铺设深度大，毛细管在更深处被切断，毛细上升高度减小，可有效防止盐分随水分的上移。上细下粗的碎石结构分选好，孔隙度较大，孔隙度越大，毛细水上升高度越小，抑盐效果越明显。

10.5　本 章 小 结

（1）室内试验和田间试验表明，碎石屏障层可以抑制毛细作用，且粒径越大，阻隔效果越好，能有效降低土壤盐分、pH、碱化度，对表层土层的降盐效果尤为显著。相对于对照组，碎石屏障还起到了一定的保肥作用。碎石屏障层中的碎石分选好，细小颗粒较少，孔隙度高于土壤的孔隙度，毛细力减小，降低了土壤水的毛细上升高度，从而抑制了盐分随水分的向上迁移，形成了一段毛细阻隔层，有效抑制了盐分随水分上移到土壤耕作层。同时，由于毛细水上升是表层土壤水分的重要来源，上升到表层的毛细水量降低，表层土体的结构较为稳定。

（2）碎石屏障粒径和结构相同的条件下，埋深为 60～<80 cm 的试验组比埋深为 40～<60 cm 的试验组的土壤年际 EC、pH 下降率更大，说明其效果优于 40～<60 cm 深度埋深的碎石屏障。非饱和带碎石屏障铺设越深，毛细水上升高度越小，抑制盐分随水分上移的效果越好。

（3）埋设深度为 60～<80 cm，采用粒度为 1 cm 和 3 cm 的分选的碎石按上细下粗结构铺设的碎石屏障效果最佳。对于上细下粗分选好的碎石屏障，两层之间有土工布分隔，不仅结构更稳定，而且上层细小颗粒不易下沉堵塞孔隙；下层孔隙度大，可在更深处切断毛细管，有效抑制土壤的毛细作用，防止深层土壤中的盐分上移返盐，实现高效改良。

参 考 文 献

付力成, 庄定云, 郭志强, 等, 2020. 东南沿海新生盐碱地的形成原因及六维改良法探讨[J]. 浙江农业科学, 61(1): 157-161.

贾瑞亮, 周金龙, 周殷竹, 等, 2016. 干旱区高盐度潜水蒸发条件下土壤积盐规律分析[J]. 水利学报, 47(2): 150-157.

刘云, 孙书洪, 2014. 不同改良方法对滨海盐碱地修复效果的影响[J]. 灌溉排水学报, 33(Z1): 248-250, 272.

唐泽军, 左海萍, 于键, 等, 2007. ESP 值和黏粒含量对土壤表面封闭作用的影响[J]. 农业工程学报(5): 51-55.

王凡, 屈忠义, 2018. 生物炭对盐渍化农田土壤的改良效果研究进展[J]. 北方农业学报, 46(5): 68-75.

韦本辉, 申章佑, 周佳, 等, 2020. 粉垄耕作改良盐碱地效果及机理[J]. 土壤, 52(4): 699-703.

肖玉娜, 钟信林, 王北辰, 等, 2020. 通辽科尔沁地区土壤微生物群落结构和功能及其影响因素[J]. 地球科学, 45(3): 1071-1081.

徐恒力, 周爱国, 肖国强, 等, 2000. 西北地区干旱化趋势及水盐失衡的生态环境效应[J]. 地球科学(5): 499-504.

殷厚民, 胡建, 王青青, 等, 2017. 松嫩平原西部盐碱土旱作改良研究进展与展望[J]. 土壤通报, 48(1): 236-242.

曾邸斌, 苏春利, 谢先军, 等, 2021. 河套灌区西部浅层地下水咸化机制[J]. 地球科学, 46(6): 2267-2277.

张宇晨, 红梅, 赵巴音那木拉, 等, 2019. 不同措施对河套灌区重度盐渍土改良效果[J]. 水土保持学报, 33(5): 309-315, 322.

周爱兆, 胡远, 隋晓岚, 2020. 考虑毛细水负压力引起坑外场地沉降量计算方法和潜在威胁性研究[J]. 科学技术与工程, 20(2): 779-784.

周欣, 夏文俊, 赵阳, 2012. 盐渍土环境下考虑毛细作用氯离子侵蚀混凝土研究[J]. 公路交通科技(应用技术版), 8(12): 294-298.

HULIN C, MERCURY L, 2019. Regeneration of capillary water in unsaturated zones[J]. Geochimica et cosmochimica acta, 265: 279-291.

LUO X X, LIU G C, XIA Y, et al., 2017. Use of biochar-compost to improve properties and productivity of the degraded coastal soil in the Yellow River Delta, China[J]. Journal of soils and sediments, 17(3): 780-789.

MITRA K, VAN DUIJN C J, 2019. Wetting fronts in unsaturated porous media: The combined case of hysteresis and dynamic capillary pressure[J]. Nonlinear analysis: Real world applications, 50: 316-341.

XIE X F, PU L J, ZHU M, et al., 2019. Linkage between soil salinization indicators and physicochemical properties in a long-term intensive agricultural coastal reclamation area, eastern China[J]. Journal of soils and sediments, 19(11): 3699-3707.

ZANGIABADI M, GORJI M, SHORAFA M, et al., 2020. Effect of soil pore size distribution on plant-available water and least limiting water range as soil physical quality indicators[J]. Pedosphere, 30(2): 253-262.

ZHANG X, QU J S, LI H, et al., 2020. Biochar addition combined with daily fertigation improves overall soil quality and enhances water-fertilizer productivity of cucumber in alkaline soils of a semi-arid region[J]. Geoderma, 363(1): 1-10.

ZHAO W, ZHOU Q, TIAN Z Z, et al., 2020a. Apply biochar to ameliorate soda saline-alkali land, improve soil function and increase corn nutrient availability in the Songnen Plain[J]. Science of the total environment, 722: 137428.

ZHAO Y G, LI Y, WANG S J, et al., 2020b. Combined application of a straw layer and flue gas desulphurization gypsum to reduce soil salinity and alkalinity[J]. Pedosphere, 30(2): 226-235.

ZHOU M, LIU X B, MENG Q F, et al., 2019. Additional application of aluminum sulfate with different fertilizers ameliorates saline-sodic soil of Songnen Plain in northeast China[J]. Journal of soils and sediments, 19(10): 3521-3533.

第 11 章

盐渍化土壤碎石屏障
与浅井联用改良

　　基于小试阶段研究筛选出的最佳碎石屏障埋设深度和厚度，本章进一步将优选的碎石屏障与浅井结合，通过大田试验探索成本更低、效果更佳的物理修复工艺，并分析其对盐渍化土壤的改良效果。主要通过对试验地盐渍化土壤盐分、pH、ESP、碱解氮、有效磷、土壤粒度、TOC 等指标在 0～80 cm 剖面上分布的监测，对比分析了碎石屏障（T1）、碎石暗渠+浅井（T2）、浅井（T3）3 种物理工艺的修复效果和改良机理。

11.1 研 究 方 法

在河套灌区西部杭锦后旗试验场建立试验地，位置见图 5-1。试验于 2020 年 6～10 月在上述区域进行，场地建设情况见图 11-1～图 11-3。采用大田小区试验，设置碎石屏障（T1）、碎石暗渠＋浅井（T2）、浅井（T3）和不采用任何物理修复工艺的空白对照（CK）4 个处理，每个处理 2 个重复，共 8 个试验小区，小区面积为 700 m² （20 m×35 m），物理修复场地布置如图 11-4 所示。

图 11-1　碎石屏障（T1）铺设

图 11-2　碎石暗渠+浅井（T2）开挖

图 11-3　大田试验场地

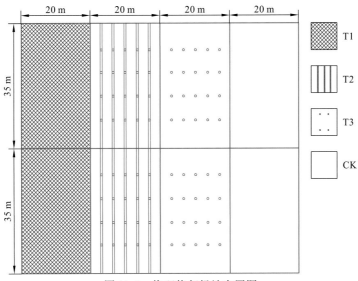

图 11-4　物理修复场地布置图

　　试验选用的材料为 0.5～1 cm 粒径的砂砾，长 1 m、内径 0.5 m 的透水蜂窝状混凝土管，厚 5 mm 的透水土工布。由砂砾和土工布组成碎石屏障及碎石暗渠，土工布透水并可防止土壤颗粒进入碎石屏障及碎石暗渠；由 2 根透水蜂窝状混凝土管制成浅井。物理修复工艺布置如下。

　　（1）T1 处理采用碎石屏障工艺，砂砾埋设深度为 80～<100 cm，厚度为 20 cm，采用直径为 0.5～1 cm 的砂砾，在砂砾上下层均放置透水土工布。

　　（2）T2 处理采用碎石暗渠与浅井结合的改良工艺（图 11-5）。暗渠间隔 3 m，渠宽 0.5 m，一个试验小区设置 5 条暗渠,碎石暗渠的铺设深度为 80～<100 cm。该地块长 35 m，拟每隔 7 m 设置 1 口浅井，共 20 个，井深 2 m，至地下水位（图 11-6）。

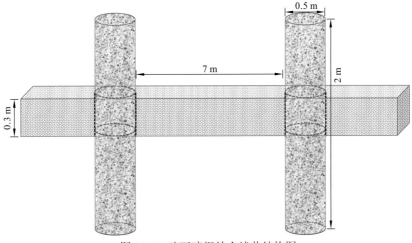

图 11-5　碎石暗渠结合浅井结构图

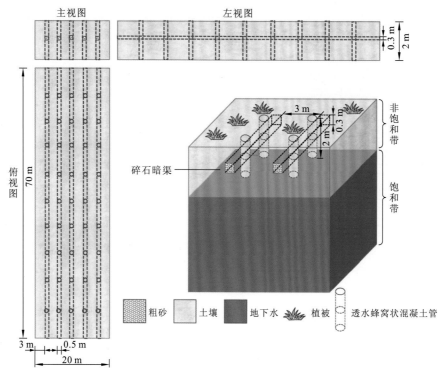

图 11-6 碎石暗渠结合浅井示意图

（3）T3 处理采用浅井改良工艺，浅井的布设位置与 T2 处理相同。

（4）CK 处理为不采用任何物理修复工艺的空白对照。

在四块示范区种植牧草、玉米、向日葵、枸杞等作物，于 6 月栽种作物。基于毛细屏障的物理修复处理如表 11-1 所示。T1、T2、T3、CK 均引河水灌溉，在种植前进行第一次灌溉，栽种后每周灌溉一次，直至植物进入成熟期。

表 11-1 试验处理

处理类型	具体处理工艺
T1	铺设碎石屏障
T2	铺设碎石暗渠+浅井，暗渠间隔 3m，浅井间隔 7m
T3	按 3 m×7 m 布设排水浅井
CK	空白对照

试验过程中，在植株幼苗期和成熟期各采集 1 次试验小区的土样。取样时，分层取样，划分 0～<20 cm、20～<40 cm、40～<60 cm、60～<80 cm。使用 S 形取样法在各小区取样，每个小区 5 个取样点，将每个小区的各取样点的土样混合，在阴凉条件下自然风干，研磨、过筛后用于测定相关指标。

11.2　不同工艺的改良效果

试验过程中每隔 1 个月采集一次大田试验区的土样，分别采集 0～<20 cm、20～<40 cm、40～<60 cm、60～<80 cm 深度土样，对土壤含水率、含盐量、有机碳、阳离子交换量进行测定。在植株成熟后采集土样，分别对土壤含水量、含盐量、有机碳、阳离子交换量进行测定（Chi et al.，2021）。

将通过 2 mm 筛孔的风干土样按照 1∶5 的土水比浸出（Chi et al.，2012），土壤 pH、EC、各阴阳离子浓度、阳离子交换量（CEC）、交换性钠百分率（ESP）、含水率、有机碳等指标的测定方式同第 10 章。

采摘前对每组中的植物测定株高，求平均值。从每组内的植物中随机取样，分为根、茎和叶。所有植物样本用去离子水洗涤，然后在 85 ℃ 干燥 2 天，直到达到恒重。按照传统的收获方法，对每组中的向日葵果实采摘并称重。

11.2.1　对土壤 pH 的影响

示范地采用三种物理修复工艺，分别为碎石屏障（T1）、碎石暗渠+浅井（T2）、浅井（T3），并设置对照组（CK）。铺设完成后，在对照组及各试验组种植稷子草，采集幼苗期及成熟期各组的土样，测量相关指标。采用物理修复工艺后，土壤 pH 变化情况如图 11-7 所示。比较各组土壤 pH 成熟期相对于幼苗期的变化情况发现，T1 时土壤 pH 在各个深度均下降，且差异显著；T2 时土壤 pH 在各个深度均下降，且 0～<20 cm、20～<40 cm、40～<60 cm 深度差异显著；T3 时土壤 pH 在 20～<40 cm、40～<60 cm 深度略有降低，但差异不显著，其余深度略有上升，差异不显著；CK 时土壤 pH 在 0～<20 cm、40～<60 cm 深度下降，在 20～<40 cm、60～<80 cm 深度上升，但变化幅度较小，差异不显著。

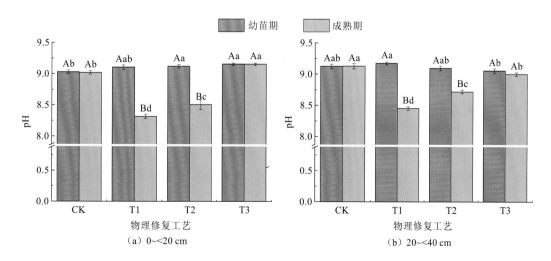

（a）0～<20 cm　　　　　　　　　（b）20～<40 cm

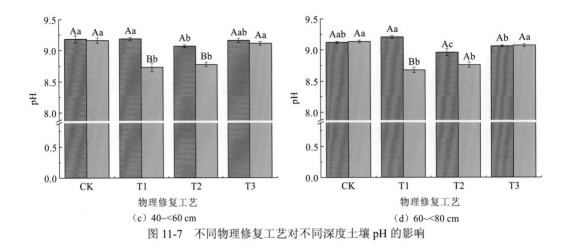

图 11-7　不同物理修复工艺对不同深度土壤 pH 的影响

比较修复后成熟期各组土壤的 pH 情况发现，除 T3 试验组在 0～<20 cm 深度相对于对照组（CK）有所上升外，在其余各个深度 T1、T2、T3 试验组的土壤 pH 均小于对照组（CK）的土壤 pH。并且，相对于对照组（CK），在各个深度 T1、T2 试验组均有显著性下降；T3 试验组只在 20～<40 cm 深度有显著性下降，在 0～<20 cm 深度上升，在 40～<60 cm、60～<80 cm 深度下降，但差异均不显著。

11.2.2　对土壤电导率的影响

经过一段时间的改良修复，采取碎石屏障（T1）措施的试验组的降盐效果最为显著，在各个深度，T1 组成熟期的 EC 均较幼苗期的 EC 显著降低，降幅分别为 56.12%、29.44%、58.29%、47.47%（图 11-8）。采用碎石暗渠+浅井（T2）的试验组的成熟期 EC 较幼苗期在土壤表层 0～<20 cm 处降幅不明显，在 20～<40 cm、40～<60 cm、60～<80 cm 深度处显著降低。采用浅井（T3）的试验组成熟期较幼苗期的降盐效果不明显，在 0～<20 cm 深度处 EC 略有上升，20～<40 cm、40～<60 cm、60～<80 cm 深度处 EC 略有下降，但差异不显著。对照组（CK）成熟期的 EC 相较于幼苗期的 EC，在 0～<20 cm 深度处有明显的上升，在 20～<40 cm 深度处有小幅上升，在 40～<60 cm、60～<80 cm 深度处下降但差异不显著。并且，经过一段时间的物理修复，相对于对照组（CK），成熟期时 T1 组在各个深度的 EC 均有显著性降低；T2 组相较于对照组（CK）在 0～<20 cm、20～<40 cm 深度处 EC 有显著下降，但在 40～<60 cm、60～<80 cm 深度较对照组略有上升；T3 组相较于对照组（CK）在 40～<60 cm 深度处 EC 略有上升，其余各深度 EC 较对照组（CK）均显著下降。整体上看，3 种物理修复工艺的降盐效果：碎石屏障（T1）>碎石暗渠+浅井（T2）>浅井（T3）。其中，采用碎石屏障工艺，效果最为显著。

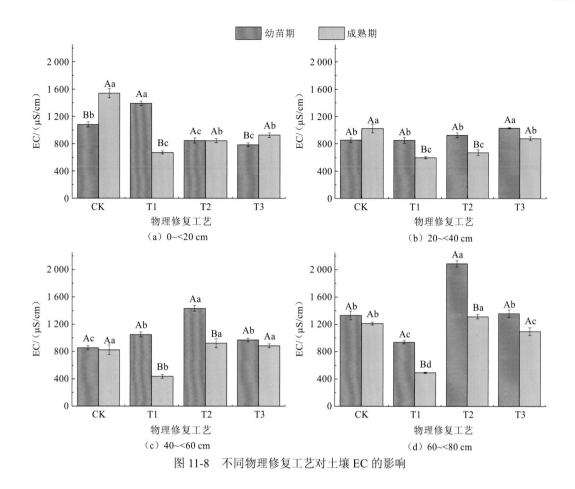

图 11-8　不同物理修复工艺对土壤 EC 的影响

11.2.3　对土壤碱化度的影响

交换性钠百分率（ESP）是土壤胶体中交换性钠占阳离子交换总量的百分数，又称碱化度，可反映土壤碱化的程度。采用物理修复工艺后，各组 ESP 变化如图 11-9 所示。比较各组土壤 ESP 成熟期相对于幼苗期的变化情况发现，T1、T2 试验组土壤 ESP 在各个深度均有显著性下降；T3 试验组成熟期土壤 ESP 较幼苗期在各个深度均有所下降，但差异不显著；CK 组各个深度土壤 ESP 的变化幅度较小，差异不显著。

比较修复后成熟期各组土壤 ESP 的情况可知，在各个深度 T1、T2、T3 试验组的土壤 ESP 基本小于对照组（CK）的土壤 ESP，且在各个深度 T1、T2 试验组的土壤 ESP 与对照组（CK）相比差异显著，T3 组除在 0～<20 cm 深度与对照组（CK）相比差异不显著外，其余深度同样差异显著。从不同物理修复工艺土壤 pH、ESP 的变化情况可知，3 种物理修复工艺的降碱效果碎石屏障（T1）>碎石暗渠＋浅井（T2）>浅井（T3）。其中，采用碎石屏障（T1）、碎石暗渠+浅井（T2）这两种工艺的效果较为显著，采用浅井（T3）工艺修复效果不明显。

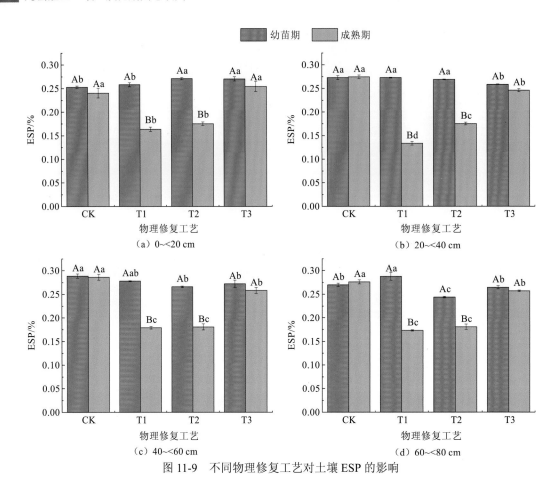

图 11-9 不同物理修复工艺对土壤 ESP 的影响

11.2.4 对土壤盐分离子浓度的影响

从图 11-10 可以看出，T1 处理的土壤可溶性离子浓度在各个深度成熟期均较幼苗期有明显下降，T2 处理的土壤可溶性离子浓度在 20～<40 cm、40～<60 cm、60～<80 cm 深度成熟期均较幼苗期有明显下降，T3 处理仅在 60～<80 cm 深度土壤可溶性离子浓度成熟期较幼苗期下降。T1、T2 处理成熟期相较于幼苗期的平均降幅分别为 33.32%、4.19%。在幼苗期，不同深度各处理土壤可溶性离子浓度与 CK 相比差异不明显。在成熟期，除 T2 处理在 60～<80 cm 深度土壤可溶性离子浓度略高于 CK 外，其余各处理在各深度均低于 CK，相对于 CK，T1、T2、T3 处理在各个深度的平均降幅分别为 52.69%、19.99%、18.08%。由上述数据可知，各物理修复工艺均有降盐效果，T1 处理的改良效果明显优于 T2、T3 处理。

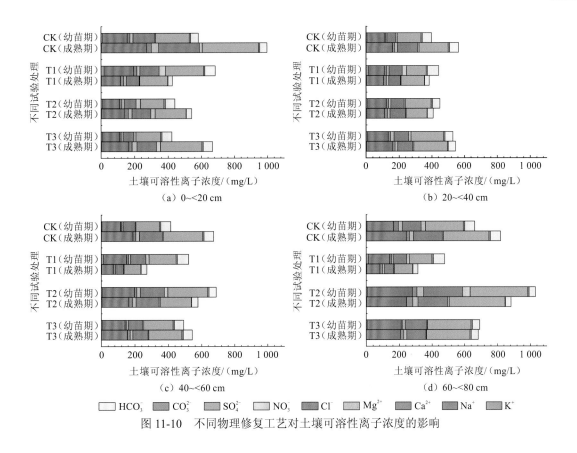

图 11-10　不同物理修复工艺对土壤可溶性离子浓度的影响

11.3　土壤养分变化和牧草长势

11.3.1　土壤碱解氮和有效磷

采用物理修复工艺后，各组土壤的碱解氮、有效磷含量如图 11-11、图 11-12 所示。比较各组土壤不同深度幼苗期碱解氮、有效磷含量发现，在 0～<20 cm 深度，T1、T2、T3 处理土壤碱解氮、有效磷含量均显著高于对照组（CK）。在 20～<40 cm 深度，相对于对照组（CK），T1 处理仍能显著提高土壤碱解氮、有效磷含量；T2 处理土壤碱解氮、有效磷含量均高于对照组（CK），但土壤碱解氮含量差异不显著；T3 处理土壤碱解氮含量低于对照组（CK），有效磷含量高于对照组（CK），差异均不显著。在 40～<60 cm、60～<80 cm 深度，T1 处理显著高于 T2、T3 处理及对照组（CK）。整体上，在幼苗期 T1 处理的土壤碱解氮、有效磷含量要明显高于其他处理，且在深层尤为明显。这可能是因为铺设碎石屏障过程中疏松了土壤，打破了原有土壤的结构组成，改善了土壤结构，增强了土壤对氮和其他营养物的吸收能力。而深层采用碎石隔层，孔隙度增大，有利于微生物的繁殖生存，微生物分解植物残体，提高土壤养分。

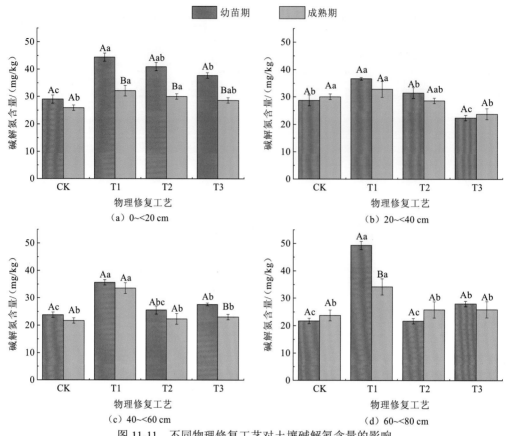

图 11-11　不同物理修复工艺对土壤碱解氮含量的影响

　　比较各组土壤碱解氮、有效磷含量成熟期相对于幼苗期的变化情况发现，在 0～<20 cm 深度，对照组（CK）、T1、T2、T3 处理的土壤碱解氮含量成熟期比幼苗期分别下降 10.89%、27.60%、26.65%、24.20%，且 T1、T2、T3 处理差异显著；土壤有效磷含量分别下降 11.44%、19.38%、21.82%、15.71%，且 T1、T2、T3 处理差异显著。在 20～<40 cm 深度，T1、T2 处理土壤碱解氮含量成熟期比幼苗期分别下降 10.48%、8.98%，但差异不显著；T1、T2 处理土壤有效磷含量成熟期比幼苗期分别下降 17.94%、17.09%，且差异显著。在 40～<60 cm 深度，T1、T2、T3 处理土壤碱解氮含量成熟期比幼苗期分别下降 5.82%、12.53%、16.50%，T3 处理差异显著；土壤有效磷含量成熟期比幼苗期分别下降 17.43%、13.06%、10.67%，T1 处理差异显著。在 60～<80 cm 深度，T1、T3 处理土壤碱解氮含量成熟期比幼苗期下降，且 T1 处理差异显著；仅 T1 处理土壤有效磷含量成熟期比幼苗期下降，且差异显著。

　　总体而言，比较成熟期相对于幼苗期土壤养分的变化发现，对照组土壤碱解氮、有效磷含量变化不大，说明碱土的盐碱化使土壤养分缺乏，也不利于植物对土壤养分的吸收。各试验组在土壤表层的养分主要呈现下降趋势，且降幅 T1>T2>T3。使用碎石屏障层，孔隙度增大，毛细力减小，降低了土壤水的毛细上升高度，防止返盐，减轻了盐渍化对植物吸收土壤养分的影响。而碎石屏障层由于没有引入外源有机物，本身对土壤养分的变化无明显影响，铺设碎石屏障的过程改变了原有土壤的结构，增强了植物对有机物的吸收。

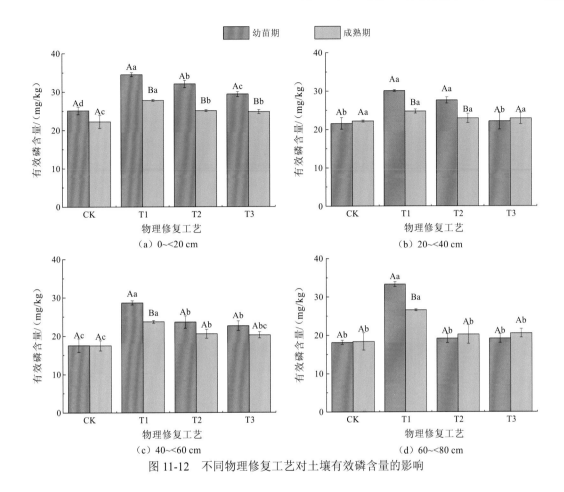

图 11-12　不同物理修复工艺对土壤有效磷含量的影响

11.3.2　土壤团聚体和有机碳

采用物理修复工艺后，各处理土壤粒度和 TOC 的变化如图 11-13 所示，并对各处理的土壤 TOC 与黏粒含量进行了进一步的相关性分析（图 11-14）。可以看出，从土壤表层至深层，各处理大体上在 0～<60 cm 深度先下降，随后在 60～<80 cm 深度略有上升，与土壤中的黏粒含量呈现出较高的正相关性。土壤 TOC 与黏粒含量的相关性分析结果显示，各处理土壤 TOC 与黏粒含量呈正相关关系。其中，CK 土壤 TOC 与黏粒含量显著（$P<0.05$）相关，其相关系数为 0.725；T1 处理土壤 TOC 与黏粒含量显著（$P<0.01$）相关，其相关系数为 0.850；T2 处理土壤 TOC 与黏粒含量显著（$P<0.01$）相关，相关系数为 0.859；T3 处理土壤 TOC 与黏粒含量显著（$P<0.05$）相关，相关系数为 0.708。这表明土壤 TOC 与土壤中的黏粒含量关系密切，物理修复工艺对土壤团聚体造成的影响会进一步影响土壤中的有机碳。

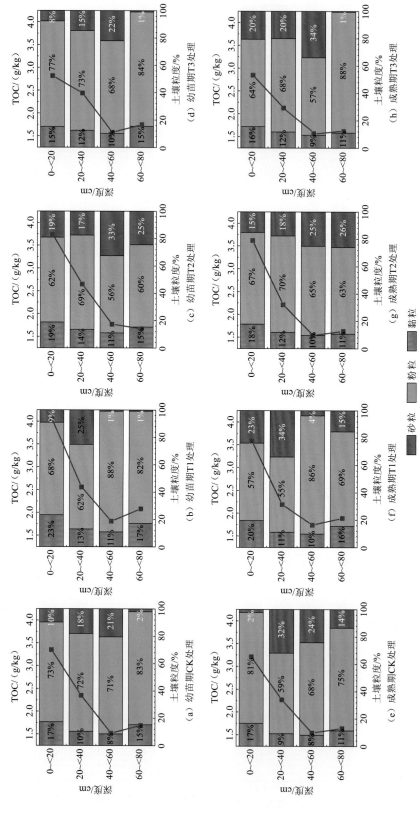

图 11-13　不同物理修复工艺幼苗期及成熟成熟期土壤粒度和TOC的变化

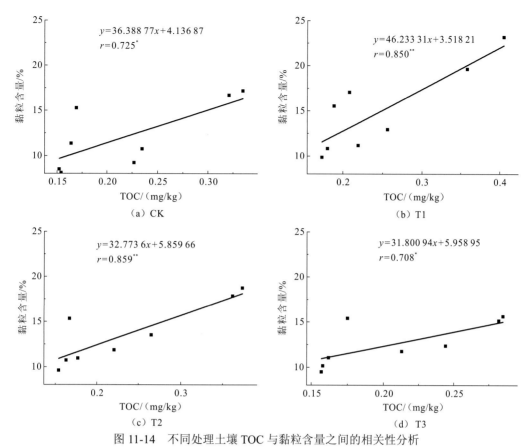

图 11-14　不同处理土壤 TOC 与黏粒含量之间的相关性分析

*表示在 0.05 水平（双侧）上的相关性显著；**表示在 0.01 水平（双侧）上的相关性显著

相对于幼苗期，成熟期各处理土壤 TOC 在 0～<20 cm、20～<40 cm 深度大体上呈下降趋势，40～<60 cm、60～<80 cm 深度土壤 TOC 变化不大，较为稳定。土壤有机碳含量及其变化情况在土层不同深度有较大差异，表层土壤的有机碳含量较高但变化大且快，深层土壤的有机碳含量虽少但更稳定，变化不大。这可能是由于表层土壤接触的影响因素比较多且活跃，深层土壤与外界的联系较少。各处理土壤中的黏粒含量随深度的增加先增后减，土壤粒度成熟期相对于幼苗期变化不明显。

11.3.3　对牧草生长的影响

为了从直观上反映不同物理修复工艺的改良效果，试验区建成后，在 4 组处理的场地内均种植稷子草，稷子草生育期内各处理的田间管理保持一致，生长情况如图 11-15、图 11-16 所示。分别在稷子草栽种后每隔 1 个月进行收割采样，测定株高和干重。采用物理修复工艺后，各组株高如图 11-17 所示，从图中可以看出，栽种 1 个月后，CK、T1、T2、T3 处理的株高接近；栽种 2 个月、3 个月后，与 CK 相比，T1、T2、T3 处理的生长速度较快，明显高于 CK，差距显著。在成熟期（9 月 25 日），CK、T1、T2、T3 处理的稷子草的平均株高分别为 122.1 cm、165.7 cm、159.5 cm、151.4 cm，由此可知施用碎石屏障时稷子草长势最好，改良效果最佳。

图 11-15　试验场 T1 处理稷子草生长情况　　　图 11-16　试验场 T2 处理稷子草生长情况

　　植物干重也是反映植物长势的重要指标，各组干重如图 11-18 所示。可以看出，栽种 1 个月后，各组干重差异不明显；栽种 2 个月、3 个月后，T1、T2、T3 处理的植株干重显著高于 CK，生长速度较快。在成熟期，CK 的稷子草平均干重为 12.8 g，T1、T2、T3 处理的平均干重分别为 21.6 g、20.2 g、18.3 g。由此可见，碎石屏障（T1）、碎石暗渠+浅井（T2）、浅井（T3）均能显著增加稷子草的干重。

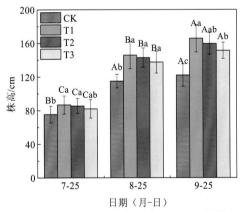

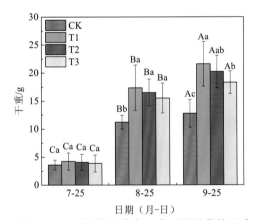

图 11-17　不同物理修复工艺下稷子草的株高　　　图 11-18　不同物理修复工艺下稷子草的干重

11.4　不同物理改良工艺机理

　　从表 11-2 可以看出，土壤溶液中的 pH 与 CO_3^{2-}、HCO_3^- 显著（$P < 0.01$）正相关，相关系数分别为 0.929、0.878，表明土壤溶液中的 pH 主要受土壤中 CO_3^{2-}、HCO_3^- 含量的控制，pH 与 SO_4^{2-} 同样显著（$P<0.05$）正相关，相关系数为 0.351，HCO_3^- 含量主要受有机

表 11-2　土壤样品的 pH，EC 和各可溶性离子的相关性

	pH	EC	K^+	Na^+	Ca^{2+}	Mg^{2+}	Cl^-	NO_3^-	SO_4^{2-}	CO_3^{2-}	HCO_3^-
pH	1										
EC	0.339	1									
K^+	0.425*	0.251	1								
Na^+	0.396*	0.970**	0.280	1							
Ca^{2+}	-0.083	0.704**	0.130	0.609**	1						
Mg^{2+}	0.123	0.859**	0.114	0.785**	0.844**	1					
Cl^-	0.258	0.957**	0.226	0.945**	0.701**	0.888**	1				
NO_3^-	0.264	0.590**	0.663**	0.531**	0.590**	0.628**	0.555**	1			
SO_4^{2-}	0.351*	0.951**	0.249	0.975**	0.668**	0.833**	0.918**	0.544**	1		
CO_3^{2-}	0.929**	0.439*	0.442*	0.493**	-0.003	0.237	0.362*	0.356	0.465**	1	
HCO_3^-	0.878**	0.155	0.549**	0.209	-0.117	-0.033	0.079	0.338	0.145	0.822**	1

*表示在 0.05 水平（双侧）上的相关性显著；**表示在 0.01 水平（双侧）上的相关性显著。

质含量及碳酸盐和硫酸盐的溶解度控制,重碳酸盐使土壤有碱化的危害。土壤 EC 与 Na^+、Ca^{2+}、Mg^{2+}、Cl^-、SO_4^{2-} 显著($P<0.01$)正相关,相关系数均在 0.7 以上,表明 Na^+、Ca^{2+}、Mg^{2+}、Cl^-、SO_4^{2-} 是对土壤 EC 贡献最大的几种离子。SO_4^{2-} 与 Ca^{2+} 关系密切,呈显著($P<0.01$)正相关关系,相关系数为 0.668,表明了石膏质盐渍土的存在。采集的幼苗期和成熟期土样的可溶盐类型均为 $SO_4 \cdot Cl$-Na 型,氯化物与硫酸盐是可溶盐中的主要成分,是土壤盐渍化的主要影响因素(Zhao et al.,2020)。这一方面是因为氯化物与硫酸盐在矿物中大量存在,另一方面是因为氯化物与硫酸盐是易溶矿物或相对易溶矿物。

研究结果表明,3 种物理修复工艺都具备降盐、降碱的效果,从降幅来看,盐渍化改良效果 T1>T2>T3。采集的土壤的可溶盐类型均为 $SO_4 \cdot Cl$-Na 型,由于硫酸钠遇水结晶膨胀,表土易发生盐胀,土体结构遭到破坏,土壤颗粒重排,孔隙度减小,进一步增强毛细作用,盐渍化程度进一步加重。上述过程与水分含量密切相关(Zhang et al.,2020a),碎石屏障和碎石暗渠的孔隙度大于土壤的孔隙度,孔隙度增大导致毛细力减小,毛细作用受到抑制,形成了一段毛细阻隔层,有效抑制了盐分随水分上升到土壤表层(Chávez-García and Siebe,2019)。

碎石层的存在有效抑制了毛细水上移到土壤表层,防止土壤盐胀带来的危害(Zhang et al.,2020b)。毛细水在上升的过程中会蒸发,析出晶体,附着于管壁上,使毛细管变细,毛细力增大。碎石层的存在截留了蒸发析出的晶体,一定程度上避免了晶体析出的影响。T1、T2 和 T3 处理均有降盐、降碱效果,但 T1、T2 处理的降幅明显大于 T3 处理。监测结果显示,特别是在 40～<60 cm、60～<80 cm 深度,T1、T2 处理成熟期土壤的 pH、EC 相较于幼苗期明显下降,差异显著,T3 处理略有下降,差异不显著。这说明采用碎石屏障、碎石暗渠的处理在毛细水带所处的深度,对盐碱的迁移有明显的阻滞作用。通过采用碎石层,破坏了毛细水上升的连续性,有效抑制了盐分随水分的向上迁移(Li et al.,2019;Lee et al.,2014)。从 T2 和 T3 处理的对比可以看出,浅井的施用起到了导水作用,有利于盐分快速向下迁移,但碎石层的存在是起到降盐、降碱作用的主要因素。

另外,在铺设碎石屏障的过程中,疏松了土壤耕作层。土壤团聚体是土壤中的有机质和无机的矿物颗粒(砂粒、粉粒、黏粒)经过一系列作用而形成的,是构成土壤的基本组成单元。已有研究表明,黏粒对土壤有机碳有很好的保护作用,对土壤有机碳有较强的吸附能力。通过对各处理土壤 TOC 与黏粒含量的相关性分析发现,土壤 TOC 与黏粒含量呈现出显著的正相关关系。其中,T1、T2 处理的相关系数要高于 CK、T3 处理,T1、T2 处理所采用的碎石屏障、碎石暗渠+浅井工艺对土壤结构的改变更大,工艺带来的土壤结构改变使土壤中的大团聚体破碎,释放出更多的黏粒(Andruschkewitsch et al.,2013)。释放出的黏粒具有很大的比表面积与电荷密度,吸附土壤中的大分子有机物质形成较为稳固的有机-无机复合体,加强对 TOC 的积累(Abiven et al.,2009)。同时,形成的复合体之间的孔隙度较大,抑制毛细作用导致的返盐,并进一步改善土壤结构,有利于土壤中的盐分随灌水下渗。

耕地盐渍化会导致土壤养分缺乏,影响植物的生长。研究结果表明,T1 处理在幼苗期的碱解氮、有效磷含量高于其余各处理,且在深层尤为明显。这可能是因为铺设碎石屏障过程中疏松了土壤，改善了土壤结构，增强了土壤对氮和其他营养物的吸收能力。而深层采用碎石隔离层，孔隙度增大，有利于微生物的繁殖生存，微生物分解植物残体，提高土壤养分（Mavi et al.，2012；Wichern et al.，2006）。

比较成熟期相对于幼苗期土壤养分的变化发现，对照组土壤碱解氮、有效磷含量变化不大，说明一方面耕地的盐碱化导致土壤养分缺乏，另一方面盐渍化导致的土壤环境也不利于植物对土壤养分的吸收。试验结果表明，T1、T2 处理在土壤表层的养分主要呈现下降趋势，T3 处理整体上略有下降但变化不明显，降幅 T1>T2>T3。成熟期土壤碱解氮、有效磷含量相对于幼苗期下降，说明由于处于作物旺盛生长期，其对土壤碱解氮、有效磷的消耗较大。其中，T1 处理土壤碱解氮、有效磷含量的降幅显著，说明采用碎石屏障（T1）增强了植物对氮和磷的吸收能力。铺设碎石屏障的过程中，疏松了土壤耕作层，有利于植物根系对土壤养分的吸收（Cui et al.，2021）。

总体来看，使用碎石屏障层，孔隙度增大，毛细力减小，降低了土壤水的毛细上升高度，防止返盐，减轻了盐渍化对植物吸收土壤养分的影响（Zhang et al.，2020a）。基于上述原因，T2 处理铺设碎石暗渠同样能起到上述效果，但碎石暗渠铺设面积不如碎石屏障，效果不如 T1 处理。T3 处理对土壤养分的影响不大，对比 T2 处理可知，试验区土壤养分的变化主要受到铺设的碎石屏障的影响。

11.5　本章小结

（1）碎石屏障、碎石暗渠与浅井的联合施用均能有效降低土壤的盐分、碱度。其中，碎石层的存在改变了土体结构，通过增大孔隙度减小了毛细力，形成了一段毛细阻隔层，有效抑制了盐分随水分上升到土壤表层。同时，碎石层的存在截留了蒸发析出的晶体，在一定程度上避免了晶体析出导致的土壤盐胀。

（2）在铺设碎石屏障、碎石暗渠的过程中，疏松土层使土壤中的大团聚体破碎，释放出更多的黏粒。黏粒吸附土壤中的大分子有机物质形成较为稳固的有机-无机复合体，加强对 TOC 的积累。同时，形成的复合体之间的孔隙度较大，抑制了毛细作用导致的返盐，进一步改善了土壤结构，有利于土壤中的盐分随灌水下渗。

（3）通过田间试验发现，碎石屏障、碎石暗渠结合浅井均有良好的降盐、降碱效果。浅井起到导水的作用，有利于洗盐过程中盐分的下渗，但单一地使用浅井对盐渍化土壤的改良效果有限。结合投入产出比，碎石暗渠与浅井的联合施用具有更加优良的使用前景。

参 考 文 献

ABIVEN S, MENASSERI S, CHENU C, 2009. The effects of organic inputs over time on soil aggregate stability: A literature analysis[J]. Soil biology and biochemistry, 41(1): 1-12.

ANDRUSCHKEWITSCH R, GEISSELER D, KOCH H J, et al., 2013. Effects of tillage on contents of organic carbon, nitrogen, water-stable aggregates and light fraction for four different long-term trials[J]. Geoderma, 192: 368-377.

CHÁVEZ-GARCÍA E, SIEBE C, 2019. Rehabilitation of a highly saline-sodic soil using a rubble barrier and organic amendments[J]. Soil and tillage research, 189: 176-188.

CHI C M, ZHAO C W, SUN X J, et al., 2012. Reclamation of saline-sodic soil properties and improvement of rice(*Oriza sativa L.*) growth and yield using desulfurized gypsum in the west of Songnen Plain, northeast China[J]. Geoderma, 187-188: 24-30.

CHI Z, WANG W J, LI H, et al., 2021. Soil organic matter and salinity as critical factors affecting the bacterial community and function of Phragmites australis dominated riparian and coastal wetlands[J]. Science of the total environment, 762: 143156.

CUI Q, XIA J B, YANG H J, et al., 2021. Biochar and effective microorganisms promote Sesbania cannabina growth and soil quality in the coastal saline-alkali soil of the Yellow River Delta, China[J]. Science of the total environment, 756: 143801.

LEE S, LEE S H, BAE H S, et al., 2014. Effect of capillary barrier on soil salinity and corn growth at Saemangeum reclaimed tidal land[J]. Korean journal of soil science and fertilizer, 47(6): 398-405.

LI S, YANG Y, LI Y, et al., 2019. Remediation of saline-sodic soil using organic and inorganic amendments: Physical, chemical, and enzyme activity properties[J]. Journal of soils and sediments, 20(3): 1454-1467.

MAVI M S, MARSCHNER P, CHITTLEBOROUGH D J, et al., 2012. Salinity and sodicity affect soil respiration and dissolved organic matter dynamics differentially in soils varying in texture[J]. Soil biology and biochemistry, 45: 8-13.

WICHERN J, WICHERN F, JOERGENSEN R G, 2006. Impact of salinity on soil microbial communities and the decomposition of maize in acidic soils[J]. Geoderma, 137(1/2): 100-108.

ZHANG H, PANG H, ZHAO Y, et al., 2020a. Water and salt exchange flux and mechanism in a dry saline soil amended with buried straw of varying thicknesses[J]. Geoderma, 365: 1-9.

ZHANG H Y, LU C, PANG H C, et al., 2020b. Straw layer burial to alleviate salt stress in silty loam soils: Impacts of straw forms[J]. Journal of integrative agriculture, 19(1): 265-276.

ZHAO W, ZHOU Q, TIAN Z, et al., 2020. Apply biochar to ameliorate soda saline-alkali land, improve soil function and increase corn nutrient availability in the Songnen Plain[J]. Science of the total environment, 722: 1-18.

第 *12* 章
盐渍化土壤微藻生物改良

　　小球藻（*C. miniata*）广泛分布于自然界中，其易于培养，可通过光合作用利用无机盐进行自养培养，也可利用有机碳源进行异养发酵培养。

　　从盐渍化土壤中筛选的小球藻属于小球藻属（*Chlorella*），具有良好的抗氧化、抗盐和分泌酚类化合物的能力（Sozmen et al., 2018）。由于小球藻分离自干旱和半干旱地区的盐渍化土壤，其具备耐受多种非生物环境因子（如紫外辐射、干旱、高温、高盐、pH 等）胁迫的能力，故可用于修复多因子胁迫的土壤环境，是一种经济、环境友好型盐渍化土壤生物修复材料。本章在综合分析小球藻应对各种非生物胁迫的适应机理的基础上，通过河套平原盐渍化土壤生态改良大田试验，探讨了盐胁迫下小球藻对土壤水分、pH、EC、养分、酶活性等土壤理化特性的影响机制。

12.1 小球藻的筛选

12.1.1 天然小球藻结皮的采集

盐渍化土壤生物修复试验场位于内蒙古自治区杭锦后旗蛮会镇永丰村七组（北纬40°59'，东经107°11'），与物理修复试验场地块比邻。选择重度盐渍化耕地，在土壤表层采集与白色"盐壳"共存的天然小球藻结皮。使用环刀获取表土（厚度 2～5 mm），尽可能保持结皮完整，装入专用采样袋中，带回室内迅速风干，装袋干燥保存。

12.1.2 小球藻的富集培养

称取 1 g 研磨后的小球藻结皮，放入烧杯中，加入适量 BG11 液体培养基，振荡 3 min 后静置，将上层浸提液转入 500 mL 液体培养基中，置于恒温光照培养箱中通气培养，温度为（25±2）℃，光照度为 4 000 lx，光暗比为 16：8，培养 10～15 天。

12.1.3 小球藻的分离与纯化

取适量富集培养后的藻液，分别稀释 10 倍、100 倍和 1 000 倍，吸取 0.1 mL 藻液，用涂布棒均匀涂在平板上，并使用 Parafilm 封口膜进行密封。在光照度为 4 000 lx，光暗比为 16：8，温度为（25±2）℃的试验条件下培养。用接种环挑取其中无明显形态差异的部分藻落，转接到 BG11 液体培养基中纯化培养（朱万鹏 等，2013）。然后，稀释、涂平板培养，如此反复多次，直至平板长出完全单一的藻落为止。

经过反复分离纯化培养后，平板表面长出形态单一的纯藻落（图 12-1）。显微镜下藻细胞的形态如图 12-2 所示，为球状单细胞藻体，大部分成群聚集，藻细胞呈绿色，直径为 2～3 μm。通过比较藻细胞与已有藻类图谱形态特征，初步鉴定其属于小球藻属。

图 12-1 固体培养基上的藻落

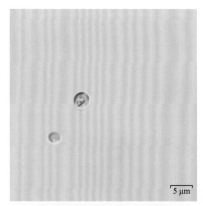

5 μm

图 12-2 藻细胞显微照片

12.1.4 小球藻的鉴定

将平板上形态单一、分散的藻落挑出，在光学显微镜（OLYMPUS BX51）下观察其形态，并根据藻细胞形态进行初步鉴定。引物采用通用的 18S rRNA 基因引物对 ITS1（5'-TCCGTAGGTGAACCTGCGG-3'）和 ITS4（5'-TCCTCCGCTTATTGATATGC-3'）（Harley 和谢建平，2012）。将样本的特征序列在 NCBI 数据库进行比对。使用软件 MEGA 6.0 构建系统进化树，方法为邻接法，自展率（Bootstrap）进行 1 000 次重复。

与 NCBI 数据库比对发现，其与 *Chlorella miniata* UTEX 490 的亲缘关系最近，相似度为 99.59%，因此命名为 *Chlorella miniata* HJ-01。按藻类学分类，属于绿藻门（Chlorophyta）中小球藻属的一种。图 12-3 为其系统进化树。

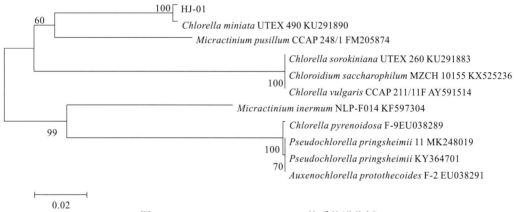

图 12-3 *Chlorella miniata* HJ-01 的系统进化树

12.2 小球藻的耐盐性

12.2.1 藻悬液制备

将单细胞小球藻 *Chlorella miniata* HJ-01 藻种接种到无菌的新鲜 BG11 液体培养基中，在（25±2）℃、4 000 lx、24 h 连续光照的条件下，于三角瓶中通气培养至对数生长期。利用高速离心机以转速 8 000 r/min 离心，收集藻细胞，用超纯水反复清洗 2~3 次。最后，将藻细胞重新悬浮在适量的新鲜液体培养基中，摇匀，制成藻悬液。

12.2.2 小球藻的盐胁迫处理

试验中将 NaCl 作为盐胁迫因子。向 4 组（A、B、C、D）500 mL 三角瓶中分别加入 300 mL 无菌 BG11 液体培养基和适量 NaCl，使 NaCl 的终浓度分别为 0、0.05 mol/L、

0.1 mol/L 和 0.2 mol/L，每组设置 3 个平行。每个三角瓶中分别接种 10 mL 藻悬液，并用透气膜封口，上述接种操作在无菌操作台上完成。接种好的藻悬液在温度为（25±2）℃、光照度为 4 000 lx、光暗比为 16∶8 的条件下静置培养，每天振荡三角瓶 3 次，防止藻体粘在瓶壁上。

12.2.3　盐胁迫对小球藻生长发育的影响

从图 12-4 可以看出，在所有盐浓度下，小球藻的生物量随时间的增长均呈增长趋势，表明小球藻对 4 种盐浓度都有较好的适应性。在前 22 天，各组小球藻的生长差异较小，22 天后 4 个处理组的生物量差距增大，其中 B 组生长最好，其次是 C 组，D 组增长较缓慢。

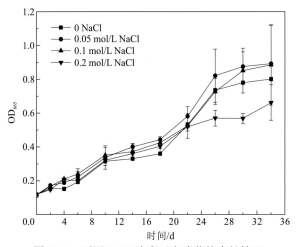

图 12-4　不同 NaCl 浓度下小球藻的生长情况

接种后的前 6 天，各组生物量随时间的增长相对平缓，可能是由于藻细胞进入新环境后有一定的适应期。6 天后，各组光密度（OD_{665}）增长迅速，生物量进入一个快速增长阶段，表明小球藻度过了适应期；从 22 天开始，D 组生长量较其他三组缓慢，表明 0.2 mol/L NaCl 对小球藻的生长具有一定的抑制作用，而 0.05 mol/L 和 0.1 mol/L NaCl 对小球藻的生长具有一定的促进作用。

12.2.4　盐胁迫对小球藻胞外聚合物分泌的影响

盐胁迫对胞外聚合物（extracellular polymeric substance，EPS）含量的影响如图 12-5 所示。D 组藻细胞分泌的 EPS 最多，接种后的前 6 天，小球藻处于生长发育的适应期，EPS 分泌量快速增加，在第 6 天达到峰值。6～18 天，除 A 组外的 EPS 含量开始缓慢下降。在此期间，生物量也进入快速增长阶段。18 天后，培养基中的 EPS 含量再次缓慢增加。此时，小球藻进入快速生长阶段。

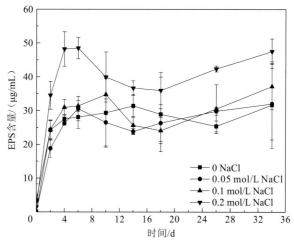

图 12-5 不同盐胁迫下培养基中 EPS 含量的变化

12.2.5 小球藻对溶液 EC 和 Na$^+$浓度的影响

培养基中 Na$^+$浓度的变化如图 12-6 所示。经过 34 天培养，各组 Na$^+$浓度均有所降低，分别下降了 24.0%、23.8%、21.2%和 35.9%。在不同浓度的 Na$^+$胁迫下，小球藻对 Na$^+$均表现出较强的吸附性。D 组的 Na$^+$浓度变化最大，A 组变化最小，初始 Na$^+$浓度越高，藻细胞对 Na$^+$的吸附量越大。A 组中的 Na$^+$主要来自 BG11 液体培养基中的 Na$_2$CO$_3$ 和 NaNO$_3$，Na$^+$总体浓度较低。

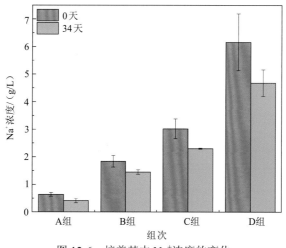

图 12-6 培养基中 Na$^+$浓度的变化

如表 12-1 所示，接种藻细胞和培养液上清液都可以降低溶液 EC。在接种藻细胞的烧杯 A 中，EC 平均下降 2.92 mS/cm，下降幅度达 16.7%，进一步说明小球藻对盐分有一定的吸附作用，能明显降低环境的 EC。而接种上清液的 B 组溶液，EC 下降 2.45 mS/cm，下降幅度为 14.0%，这可能是由上清液中细胞分泌的胞外物质造成的。但与接种藻细胞的处理组相比，其 EC 降幅较小。以上结果表明，小球藻及其分泌的 EPS 均能吸附一定的盐分，从而降低环境的 EC，缓解盐胁迫对藻细胞的损伤。

表 12-1　接种藻细胞和上清液对溶液 EC 的影响

处理组	初始 EC/（mS/cm）	作用后 EC/（mS/cm）	降低值/（mS/cm）	降低幅度/%
接种藻细胞（A）	17.46 ± 0.08	14.54 ± 0.09	2.92 ± 0.18	16.7 ± 0.9
接种上清液（B）	17.51 ± 0.04	15.06 ± 0.19	2.45 ± 0.21	14.0 ± 1.2

12.3　人工藻结皮培植及对土壤性质的影响

12.3.1　人工藻结皮的培植

试验所用藻为小球藻、*Scytonema javanicum*（Kütz.）Born et Flah（简称 *S. javanicum*）及土著丝状混合藻。*S. javanicum* 是一株具有固氮功能的丝状蓝藻；土著丝状混合藻采自试验地盐渍化土壤。

1. 藻种的扩大培养

在接种培养之前，用玻璃匀浆器将实验室培养的藻种原液轻轻打匀。小球藻和土著丝状混合藻的培养基采用 BG11 液体培养基，*S. javanicum* 的培养基采用 BG110 液体培养基。按照三级培养法，将藻种进行扩大培养。第一、二级培养在室内的透明塑料桶中进行，藻液与培养基之比设置为 1∶10，温度为室内温度（约为 25℃），将日光灯管作为光源，光照度约为 2 000 lx，通气培养约 15 天。第三级培养在室外人工搭建的简易培养池（4 m×2 m×0.5 m）中进行，藻液与培养基之比减小到 1∶100～1∶50，利用遮阳网减弱太阳光光照度，通气培养约 15 天。

2. 试验场地修复方案

样地 1（S1）只接种小球藻；样地 2（S2）按照 10∶1 的比例接种小球藻和 *S. javanicum*；样地 3（S3）按照 10∶1 的比例接种小球藻和土著丝状混合藻；空白对照组（CK）不接种藻体。每个处理有 3 个重复，每块样地面积约为 15 m²。

3. 人工藻结皮培植方法

将培养池中处于对数生长期的藻液迅速抽到试验地，按照预先设计的比例混合后，均匀地接入土壤表面，接种量为 5 L/m²。为了防止刚接种的藻体因缺水死亡，分早、中、晚 3 次接种，并在藻结皮形成初期，定期适量补充水分。在接种后的第 1 周内，每天早、中、晚分别浇水 4 L/m²。在第 2 周，每天以同样的方式浇水，但水量减为 2 L/m²。随后 2 周，按照上述方式每隔一天浇水，每次的浇水量为 2 L/m²。在定期浇水的同时，适当补充养分。在第 7 天和第 14 天，浇 BG11 液体培养基，约 2 L/m²。在人工藻结皮培植期间，下雨天停止浇水和补充培养基。接种一个月后，藻结皮已基本形成，停止人工补充水分和培养基，主要依靠降水和露水补充水分。

4. 藻结皮生长情况和土壤理化性质监测

采集土壤表层藻结皮，通过测定其叶绿素 a、类胡萝卜素和伪枝藻素含量来了解其生长情况。用直径为 2 cm 的圆形塑料管采集土壤表层 5 mm 的结皮样品，每 5 天采集一次，用于测定人工藻结皮的生物量。藻结皮样品采集后自然风干，并装入自封袋密封保存。

用取土钻采集 0～<20 cm 深度的土壤样品，测定土壤理化性质。每个样地随机采集 3 次，按照四分法进行混合。将 0～<10 cm 和 10～<20 cm 深度的土样分装在样品袋中，运回实验室。同时，采集 0～5 cm 深度的表层土壤，测定土壤的酶活性。

12.3.2　人工藻结皮的生长和生物量特征

1. 藻结皮生长情况

通过测定表层土壤中叶绿素 a 的含量，分析藻结皮的生长情况。人工藻结皮的生长曲线如图 12-7 所示。在前 30 天，由于水分和培养基的补充，藻结皮的生长速度较快。而停止补充水分和培养基后，藻结皮的生长趋缓。样地 S2 的藻结皮发育最好，藻结皮叶绿素 a 含量在第 45 天达到 20.36 μg/g；其次是样地 S3 和样地 S1，叶绿素 a 含量最高分别达到 15.12 μg/g 和 11.37 μg/g，分别为样地 S2 的 74% 和 56%；而空白对照组的生长情况最差，在第 45 天藻结皮的叶绿素 a 含量仅为 2.53 μg/g，仅为样地 S2 的 12%。

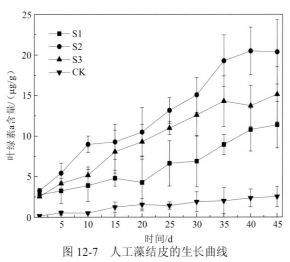

图 12-7　人工藻结皮的生长曲线

由于接种有 *S. javanicum*，其分泌的伪枝藻素作为一种保护色素，能有效地抵御紫外辐射对人工藻结皮的损伤，样地 S2 中培植的混合藻结皮既能耐受一定的盐碱，又能耐受紫外辐射,所以藻结皮发育最好。样地 S3 接种有少量的土著丝状混合藻,其藻结皮抵抗紫外辐射的能力相对于样地 S2 稍弱,藻结皮发育较差。而对于只接种小球藻的样地 S1,单一的小球藻形成的藻结皮对外界各种胁迫的抵抗能力较弱。空白对照组的样地并未接种任何藻液,但由于周边样地接种了藻液,在风力等外界作用下,部分藻体的繁殖体侵入后生长繁殖,样地 CK 有藻生长。

2. 类胡萝卜素和伪枝藻素水平

藻细胞中的类胡萝卜素和伪枝藻素具有抗紫外线辐射与强光照的作用。对培植的藻结皮进行了 45 天连续监测,藻结皮中类胡萝卜素和伪枝藻素含量的变化如图 12-8 和图 12-9 所示。在第 45 天,样地 S2 藻结皮中这两种色素的含量最多,其次是 S3、S1、CK 样地。这和藻结皮生物量的变化规律一致,表明生物量越大,藻结皮分泌的类胡萝卜素和伪枝藻素越多。

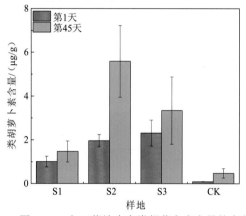

图 12-8　人工藻结皮中类胡萝卜素含量的变化

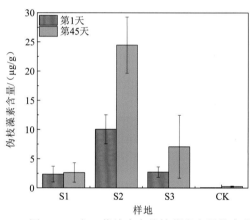

图 12-9　人工藻结皮中伪枝藻素含量的变化

在接种后的第 1 天,样地 S1、S2 和 S3 的土壤表层的类胡萝卜素含量均低于 2.5 μg/g。经过 45 天的发育,样地 S2 藻结皮中类胡萝卜素的含量达到了 5.59 μg/g,增加了 185%,增幅最大,其次为样地 S1 和 S3,藻结皮中类胡萝卜素的含量分别增加 46% 和 45%。在未接种的空白对照组中,类胡萝卜素含量低于 0.5 μg/g。

藻结皮中伪枝藻素的含量也具有类似的变化特征。接种后,样地 S2 土壤表层中伪枝藻素的含量最高,为 10.04 μg/g,主要来自接种的 *S. javanicum*。而样地 S1 和 S3 中初始的伪枝藻素含量相差较小,约为 2.5 μg/g。经过 45 天的培植,样地 S2 藻结皮中的伪枝藻素含量增加了 143.5%,达到 24.45 μg/g,总量仍然最高。其次是样地 S3,这可能是由于接种的土著丝状混合藻产生了少量的伪枝藻素,而样地 S1 藻结皮中的伪枝藻素含量仅增加了 12%。对照组中伪枝藻素的含量仅为 0.25 μg/g,仍然处于相当低的水平。

12.3.3　对土壤理化性质的影响

试验前和第 45 天,分别在样地内形成结皮和未形成结皮的区域按五点采样法一式三份分层采集 0～<10 cm 和 10～<20 cm 土壤，用于土壤理化指标的测定。

图 12-10 为各样地深度为 0～<10 cm 和 10～<20 cm 的土壤含水率的变化情况。接种藻液前，试验地地表植被较少，由于地表水分蒸发，各样地 0～<10 cm 深度的土壤含水率比 10～<20 cm 深度的土壤含水率略低。在整个试验期间，0～<20 cm 深度土壤的水分总体上呈减少趋势，但是与无结皮区和对照样地 CK 相比，形成人工藻结皮区域的土壤含水率较高，说明人工藻结皮减小了土壤水分的损失，从而达到了保水的效果。

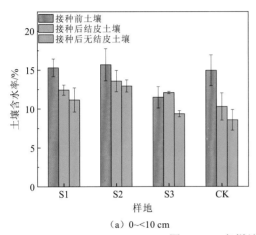
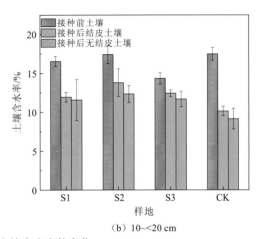

（a）0～<10 cm   （b）10～<20 cm

图 12-10 各样地土壤含水率的变化

在接种藻体前后，0～<10 cm 深度土壤中，样地 S1 和 S2 的土壤含水率均下降，而样地 S3 的土壤含水率有小幅增加。土壤含水率下降最多的是对照组，有藻生长区为 31.2%，无藻生长区为 42.7%，尽管 CK 样地有藻生长，但生物量非常低，保水能力较弱。在 10～<20 cm 深度土壤中，存在类似的变化规律，土壤含水率下降最多的依然是对照组，有藻生长区和无藻生长区的土壤含水率分别下降 42.0%、47.7%。

对比图 12-10（a）和（b）可知，接种藻体后，在形成人工藻结皮的区域，由于人工藻结皮具有保水能力，延缓了土壤水分的向上运移，0～<10 cm 和 10～<20 cm 深度土壤的含水率较为接近。例如，样地 S2 结皮区土壤的含水率分别为 13.58%（0～<10 cm）和 13.8%（10～<20 cm）。接种藻体后，在未形成人工藻结皮的区域，失去了结皮保水的作用，土壤的水分容易蒸发，整体的含水率明显下降，0～<10 cm 深度土壤的含水率基本低于 10～<20 cm 深度土壤的含水率。

图 12-11 为各样地 0～<10 cm 和 10～<20 cm 深度土壤 pH 的变化情况。由图 12-11 可知，人工藻结皮发育有助于降低土壤 pH。样地 S1、S2、S3 中，藻结皮的发育使得 0～<10 cm 深度土壤的 pH 略有下降，且低于无结皮区域。在样地 CK 的有藻区域，生物量较低，pH 略有升高，而无藻区域的 pH 则明显升高。除了样地 S3 的结皮区土壤的 pH 略高于接种前外，10～<20 cm 深度土壤的 pH 与表层 0～<10 cm 深度土壤大体上呈现相似的变化特征。

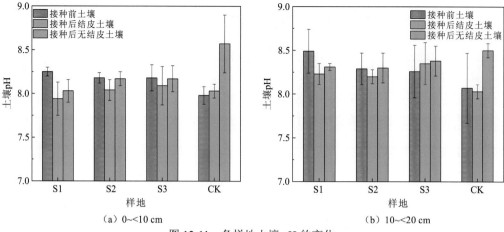

（a）0～<10 cm   （b）10～<20 cm

图 12-11   各样地土壤 pH 的变化

图 12-12 为接种前后不同深度土壤的电导率变化。由图 12-12 可知，人工藻结皮显著影响 0～<10 cm 深度土壤的电导率。在样地 S1、S2、S3 中，由于人工藻结皮减少了土壤水分的蒸发，减缓了深层土壤盐分的向上运移，0～<10 cm 深度土壤的盐分下降，故土壤的电导率明显下降，分别下降了 57%、21%和 13%。而在未形成结皮的区域，土壤电导率比初始值高。在样地 CK 中，由于生物量较少，土壤电导率较高。人工藻结皮同样影响 10～<20 cm 深度土壤的电导率，但只有样地 S1 中结皮区土壤的电导率下降，其他区域均增加。

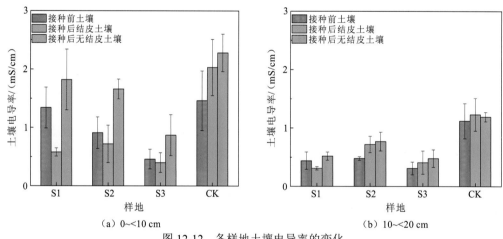

（a）0～<10 cm   （b）10～<20 cm

图 12-12   各样地土壤电导率的变化

比较图 12-12（a）和（b）可知，0～<10 cm 深度处土壤的电导率高于 10～<20 cm 深度处土壤的电导率。这是由于接种藻体前，试验地植被较少，气候干燥，水分蒸发量大，大量盐分随土壤孔隙水向上迁移，盐分在土壤表层不断累积。随着人工藻结皮的发育，人工藻结皮的保水能力增强，有利于土壤水分的保持。土壤水分蒸发减弱，随毛细作用上移的盐分减少。另外，藻结皮发育过程中可吸附少量盐分。因此，0～<10 cm 与 10～<20 cm 深度土壤的电导率差异减小。

12.3.4　对土壤肥力与酶活性的影响

图 12-13 和图 12-14 分别为样地土壤有效氮和有效磷含量的变化。由于样地 S1、S2、S3 均有人工藻结皮发育，0～<10 cm 深度土壤中有效氮和有效磷的含量随着结皮的生长发育而增加。因为样地 S2 中接种了具有固氮作用的 *S. javanicum*，其土壤中的有效氮含量增加最多。样地 CK 的生物量较小，土壤有效氮和有效磷的含量均有小幅下降。与土壤有效氮相比，有效磷的含量整体上偏低。

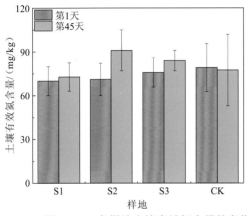

图 12-13　各样地土壤有效氮含量的变化　　图 12-14　各样地土壤有效磷含量的变化

表 12-2 为藻结皮发育 45 天后，各样地表层土壤中脲酶、蔗糖酶、过氧化氢酶、碱性磷酸酶的活性。与对照组相比，各样地中的酶活性均有不同程度的增加。三种处理的表层土壤的脲酶活性分别提高了 9.9%、14.1%、52.1%，蔗糖酶活性分别提高了 14.8%、17.3%、20.7%，过氧化氢酶活性分别提高了 16.7%、9.6%、11.2%，碱性磷酸酶活性分别提高了 6.8%、41.8%、15.1%。

表 12-2　各样地土壤酶的活性

酶的种类	S1	S2	S3	CK
脲酶活性/（mg/g）	0.78 ± 0.07	0.81 ± 0.10	1.08 ± 0.03	0.71 ± 0.10
蔗糖酶活性/（mg/g）	16.50 ± 4.48	16.85 ± 5.55	17.35 ± 5.92	14.37 ± 3.32
过氧化氢酶活性/（mL/g）	15.13 ± 0.05	14.20 ± 1.78	14.41 ± 0.66	12.96 ± 0.12
碱性磷酸酶活性/（mg/g）	1.56 ± 0.47	2.07 ± 0.35	1.68 ± 0.21	1.46 ± 0.28

土壤酶是土壤中各种酶类的总称，对土壤中各种生化反应具有催化作用。土壤酶来源于土壤微生物和动植物活体或残体，土壤酶活性指示了土壤肥力和生产力水平的高低（Bijayalaxmi Devi and Yadava，2006）。脲酶能够促进土壤中有机氮的转化，酶促作用产物——氨是植物氮素营养源之一（黄哲 等，2017），因此可以用脲酶的活性来反映土壤中的氮素状况。相对于对照组，人工藻结皮发育显著提高表层土壤的脲酶活性，其中，样地 S3 最高，表明其有机氮的转化效果更好。蔗糖酶的功能是将高分子化合物分解成

可被植物和微生物利用的营养物质，促进土壤微生物的进一步生长和发育，加速土壤的熟化，并增加土壤肥力。无论是单一藻结皮还是混合藻结皮，均能显著提高土壤表层蔗糖酶的活性。过氧化氢酶与土壤有机质的转化速度有密切关系。人工藻结皮向土壤输入有机质，使得过氧化氢酶的活性提高，接种小球藻能显著提高土壤表层过氧化氢酶的活性。碱性磷酸酶的活性反映土壤有机磷的转化状况，其酶促作用产物——有效磷是植物磷素营养源之一（Sun et al.，2004）。土壤碱性磷酸酶活性增强表明土壤中磷酸盐和有效磷之间的溶解与固定转化加强，有更多的有机磷在碱性磷酸酶的作用下转化为有效磷，从而加速土壤生物从土壤中吸收磷素。

人工藻结皮能显著改善表层土壤的理化性质，为土壤微生物提供适宜的环境条件。由于藻结皮发育过程中提高了土壤养分含量，表层土壤微生物可以快速生长发育和繁殖，从而进一步提高土壤酶活性。因此，人工藻结皮能够在不同程度上增强盐碱地表层土壤酶的活性，提高表层土壤肥力。

12.4 小球藻耐盐机理与盐渍化土壤改良机制

12.4.1 小球藻的耐盐机理

由于长期在逆境中生存，从盐渍化土壤中筛选出的小球藻，已经形成了对盐胁迫的适应机制。因此，在小球藻和其他嗜盐藻的大规模培养中，可适当提高培养基中的盐分含量。但是，过高的盐胁迫会影响藻细胞的光合速率，反而抑制其生长（龚红梅，2006）。

在盐胁迫的刺激下，小球藻通过分泌 EPS 在细胞周围形成缓冲区，吸附盐分，缓解渗透压带来的细胞失水等不利情况。在细胞耐受范围内，适当的盐处理可以促进 EPS 的累积（Lan et al.，2010）。在藻细胞结束适应期后，环境中的 EPS 达到峰值，其分泌 EPS 的行为逐渐变得缓慢，趋于稳定。在盐渍化土壤这一特殊环境中，小球藻通过分泌 EPS 应对不同程度的盐胁迫，这种适应机制有利于小球藻在各种盐胁迫环境中生存。

小球藻对 Na^+ 的吸附与其分泌 EPS 的能力有关。事实上，藻类有通过积累物质调节渗透压的机制。例如，盐胁迫下诱导分泌的盐胁迫蛋白，对 Na^+ 的吸附有促进作用。在培养小球藻的过程中，培养基中 EPS 含量最高的是 D 组，其次是 C 组，这与 Na^+ 的变化情况相符。

接种上清液的 B 组含有大量 EPS，对电导率的影响较为显著。在盐浓度最高的 D 组，小球藻以最低的生物量分泌最高的 EPS，同时吸附了最多的 Na^+，说明小球藻的胞外分泌物与吸附盐分、降低渗透压有直接关系。

图 12-15 为显微镜下结皮的微观照片。图 12-15（a）显示了结皮截面的微观结构，结皮厚度大约为 20 μm。在 10 μm 处，可以明显地观察到藻丝在土壤矿物质间穿插生长，与土壤颗粒相互缠绕结合，从而定植在土壤表层。图 12-15（b）显示了结皮表面的微观形态。从

中可以看到大量藻丝富集在土壤表面，相互缠绕形成"微生物垫"覆盖在土壤表层。同时，在图 12-15（b）中还能观察到部分椭圆形的单细胞微藻。

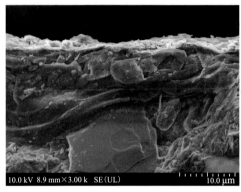

（a）结皮截面显微照片　　　　　　　　　　（b）结皮表面显微照片

图 12-15　结皮的微观结构

结皮的胶结机理可以大致分为两类：一是藻丝的机械性束缚作用，使其与土壤颗粒紧密捆绑和缠绕，将分散的土壤颗粒聚集起来；二是藻体分泌的 EPS 含有大量具有较强黏性的糖类物质，能将藻体和土壤颗粒牢牢地黏住，起到胶结的作用。土壤颗粒与藻体胶结并形成结皮，土壤团聚体增大，稳定性增强。随着生物量的增加，人工藻结皮的抗压强度逐渐增大。因此，人工藻结皮能抵御风力对土壤的侵蚀，以及降水对土壤的冲刷，从而有效保护土壤生态。

12.4.2　盐渍化土壤人工藻结皮改良机制

在土壤生态系统中，藻类起到初级生产者的作用。藻细胞含有叶绿素，在叶绿体中进行光合作用，将大气中的 CO_2 转化为碳水化合物。部分藻类在固氮酶的催化作用下，将大气中不易被生物直接利用的 N_2 还原为可被生物直接利用的氨，从而增加土壤中碳素和氮素的含量，提高土壤肥力，为后续植物的生长补充营养。

人工藻结皮能够改善表层土壤的理化性质，包括增加土壤有机质、土壤养分的总量和有效态的含量，增加土壤的持水量，促进土壤的稳定性，以及降低土壤 pH 等，为土壤微生物提供适宜的生存条件，有利于提高土壤酶活性。在本章中，藻结皮能够在不同程度上提高盐渍化土壤表层过氧化氢酶、脲酶、蔗糖酶和碱性磷酸酶的活性，对提高盐渍化土壤表层的肥力具有一定的作用。与下层土壤中的微生物相比，土壤表层的微生物更容易利用藻结皮中的养分，从而迅速生长繁殖，使得表层土壤的酶活性相应地提高。

藻结皮的人工培植过程中，除了考虑高盐碱环境外，还需提高结皮整体的抗干旱和抗紫外线辐射的能力。类胡萝卜素是一种光合系统保护色素，当环境光照变得较为强烈时，藻细胞产生更多类胡萝卜素以减少活性氧造成的损害（Bergi and Trivedi，2020）。*S. javanicum* 具有固氮作用，能在相对贫瘠的土壤环境中生存。藻体为了应对这些恶劣的环境条件，提高伪枝藻素等保护色素和抗辐射物质类菌胞素氨基酸及胞外多糖的分泌量等（谢作明，2006）。Xie 等（2007）利用从荒漠结皮中分离的 *S. javanicum* 等三种荒漠蓝藻，在库布齐沙漠人工培植荒漠藻结皮，从而大大提高了沙土的抗压强度，并以此技术进行荒漠化治理，取得了很好的成效。在藻结皮中，不同藻类所处的生态位往往不同，*S. javanicum* 处在结皮的最上层，其丝状藻体相互交织，屏蔽了大量紫外辐射，防止结皮受到紫外辐射的损害，为下层耐受紫外辐射和干旱胁迫较弱的藻类提供了有利的生存环境。这种交错的生态位避免了结皮中多种藻类的生存竞争，有利于整个结皮的生长与发育。

从藻结皮微观结构可知，土壤中藻类的生物量大部分集中在土壤最表层。随着深度的增加，生物量急剧下降，主要以藻殖段的形式存在，并处于休眠状态，一旦获得光照等适宜生长的条件，便会大量繁殖形成结皮。

上述人工藻结皮对土壤各种理化性质的影响，充分说明利用藻结皮改良盐渍化土壤的可行性，对盐渍化土壤改良始终坚持环保、绿色、经济及可实施性高的原则。目前，藻结皮治理盐渍化土壤的应用研究尚未见报道，本章开展的人工藻结皮改良盐渍化土壤研究，效果显著，具有极强的推广性。

12.5　本章小结

人工藻结皮对盐渍化土壤的改良效果显著。小球藻能在盐胁迫环境中生长，分泌 EPS 并促进藻细胞对 Na^+ 的吸附，从而降低环境的 EC。藻细胞对盐分的吸附作用高于 EPS。不同藻类组合在盐渍化土壤表面形成的人工藻结皮的生长发育具有明显的差异，其中混合藻小球藻和 *S. javanicum* 形成的人工藻结皮发育最好。人工藻结皮的生物量越大，分泌的类胡萝卜素和伪枝藻素越多。

人工藻结皮可显著改善土壤理化性质，延缓土壤水分的蒸发，保持土壤含水率，降低土壤 pH，抑制深层土壤中盐分的向上运移，降低盐分在地表的积累量，并增加土壤有效氮和有效磷的含量。人工藻结皮中的藻细胞可促进土壤微生物的活动，提升土壤酶活性。

参 考 文 献

龚红梅, 2006. 盐胁迫对螺旋藻光合作用影响的研究[D]. 南京: 中国科学院研究生院.

黄哲, 曲世华, 白岚, 等, 2017. 不同秸秆混合生物炭对盐碱土壤养分及酶活性的影响[J]. 水土保持研究, 24(4): 290-295.

谢作明, 2006. 荒漠藻类对紫外辐射的响应及其结皮形成的研究[D]. 武汉: 中国科学院研究生院(水生生物研究所).

朱万鹏, 刘玉, 刘宇峰, 等, 2013. 大庆湖藻的分离、鉴定和高油脂含量筛选[J]. 生物技术, 23(1): 62-66.

HARLEY J P, 谢建平, 2012. 图解微生物实验指南[M]. 北京: 科学出版社.

BERGI J, TRIVEDI R, 2020. Microbial bioremediation and biodegradation [M]. Berlin: Springer: 447-465.

BIJAYALAXMI DEVI N, YADAVA P S, 2006. Seasonal dynamics in soil microbial biomass C, N and P in a mixed-oak forest ecosystem of Manipur, North-east India [J]. Applied soil ecology, 31(3): 220-227 .

LAN S, WU L, ZHANG D, et al., 2010. Effects of drought and salt stresses on man-made cyanobacterial crusts[J]. European journal of soil biology, 46(6): 381-386.

SOZMEN A B, CANBAY E, SOZMEN E Y, et al., 2018. The effect of temperature and light intensity during cultivation of Chlorella miniata on antioxidant, anti-inflammatory potentials and phenolic compound accumulation[J]. Biocatalysis and agricultural biotechnology, 14: 366-374.

SUN Q Y, AN S Q, YANG L Z, et al., 2004. Chemical properties of the upper tailings beneath biotic crusts[J]. Ecological engineering, 23(1): 47-53.

XIE Z M, LIU Y D, HU C X, et al., 2007. Relationships between the biomass of algal crusts in fields and their compressive strength [J]. Soil biology and biochemistry, 39(2): 567-572.

第 *13* 章
盐渍化土壤菌藻联用改良

在前期研究的基础上，本章通过引入耐盐性较强的枯草芽孢杆菌，接种细菌和小球藻，培植藻结皮，利用生物措施改良盐渍化土壤的理化性质，提高有效养分含量，并抑制盐分的累积，考察菌藻联用对盐渍化土壤的改良效果。通过田间试验与室内分析，研究小球藻-枯草芽孢杆菌生物材料组合下，土壤 pH、EC、含水率、可溶性盐离子含量等指标的变化规律，以及其对土壤理化性质、土壤养分和土壤酶活性的影响，以期为菌藻联用盐渍化土壤改良和提高耕地生产力提供科学参考。

13.1 田 间 试 验

前期调查结果表明，试验地土壤的可溶性盐含量为 0.2%～1.0%，表层（0～<20 cm 深度）土壤的 pH 为 9.0～9.5，为轻中度盐碱土，局部为重度盐碱土。在利用菌藻协同抑制土壤返盐作用的研究中，所用生物材料为 *Chlorella miniata* HJ-01 和细菌菌剂，细菌菌剂为 200 亿活芽孢/g 的枯草芽孢杆菌可湿性粉剂。本章拟在试验区接种小球藻和枯草芽孢杆菌，培植生物结皮，研究菌藻联用对盐渍化土壤的抑制返盐作用，具体步骤如下。

（1）小球藻的扩大培养。在接种培养之前，用玻璃匀浆器将实验室培养的藻种原液轻轻打匀。小球藻采用 BG11 液体培养基进行培养。按照三级培养法，对藻种进行扩大培养。一、二级培养在室内的透明塑料桶中进行，藻液与培养基之比设置为 1∶10，温度为室内温度（约为 25 ℃），将日光灯管作为光源，光照度约为 2 000 lx，通气培养约 15 天。三级培养在室外人工搭建的培养池（4 m×2 m×0.5 m）中进行，藻液与培养基的比例可变为 1∶50 或 1∶100。

（2）试验场地处理。T1，单施枯草芽孢杆菌；T2，单施小球藻；T3，接种小球藻和枯草芽孢杆菌；CK，空白对照组，未接种小球藻和细菌。试验小区总面积约为 6 亩，每个处理设置 3 个重复，具体处理方式和平面布置如表 13-1 和图 13-1 所示。

表 13-1 试验区处理方式

处理	采样地点	改良方式	生物接种量
T1		枯草芽孢杆菌	3 g/m²
T2	陕坝镇永丰村七组	小球藻	1.5 L/m²
T3		枯草芽孢杆菌 + 小球藻	菌为 3 g/m²；藻为 1.5 L/m²
CK		无生物处理	0

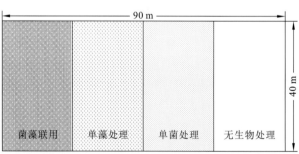

图 13-1 试验区生物处理方法平面布置示意图

（3）藻结皮的人工培植。将培养池中处于对数生长期的藻液迅速抽到试验地，然后进行人工均匀喷洒；枯草芽孢杆菌与水按照 1∶500 的质量比混匀后，人工均匀喷洒。

（4）土壤样品的采集。土样：在试验初期，随机布设 9 个采样点，每隔 15 天，使用土钻采集不同埋深（0～<5 cm、5～<15 cm、15～<25 cm、25～<35 cm）的土壤样品，使用四分法分取土样，装入自封袋，密封保存，带至实验室进行分析。结皮样：每隔 15 天，利用环刀法，采集土壤表层 5 mm 厚结皮，带回室内进行生物分析。植物样：每个处理随机选取 10 株长势相近的植物，在植物旁挖出剖面，取出整株植物，保证根系完全，带回室内监测株高、鲜重、干重等植物指标。

13.2　菌藻联用改良效果

13.2.1　藻结皮生长情况

依照试验方案接种小球藻，培植藻结皮。从图 13-2 可以看出，与未接种小球藻和细菌的 CK 相比，单菌（T1）、单藻（T2）和菌藻联用（T3）处理下，60 天的培植期过程中，藻结皮的生物量呈波动上升趋势。整个试验过程中，藻结皮生物量的大小顺序为 T3>T2>T1>CK。这表明小球藻能很好地适应当地环境形成生物结皮。T1 处理中，土壤表层的小球藻生物量增加，可能是由于接种的枯草芽孢杆菌改变了土壤微环境，为土壤中原生天然藻提供了良好的生长环境。与单藻 T2 处理相比，菌藻联用 T3 处理的地表小球藻的生物量更高，因为枯草芽孢杆菌改善了盐渍化土壤的微环境，有利于小球藻的生长。室内液相菌藻共生试验也显示枯草芽孢杆菌明显提高了小球藻的生物量和耐盐性。

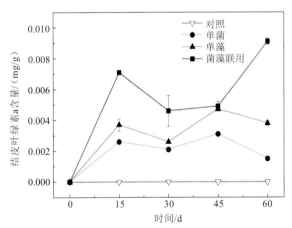

图 13-2　藻结皮发育过程中叶绿素 a 含量的变化

13.2.2　土壤理化性质变化

pH 的变化直接影响土壤养分，土壤微生物群落的种类、数量和活性，以及植物根系的生长发育（师刚强 等，2009）。试验区盐渍化土壤在经过不同生物处理后，其物理、化学及生物性质均发生改变。

生物改良措施下不同埋深的土壤 pH 随时间的变化规律如图 13-3 所示。从图 13-3 中可以看出，0～<5 cm 深度土层中，T1、T3 及 CK 的 pH 随时间的变化规律基本一致，说明 T1、T3 与 CK 相比对 pH 的影响差异不显著；T2 处理下的 pH 在试验周期内呈现先增高后降低的趋势，在第 60 天 pH 由 8.99 变为 9.02。5～<15 cm 深度土层中，T1、T2、T3 及 CK 的土壤 pH 动态变化，但是 T1、T2、T3 的土壤 pH 均有所下降，在第 60 天 pH 分别由初始的 9.27、9.30 和 9.31 降低至 8.93、9.05 和 8.89。15～<25 cm 深度和 25～<35 cm 深度土层中，四种处理的土壤 pH 的变化规律基本一致，15～<25 cm 深度土层在第 60 天的 pH 大小顺序为 T2>T1>T3>CK；25～<35 cm 深度土层在第 60 天的 pH 大小顺序为 T2>T3>T1>CK。这说明接种枯草芽孢杆菌促进了土壤 pH 的降低。

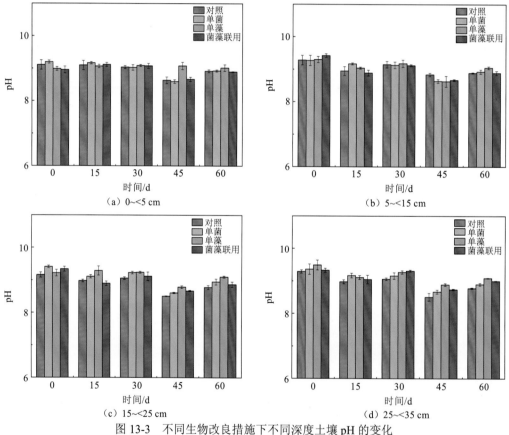

图 13-3 不同生物改良措施下不同深度土壤 pH 的变化

产生这种现象的原因是枯草芽孢杆菌在生长过程中会分泌有机酸等物质，中和盐渍化土壤中的碱性物质，从而降低土壤 pH。从垂向剖面可以看出，试验场的土壤 pH 均高于 9.0，最高可达 9.4。总体来说，在不同土层中，单藻 T2 处理的土壤 pH 均大于其他处理。因为小球藻主导了周围生物群落，吸收土壤溶液中的 CO_2 进行光合作用，最终导致土壤 pH 升高。另外，小球藻在溶液中生长时会导致溶液的 pH 升高至 10 以上，接种高 pH 藻液也会导致土壤 pH 的升高。

土壤含水率直接反映土壤水分的蒸发量。土壤水分的蒸发量越大，土壤表面累积的盐分越多。因此，抑制土壤水分过度蒸发，是降低盐渍化土壤表层土壤返盐的重要途径。图 13-4 为不同生物改良措施下不同埋深土壤的含水率随时间的变化图。从图 13-4 中可以看出，0~<35 cm 深度土层中，CK 含水率的变化趋势一致，基本随着时间的增加而降低。0~<5 cm 深度土层中，T1、T2、T3 处理的含水率变化趋势基本一致，在第 15 天达到最大值，第 30 天降低，然后缓慢升高至稳定值，在第 60 天，T1、T2、T3 处理的含水率由初始的 17.7%、17.0%、15.0%分别升高为 18.9%、18.0%、18.0%。由此可知，T3 的含水率升高最高，T1 次之，T2 最低。这可能是由于接种小球藻后的土壤表面逐渐发育成藻结皮，藻结皮抵御了太阳光照射与风力的吹拂而降低了土壤水分的蒸发，达到了保水的作用。

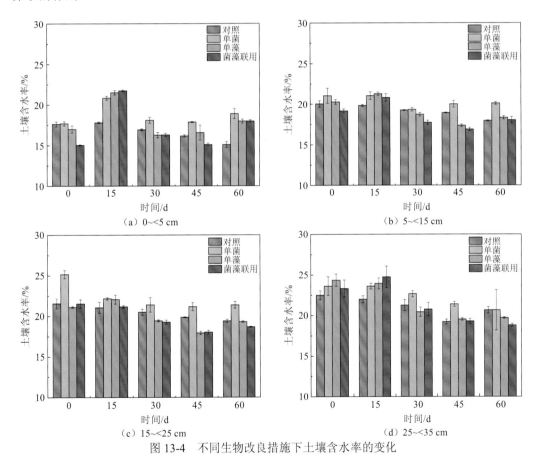

图 13-4 不同生物改良措施下土壤含水率的变化

在其他三个土层中，各处理的含水率随时间均有所降低，在试验后期，T1 处理土壤的平均含水率为 21.0%，均大于其他处理；T2 处理土壤的含水率分别下降 9.6%、8.5%、19.3%；T3 处理分别下降 6.3%、13.0%、19.3%。由此可见，土壤中枯草芽孢杆菌的生长影响 0~<35 cm 深度土壤的含水率。在土壤剖面上，T3 处理土壤含水率的变化幅度随土壤深度的增加而增加，说明小球藻对含水率的作用强度随土壤深度的增加而降低。6~10

月，试验场的平均气温高，紫外辐射强，土壤水分蒸发量大，导致土壤含水率动态变化。在人工藻结皮发育过程中，5～<15 cm 深度土层的含水率趋于下降，与 CK 相比，T1、T2 和 T3 处理水分的蒸发量明显下降，表明人工藻结皮抑制了土壤水分的蒸发。

土壤表层是作物根系生长的重要区域，土壤表层的盐分含量及其动态变化对作物的生长有重要影响。水溶性盐分是土壤中的强电解质，其水溶液具有导电作用，电导率反映其导电能力。在一定浓度范围内，溶液的含盐量与电导率正相关，含盐量越高，溶液的渗透压越大，电导率越大。

图 13-5 为生物改良对不同埋深土壤电导率变化的影响。从图 13-5 中可以看出，在 0～<35 cm 深度土层中，CK 土壤电导率的变化趋势一致，基本随着时间的增加而增大，由 2 437 μS/cm、760 μS/cm、745 μS/cm 和 767 μS/cm 分别升高至 4 113 μS/cm、2 250 μS/cm、1 744 μS/cm 和 1 615 μS/cm。由此可知，未经过生物改良的土壤电导率大幅度增加，即土壤盐分明显增加，水分大量蒸发，导致土壤深层盐分随毛细水向土壤表层移动，最后使土壤表层盐分大量聚集，形成大面积盐渍斑块，进而严重影响土壤的各种理化性质，降低土壤肥力及微生物数量，破坏土壤微生物的活动环境，对农作物产生毒害作用，致使农产品产量和质量下降。

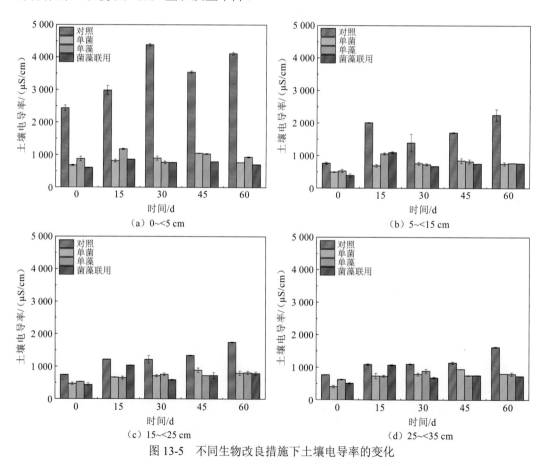

图 13-5　不同生物改良措施下土壤电导率的变化

土壤电导率在垂向上随土壤深度的增加而降低。在 0～<5 cm 深度和 5～<15 cm 深度土层中，T1、T2、T3 土壤电导率随时间的变化规律相似，基本上是在第 15 天升高到最大值，然后随着时间的增加缓慢降低，最后趋于稳定。T1、T2 和 T3 的 0～<5 cm 深度土层中土壤电导率分别增加 12.1%、6.2% 和 15.3%，5～<15 cm 深度土层中土壤电导率分别增加 51.9%、45.6% 和 98.6%。这表明枯草芽孢杆菌和小球藻明显抑制了土壤返盐。在 15～<25 cm 深度和 25～<35 cm 深度土层中，菌藻联用的 T3 的土壤电导率均在第 15 天升高，然后在第 30 天降低，最后随着时间的推移缓慢增加至稳定值，最后分别为 786 μS/cm 和 724 μS/cm，只有 CK 的 45% 和 44%。

T1、T2 和 T3 在 0～<35 cm 深度土层中的土壤平均电导率分别为 775.5 μS/cm、823.3 μS/cm 和 741.3 μS/cm，分别是 CK（2 430.5 μS/cm）的 32%、34% 和 30%。这表明菌藻联用抑制土壤返盐的效果最好。菌藻联用抑制土壤返盐的主要原因是，生物结皮的形成抑制地表水分的蒸发，减缓水盐的向上运移；藻结皮在生长发育阶段，不同程度吸收土壤中的部分盐分离子，其产生的胞外多糖进入土壤中吸附盐分离子，从而降低土壤电导率；枯草芽孢杆菌的加入使土壤的含盐量显著减少。水分的蒸发强度变化直接影响着土壤中盐分的迁移变化，降低水分蒸发量。人工藻结皮发育达到了保水控盐的目的。

13.2.3　土壤肥力变化

图 13-6 反映生物改良措施对不同埋深土壤有机质含量的影响。由图 13-6 可知，在 0～<5 cm 深度和 5～<15 cm 深度土层中，T1、T2 和 T3 的土壤有机质含量基本高于 CK。T3 的有机质含量随时间的延长呈现上升趋势，最后分别增加到 12.28 g/kg 和 10.70 g/kg。在 15～<25 cm 深度和 25～<35 cm 深度土层中，T3 的有机质含量随时间的延长略有下降，与初始值相比，分别降低了 5.8% 和 7.0%。在 0～<35 cm 深度土层中，T1 的土壤有机质含量随时间的变化趋势一致，在接种后的 30 天内呈现下降趋势，在 30～60 天又呈现上升趋势。在 0～<5 cm 深度、5～<15 cm 深度土层中，T1 的有机质含量在整个试验期间基本高于 CK，在 15～<25 cm 深度、25～<35 cm 深度土层中，T1 的有机质含量均低于 CK。在试验结束时，菌藻联用的 T3 的土壤有机质含量均高于其他处理，在 0～<35 cm 深度的各土层的土壤有机质含量分别为 12.28 g/kg、10.70 g/kg、8.76 g/kg 和 7.72 g/kg，有机质含量随深度的增加下降。

菌藻联用明显提高了 0～<15 cm 深度的土壤有机质含量，可能是因为藻结皮将大气中的 CO_2 转化为有机碳，提高了有机质含量，藻结皮分泌的 EPS 进入土壤，增加了土壤的碳含量；另外，枯草芽孢杆菌除了通过分泌有机酸来提高土壤有机质含量外，还可以通过降解土壤中一些难降解的腐殖酸，来提高土壤有机质含量。

氮素是作物生长必需的营养元素之一，也是土壤肥力的重要指标。施用有机肥料，提高土壤中有效养分的含量，可以为作物生长提供良好的营养环境（孟颖 等，2014）。土壤中的氮源一方面来自肥料，另一方面靠土壤中微生物的固氮作用。在盐渍化土壤中，一旦土壤微生物活动受到抑制，固氮菌的固氮作用将减弱。

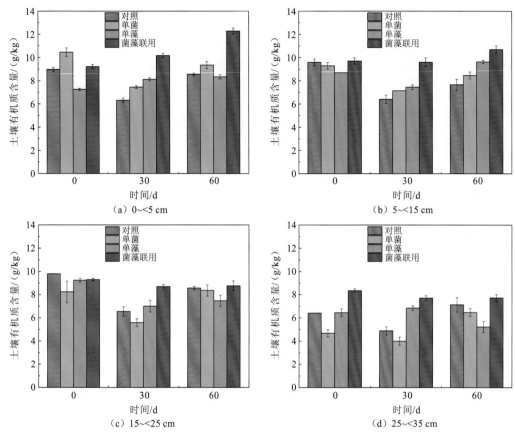

图 13-6　不同生物改良措施下土壤有机质含量的变化

图 13-7 为不同生物改良措施下不同土层碱解氮含量随时间的变化图。试验初期，土壤中的碱解氮含量均处于较高水平。从图 13-7 中可以看出，0～<5 cm 深度和 5～<15 cm 深度土层中，T1、T2 和 T3 的碱解氮含量基本随时间的增加而下降，试验结束时，CK 土层中的碱解氮含量最高，T1 最低，这可能与试验田种植稷子草有关，在试验周期内，稷子草大量吸收土壤养分，导致土层中的碱解氮含量降低。在 15～<25 cm 深度和 25～<35 cm 深度土层中，T1、T2、T3 的碱解氮含量随时间的增加呈上下波动变化，并且在试验末期，T3 的碱解氮含量均大于其他处理。

脲酶在土壤氮素转化中起着重要作用（马春梅 等，2016）。图 13-8 为生物改良措施下土壤中脲酶的含量图。从图 13-8 中可以看出，与 CK 相比，三种生物措施均提高了土壤的脲酶活性。T1、T2、T3 与 CK 相比，0～<5 cm 深度土层的土壤分别提高了 47.8%、78.3%和 80.4%；5～<15 cm 深度土层分别提高了 24.1%、46.3%和 61.1%；15～<25 cm 深度土层分别提高了 29.8%、35.1%和 50.9%；25～<35 cm 深度土层分别提高了 10.5%、12.3%和 47.4%。因此，菌藻联用的 T3 中土壤脲酶活性最高，其次是单独接种小球藻的 T2，单独接种细菌的 T1 最弱。T2、T3 的 0～<5 cm 深度和 5～<15 cm 深度土层中的脲酶活性高于 15～<25 cm 深度和 25～<35 cm 深度土层。在土壤垂直剖面上，接种单菌的

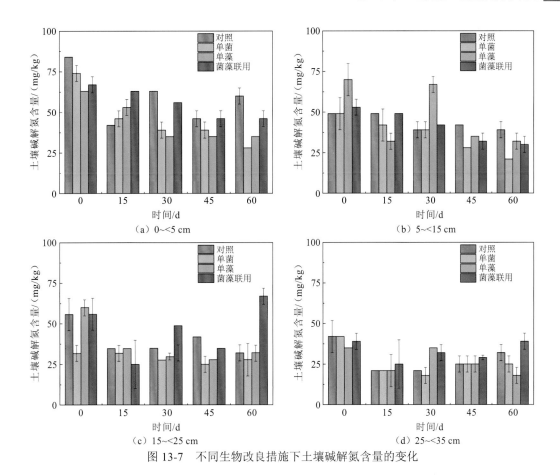

图 13-7 不同生物改良措施下土壤碱解氮含量的变化

T1 的脲酶活性在 15～<25 cm 深度土层中最大,其他三个土层的脲酶活性相差不大; 接种单藻的 T2 的土壤脲酶活性随土壤深度的增加而降低;菌藻联用的 T3 的脲酶活性 在 0～<5 cm 深度土层中最小,在 5～<15 cm 深度土层中最大,然后随着土壤深度的增 加而降低。总体而言,菌藻联用对土壤脲酶活性的改良效果最好,远远超过其他生物改 良措施。

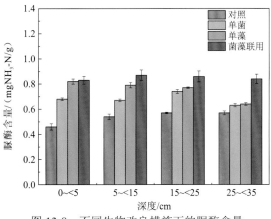

图 13-8 不同生物改良措施下的脲酶含量

13.2.4　牧草长势

在进行微生物改良盐渍化土壤的试验中，为了从直观上反映不同微生物措施的改良效果，也为了取得一定的经济效益，在试验场地统一播撒稷子草种，播种量为 4 kg/亩，稷子草为当地盐生牧草，具有一定的耐盐性，适宜在春夏季种植。

图 13-9 为生物改良措施下稷子草的株高图。从图 13-9 中可以看出，与 CK 相比，T1、T2 的稷子草株高增长速率较快，其次是 T3。在成熟期，CK 的稷子草平均株高为 77.6 cm，T1、T2、T3 的平均株高分别为 87.6 cm、102.8 cm 和 108.5 cm。由此可见，菌藻联用的改良效果最佳，稷子草的生长情况最好。

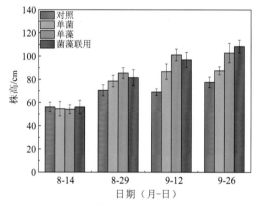

图 13-9　不同生物改良措施下牧草的平均株高

植物干重是代表植物生长的重要指标之一。图 13-10 为不同生物改良措施下稷子草的干重图。从图 13-10 中可以看出，与 CK 相比，T3 的稷子草干重增长速率最快，其次是 T2，T1 最慢。CK 的稷子草在成熟期的平均干重为 3.2 g，T1、T2、T3 的平均干重分别为 5.4 g、7.0 g 和 9.2 g。由此可见，菌藻联用明显增加了稷子草的干重。

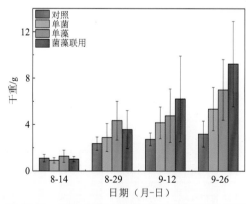

图 13-10　不同生物改良措施下牧草的平均干重

13.3　综合改良效果与机理

为了综合评价不同生物处理对盐渍化土壤表征性状的改良效果，对盐渍化土壤 pH、含水率、电导率、有机质、碱解氮和脲酶进行隶属函数分析（苏国兴和洪法水，2002），对含水率、有机质、碱解氮和脲酶进行正相关隶属函数分析，对 pH 和电导率进行负相关隶属函数分析，结果见表 13-2。

表 13-2　不同处理下盐渍化土壤表征性状的隶属函数值

指标	CK	T1	T2	T3
pH	1.00	0.63	0.00	0.68
含水率	0.00	1.00	0.22	0.03
电导率	0.00	0.98	0.95	1.00
有机质	0.14	0.23	0.00	1.00
碱解氮	0.80	0.00	0.18	1.00
脲酶	0.00	0.46	0.70	1.00
综合	1.94	3.30	2.05	4.71
排序	4	2	3	1

由表 13-2 可知，不同处理下盐渍化土壤表征性状的隶属函数值的大小排序为 T3>T1>T2>CK，说明三种生物处理措施均对盐渍化土壤具有改良效果，且菌藻联用的改良效果最好，单菌处理次之，单藻较弱。

不同生物处理下稷子草生长指标的隶属函数值如表 13-3 所示。由表 13-3 可知，T1、T2、T3 和 CK 的隶属函数总值分别为 0.65、2.26、3.00 和 0.00。这说明三种生物处理均对河套灌区盐渍化土壤的牧草栽培起到了良好的改良效果，稷子草生长状况最好的是菌藻联用处理，其次是单藻处理，最后是单菌处理。

表 13-3　不同处理下稷子草生长指标的隶属函数值

指标	CK	T1	T2	T3
株高	0.00	0.32	0.82	1.00
鲜重	0.00	0.04	0.93	1.00
干重	0.00	0.29	0.51	1.00
综合	0.00	0.65	2.26	3.00
排序	4	3	2	1

研究结果表明，不同生物改良措施对盐渍化土壤理化性质的影响具有明显差异。菌藻联用处理的人工藻结皮生物量明显高于单藻处理，胶质芽孢杆菌能够显著提升苔藓结皮的盖度、株高度、株密度，苔藓结皮是藻结皮生态繁衍的最终阶段（Nan et al.，2022；

鞠孟辰 等，2019）。

单施小球藻会提高土壤 pH，这是因为微藻主导了周围的生物群落，通过吸收水中的 CO_2 进行光合作用，最终导致土壤 pH 升高（Wu et al.，2016）。而单施枯草芽孢杆菌后，土壤 pH 有轻微降低。微生物在生长发育过程中产生的大量酸性物质中和土壤中的碱性物质，使土壤 pH 降低（满全莉，2021；Ci et al.，2021；康平，2014）。枯草芽孢杆菌能显著恢复土壤 pH（彭喜之 等，2021），因此，菌藻联用时，枯草芽孢杆菌在一定程度上抵消了小球藻引起的土壤 pH 升高问题。

人工藻结皮减少土壤水分蒸发，抑制土壤含水率下降，试验区接种单藻后，0～<5 cm 深度土层的含水率增加，而 5～<35 cm 深度土层的含水率几乎没有变化。而单菌处理后，0～<35 cm 深度土层的含水率均有一定增加。因为枯草芽孢杆菌产生的聚谷氨酸具有良好的絮凝性能和极强的吸水能力，从而提高土壤的保水率（王晓阁，2012；鞠蕾 等，2011）。

菌藻联用对土壤电导率的改善效果最明显。电导率大小与土壤总可溶性盐的浓度呈现正相关关系（刘洋 等，2015）。生物结皮抑制土壤水分蒸发，减弱土壤中水盐的运移速度，同时，藻结皮在生长发育阶段分泌的 EPS 吸收土壤盐分离子，从而降低土壤电导率。土壤水分的蒸发强度直接影响其盐分的运移（李自祥，2012）。降低水分蒸发量，不仅增加土壤保水力，而且削弱土壤中盐分随水分的蒸发而向地表的迁移，从而减缓盐分在地表的聚集。

菌藻联用显著提高土壤 0～<15 cm 深度土层的有机质含量，而 15～<35 cm 深度土层的有机质含量有轻微下降。藻结皮固定大气中的 CO_2，向土壤中分泌 EPS，从而提高 0～<5 cm 深度表层土层中的有机碳含量（Kakeh et al.，2018；Mager and Thomas，2011）。细菌通过分泌有机酸和降解土壤腐殖酸来提高土壤有机质的含量（Peng et al.，2021）。

菌藻联用也增加了土壤中碱解氮的含量。生物结皮中的部分细菌和蓝藻通过固氮作用将大气中的单质态氮转化为植物可利用的化合态氮（Belnap and Lange，2003）。土壤中的脲酶活性提高，尿素被分解为 CO_2、H_2O 和 NH_4^+，从而增加土壤中有效氮的含量（侯景清 等，2019）。

13.4　本章小结

枯草芽孢杆菌与小球藻联用，明显提高了人工藻结皮的生物量。枯草芽孢杆菌轻微降低土壤 pH。三种生物改良措施均能够提高 0～<5 cm 深度土层的含水率，降低土壤的可溶性盐含量，其中菌藻联用效果最明显。菌藻联用也显著提升土壤养分和土壤酶活性。

三种生物改良措施中，菌藻联用对盐渍化土壤的改良效果最好，单菌处理次之，单藻处理最弱；菌藻联用对稷子草生长的改良效果最好，单藻处理次之，单菌处理最弱。

参 考 文 献

侯景清, 王旭, 陈玉海, 等, 2019. 乳酸菌复合制剂对盐碱地改良及土壤微生物群落的影响[J]. 南方农业学报, 50(4): 710-718.

鞠蕾, 马霞, 张佳, 2011. γ-聚谷氨酸的发酵及保水性能[J]. 中国酿造(7): 57-60.

鞠孟辰, 卜崇峰, 王清玄, 等, 2019. 藻类与微生物添加对高陡边坡生物结皮人工恢复的影响[J]. 水土保持通报, 39(6): 124-128, 135.

康平, 2014. 芽孢杆菌在微生物肥料中的研究与应用进展[J]. 山东林业科技, 44(3): 129-132.

李自祥, 2012. 盐渍土中盐分迁移规律研究[D]. 合肥: 合肥工业大学.

刘洋, 常晓燕, 李海妮, 等, 2015. 苏北典型滨海滩涂草滩土壤盐度、电导率与含水率的关系[J]. 节水灌溉(8): 4-7.

马春梅, 王家睿, 战厚强, 等, 2016. 稻草还田对土壤脲酶活性及土壤溶液无机氮含量影响[J]. 东北农业大学学报, 47(3): 38-43, 79.

满全莉, 2021. 微生物菌剂对盐碱地的改良研究[D]. 天津: 天津工业大学.

孟颖, 王宏燕, 于崧, 等, 2014. 生物黑炭对玉米苗期根际土壤氮素形态及相关微生物的影响[J]. 中国生态农业学报, 22(3): 270-276.

彭喜之, 王涛辉, 马珺怡, 等, 2021. 微生物菌剂对土壤酸碱性的改良研究[J]. 天津科技, 48(1): 42-45, 48.

师刚强, 赵艺, 施泽明, 等, 2009. 土壤 pH 值与土壤有效养分关系探讨[J]. 现代农业科学, 16(5): 93-94, 88.

苏国兴, 洪法水, 2002. 桑品种耐盐性的隶属函数法之评价[J]. 江苏农业学报, 18(1): 42-47.

王晓阁, 2012. 枯草芽孢杆菌研究进展与展望[J]. 中山大学研究生学刊(自然科学与医学版)(3): 14-23.

BELNAP J, LANGE O L, 2003. Biological soil crusts: Structure, function, and management[M]. Berlin: Springer.

CI D, TANG Z, DING H, et al., 2021. The synergy effect of arbuscular mycorrhizal fungi symbiosis and exogenous calcium on bacterial community composition and growth performance of peanut (*Arachis hypogaea* L.) in saline alkali soil [J]. Journal of microbiology, 59(1): 51-63.

KAKEH J, GORJI M, SOHRABI M, et al., 2018. Effects of biological soil crusts on some physicochemical characteristics of rangeland soils of Alagol, Turkmen Sahra, NE Iran[J]. Soil and tillage research, 181: 152-159.

MAGER D M, THOMAS A D, 2011. Extracellular polysaccharides from cyanobacterial soil crusts: A review of their role in dryland soil processes[J]. Journal of arid environments, 75(2): 91-97.

NAN L, GUO Q, CAO S, et al., 2022. Diversity of bacterium communities in saline-alkali soil in arid regions of northwest China [J]. BMC microbiology, 22: 11.

PENG J, MA J, WEI X, et al., 2021. Accumulation of beneficial bacteria in the rhizosphere of maize (*Zea mays* L.) grown in a saline soil in responding to a consortium of plant growth promoting rhizobacteria[J]. Annals of microbiology, 71(1): 40.

WU Y, LIU J, LU H, et al., 2016. Periphyton: An important regulator in optimizing soil phosphorus bioavailability in paddy fields[J]. Environmental science and pollution research, 23(21): 1-8.